有机更新
家园
生活
居住区
多重功能
装配式建筑
创意人群
智慧
记忆
激活
新市民
生态
古城
工人
菜场
青年
互动
历史街巷
市民
毕业生
共享菜园
创新空间
CBD
U0178140

宜居家园·美好生活
——第六届紫金奖·建筑及环境设计大赛
优秀作品集

江苏省住房和城乡建设厅 主编

中国建筑工业出版社

图书在版编目（CIP）数据

宜居家园·美好生活：第六届紫金奖·建筑及环境设计大赛优秀作品集 / 江苏省住房和城乡建设厅主编. —北京：中国建筑工业出版社，2020.8
ISBN 978-7-112-25345-6

Ⅰ.①宜… Ⅱ.①江… Ⅲ.①建筑设计—环境设计—作品集—中国—现代 Ⅳ.①TU-856

中国版本图书馆CIP数据核字（2020）第137338号

责任编辑：宋 凯 张智芊
责任校对：李美娜

宜居家园·美好生活——第六届紫金奖·建筑及环境设计大赛优秀作品集
江苏省住房和城乡建设厅 主编
*
中国建筑工业出版社出版、发行（北京海淀三里河路9号）
各地新华书店、建筑书店经销
逸品书装设计制版
北京富诚彩色印刷有限公司印刷
*
开本：965×1270毫米 1/16 印张：13¾ 字数：430千字
2020年9月第一版 2020年9月第一次印刷
定价：**120.00**元
ISBN 978-7-112-25345-6
（36321）

序 · Preface

“住有宜居”是人们对人居品质升级的需求，也是全世界的共同目标。从 1976 年到 2016 年，联合国人居署三次历史性人居会议主题从“解决基本住房问题”到“人人享有合适住房及住区可持续发展”再到通过《新城市议程》达成了“人人共享城市”的国际共识，宜居的内涵在不断发展和丰富。

江苏，是中华文明的发祥地之一，拥有悠久的历史和灿烂的文化。如今的江苏，围绕城乡空间品质提升和建筑文化推广开展了多元化探索，既有“建筑文化特质及提升策略”“传统建筑营造技艺调查”等丰厚的学术调查研究成果，又有政府政策机制层面激励行业人才、鼓励创新创优多元化平台的丰富实践。江苏省近年来举办的“紫金奖·建筑及环境设计大赛”和“江苏·建筑文化讲堂”，在适应城乡巨变的同时，致力于推动丰富多彩、与时俱进的建筑设计和建筑文化发展，并获得了良好反响。

自 2014 年起，“紫金奖·建筑及环境设计大赛”已成功举办六届，逐渐成为一个江苏乃至全国的专业性和社会性相融合的品牌赛事，获得了行业及社会各界的广泛关注和好评。第六届大赛以“宜居家园·美好生活”为题，围绕现实生活的宜居性改善，通过“有温度”“场所感”的设计，提升人居环境品质，促进全龄友好、人文共享、绿色安全的美好家园建设与共治共享，体现了设计服务生活、改变生活、提升生活的愿景和目标。

伴随着宜居家园的美好愿景，本届大赛影响力进一步扩大，作品更多聚焦于城市更新和公共空间，更多的参赛者将目光投向了身边楼和身边景，关注既有空间的改造和公共场所的营造，这也从侧面反映了我们的赛事主题贴近生活，呼应民众关切。通过大赛，一批有温度、有创意、有态度的优秀作品脱颖而出，一批有责任、有水平、有潜力的优秀设计人才实现梦想。

大赛主题聚焦新时代的要求，是对社会关注问题和建设发展方向的引导。优秀作品则是对竞赛主题的诠释和传递，既有创新思想的迸发，也是真题实做、落地实施的探索实践。为此，本书将本届大赛优秀作品汇集成册，期待这些作品能够呈现宜居家园的美好图卷。也希望我们的参赛者能从中总结经验，精进专业，为建筑、城市和社会做出更大的贡献。

中国工程院院士
全国工程勘察设计大师
深圳市建筑设计研究总院有限公司总建筑师

诗意地栖居，是人类共同的愿景。近年来，习近平总书记多次强调城市发展的宜居性，并指出应当“努力把城市建设成为人与人、人与自然和谐共处的美丽家园”。

“紫金奖·建筑及环境设计大赛”是“紫金奖·文化创意设计大赛”的专项赛事，由中共江苏省委宣传部、江苏省住房和城乡建设厅联合中国建筑学会、中国勘察设计协会和中国风景园林学会共同主办。大赛立足专业性与社会性融合的定位，旨在搭建创意创新平台，将创意的魅力传递给公众，推动建筑文化的共识凝聚和社会普及，推动设计服务现实改善，促进社会对创意设计价值的认同和尊重。

2019 年第六届“紫金奖·建筑及环境设计大赛”以“宜居家园·美好生活”为主题，既是对习近平总书记关于人居环境建设要求的贯彻落实，也是推动江苏省委省政府重点工作“美丽宜居城市建设”的重要抓手。大赛围绕现实生活的宜居性改善，聚焦城市美好生活，注重人本视角，倡导真题实作，以提升“家园宜居性”为切入点，通过设计改善和提升人居环境的适用性、宜居性和空间品质，增加群众的幸福感、归属感和对城市的热爱。

宜居家园、美好生活，承载着人民群众对美好生活的向往。本届大赛受到业界和社会的广泛关注，共收到 1475 项参赛作品，来自国内 28 个省、自治区、直辖市，共 81 个城市、256 家设计机构、182 所高校、逾 3000 人参加。此外，大赛还收到来自美国、英国、西班牙、意大利、日本、韩国等国家的参赛作品。作品类型涵盖建筑设计、景观设计、城市设计、公共艺术设计，创作题材包括公共空间营造、街区提升、住区改造等。大赛评委会由中国工程院院士孟建民领衔，由院士、全国工程勘察设计大师、江苏省设计大师及知名专家学者担任评委，经评审，共评出紫金奖金奖 4 项、银奖 6 项、铜奖 9 项，优秀作品奖共 179 项。

参赛作品聚焦现实生活的真问题，对城市空间中的宜居短板提出了解决策略，对老城更新中的复杂问题提交了创意答卷，还对未来城市的建设蓝图进行了大胆构想。其中，《“垂直街道”——空中坊巷》在高层建筑中植入一条盘旋而上的绿色垂直街道，提取传统街巷的活力元素并进行功能垂直化处理，打造具有人情味的宜居空间；《船底之歌——船底人聚落空间重塑》通过对渔业社区传统连家船原型的解构，重塑水上文化市集，再现历史船底文化景观；《菜市不打烊》通过对菜市的去场所化设计，整合时空资源，提高空间利用率，通过“像素机器人”营造时空可变的未来菜市；《落脚·墙尾巷戏》面对老城区复杂的人口问题，构建混龄中心，将老街打造为可参与式的活体博物馆，寄托市井记忆，激活街坊文化；《垃圾分类视角下的老旧小区改造》以垃圾分类和老旧小区加装电梯为契机，置入封闭式垃圾道、物流转运梯和快递暂存箱，构建无障碍综合竖向系统，形成邻里交往的“社交廊道”。而《等待的一万种可能》《未来 +，人才公寓的新七十二房客》《居在金陵　遇在桥上》等一批作品已经落地实施，生动呈现宜居家园的美好画卷。

创意成就美好，设计点亮生活。本书选取本届大赛中脱颖而出的优秀作品，针对作品的设计缘起、设计思路、方案亮点等进行深入解析，以期促进交流，希望未来能有更多更好的设计作品涌现并落地实施，发挥创意力量，为营造美丽宜居家园增添富有活力的多彩笔触！

江苏省住房和城乡建设厅

2020 年 6 月

孟建民：

“‘宜居家园 · 美好生活’的主题十分贴近人和建筑的一种关系，强调以人为本、围绕现实生活的宜居性改善，体现了建筑服务于人的思想和理念。”

王建国：

“参与者从平常的生活中发现了问题，提出了很多匠心独具的解答方式，用技术的手段表达了建筑师的责任和情怀，激情和梦想。”

赵元超：

“建筑师应该通过设计让我们的城市更美好，紫金奖建筑大赛体现了广泛的参与，具有专业性和大众性结合的特色。”

张鹏举：

“设计作品的出发点很重要，通过这样一个活动，让更多的人参与到关注生活、改善生活的大主题中来。”

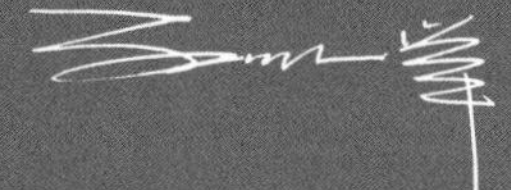

冯正功：

“针对现实生活中的实际问题，提出针对性的解决方案，也有围绕未来生活环境的提升，提出创意的策略。”

孙一民：

“相比往届，本次大赛作品设计角度更广泛、构想更宏大、调查更深入、关注群体更细致，大赛变得更立体，选手思考更深入。”

李存东：

“大赛推动提升民众建筑审美意识，感受建筑文化基因。大赛还关注社会问题，关注要解决什么问题，而不是为了设计而设计，让建筑真正走进我们的生活。”

王子牛：

“大赛的主题非常鲜明，符合时代的社会发展需要。大赛产生的优秀作品，对推动行业发展将产生积极的引导作用。”

韩冬青：

“很多作品通过自己独特的视角去发现生活的各种场景，并且致力于推动这些场景的优化，这中间体现了对人的关注、对生活的细心关注。”

张　利：

“生活的细节，微观的界面，是现在所有建筑设计、景观设计和城市设计所关注的内容，紫金奖 · 建筑及环境设计大赛已经在这方面引领潮流。”

支文军：

“从身边的事情入手来提升生活品质、提升环境和设施，以期达到美好生活的需要，符合我国当前的整体发展导向。”

魏春雨：

“保持原真的心态，关注生活的本身和细节性，从源于真实生活的灵感中去寻找设计支点。”

张　雷：

“从微空间到大的生态议题、老龄化社会等，议题非常广泛，当中有不少很有创意的好点子和很专业化的表达。”

李　青：

“现在非常需要有温度、有深度的创意设计，提升建筑，提升人们的幸福感，这是我们追求的目标。”

张应鹏：

“紫金奖·建筑及环境设计大赛已经形成了自我品牌，作品数量和质量有明显提高，评委阵容强大，影响力、吸引力也变得越来越大，希望能有更多作品落地实施，真正服务城市，服务人民。”

马晓东：

“设计的关键是要深入生活，在生活中发现问题，这样才能以人为本，以宜居为目标，以设计呈现美好创意。”

贺风春：

“感受到年轻学生朝气蓬勃、充满创意的设计，他们关注社会问题，用聪明才智为更多的人创造宜居美好的生活环境。”

郑　勇：

“作品涵盖内容丰富，从旧城改造到对未来生活的判断，创意性的作品非常多，范围非常广。”

章　明：

“设计师需要用专业的眼光发现生活中的点滴，需要和使用者产生良好沟通，这样建筑才能接地气，才能提升人们的生活品质。”

杨　明：

“我们更关注那些能够直指社会问题，或者能够发现潜在社会问题的作品，希望能够找到雪中送炭的方案。”

紫金奖 ZIJIN AWARD
文化创意 CULTURAL CREATIVE DESIGN
设计大赛 COMPETITION

目录 · Contents

评审委员会

孟建民
Meng Jianmin

评委会主席
· 中国工程院院士
· 全国工程勘察设计大师
· 深圳市建筑设计研究总院有限公司总建筑师

中国工程院院士，现任深圳市建筑设计研究总院有限公司总建筑师。毕业于东南大学获博士学位。同时任深圳大学特聘教授、澳门城市大学特聘教授，雄安专家咨询委员会委员，中国建筑学会副理事长，中国建筑学会建筑师分会副理事长，深圳市专家人才联合会会长，东南大学、华南理工大学等高校教授。

被先后授予全国建筑设计大师称号、梁思成建筑奖、光华龙腾奖中国设计贡献奖金奖、南粤百杰人才奖等。

长期从事建筑设计及其理论研究工作。主持设计了渡江战役纪念馆、玉树地震遗址纪念馆、香港大学深圳医院、深港西部通道口岸旅检大楼、昆明云天化集团总部等各类工程项目 200 余项，获得各类专业奖项 80 余项。担任国家重点研发计划专项项目“目标和效果导向的绿色建筑设计新方法及工具”的项目负责人。出版《本原设计》《新医疗建筑的创作与实践》等多部论著，提出了“本原设计”的创作理论，倡导“全方位人文关怀”理念和“三全方法论”，为工程实践提供了具有可操作性的系统方法与路径。

孟建民
Meng Jianmin

· 中国工程院院士
· 全国工程勘察设计大师
· 深圳市建筑设计研究总院有限公司总建筑师

王建国
Wang Jianguo

· 中国工程院院士
· 东南大学建筑学院教授

赵元超
Zhao Yuanchao

· 全国工程勘察设计大师
· 中国建筑西北设计研究院有限公司总建筑师

孙一民
Sun Yimin

· 全国工程勘察设计大师
· 华南理工大学建筑学院院长

张鹏举
Zhang Pengju

· 全国工程勘察设计大师
· 内蒙古工业大学建筑设计有限责任公司董事长、总建筑师

冯正功
Feng Zhenggong

· 全国工程勘察设计大师
· 中衡设计集团股份有限公司董事长、首席总建筑师

王子牛
Wang Ziniu

· 中国勘察设计协会副理事长

李存东
Li Cundong

· 中国建筑学会秘书长

按姓氏笔画排序

马晓东
Ma Xiaodong

· 江苏省设计大师
· 东南大学建筑设计研究院有限公司总建筑师

王晓东
Wang Xiaodong

· 深圳大学本原设计研究中心执行主任
· 深圳大学建筑学院研究员

支文军
Zhi Wenjun

· 《时代建筑》期刊主编
· 同济大学建筑与城市规划学院教授

吉国华
Ji Guohua

· 南京大学建筑与城市规划学院院长、教授

吕 成
Lv Cheng

· 中国建筑西北设计研究院有限公司（华夏所）总建筑师

刘 剀
Liu Kai

· 华中科技大学建筑学院教授

李 青
Li Qing

· 江苏省设计大师
· 南京金宸建筑设计有限公司总建筑师

杨 明
Yang Ming

· 华东建筑设计研究总院有限公司总建筑师

吴长福
Wu Changfu

· 同济大学建筑设计研究院（集团）有限公司副总裁

冷 红
Leng Hong

· 哈尔滨工业大学建筑学院教授

冷嘉伟
Leng Jiawei

· 东南大学建筑学院党委书记、教授

张　利
Zhang Li

· 清华大学建筑学院院长
· 清华大学建筑设计研究院有限公司副院长
· 《世界建筑》期刊主编

张　雷
Zhang Lei

· 江苏省设计大师
· 南京大学建筑与城市规划学院教授
· 张雷联合建筑事务所创始人

张玉坤
Zhang Yukun

· 天津大学建筑学院教授

张应鹏
Zhang Yingpeng

· 江苏省设计大师
· 苏州九城都市设计有限公司总建筑师

陆　琦
Lu Qi

· 华南理工大学建筑学院教授

郑　勇
Zheng Yong

· 四川省设计大师
· 中国建筑西南设计研究院有限公司总建筑师

赵　辰
Zhao Chen

· 南京大学建筑与城市规划学院教授

段德罡
Duan Degang

· 西安建筑科技大学建筑学院副院长、教授

贺风春
He Fengchun

· 江苏省设计大师
· 苏州园林设计院有限公司院长

钱　强
Qian Qiang

· 东南大学建筑学院教授
· 联创设计集团股份有限公司
总建筑师

徐　雷
Xu Lei

· 浙江大学建筑学院教授

徐煜辉
Xu Yuhui

· 重庆大学建筑学院教授

高　崧
Gao Song

· 东南大学建筑设计研究院有限公司
副院长、总建筑师

曹　辉
Cao Hui

· 辽宁省建筑设计院有限公司
总建筑师

章　明
Zhang Ming

· 同济大学建筑与城市规划学院教授
· 同济大学建筑设计研究院（集团）
有限公司原作设计工作室主持建筑师

韩冬青
Han Dongqing

· 江苏省设计大师
· 东南大学建筑学院教授
· 东南大学建筑设计研究院有限公司
院长、首席总建筑师

戴　春
Dai Chun

· 《时代建筑》期刊运营总监、
责任编辑
· Let's talk 学术论坛创办人

魏春雨
Wei Chunyu

· 湖南大学建筑学院院长、教授

文化评委

陈卫新
Chen Weixin

· 南京筑内空间设计顾问有限公司总设计师
· 作家

周京新
Zhou Jingxin

· 中国美术家协会副主席
· 江苏省美术家协会主席

徐小跃
Xu Xiaoyue

· 南京大学中华文化研究院副院长
· 南京大学教授
· 原南京图书馆馆长

龚　良
Gong Liang

· 南京博物院院长

紫金奖
文化创意
设计大赛

ZIJIN AWARD
CULTURAL CREATIVE
DESIGN
COMPETITION

2019

第六届 紫金奖·建筑及环境设计大赛

The 6th Architectural and Environmental Design Competition of Zijin Award Cultural Creative Design Competition

优秀作品

一等奖 职业组

校园围墙设计
设计赋予了围墙新功能：
它是守护校园安全的防护墙，
是遮风避雨的风雨连廊，
是交流沟通的情感密码、今日校园、共享书吧，
是学习知识的科普转角、历史展墙，
是抚慰心灵的疗愈拼图、活力驿站……
在这里，围墙变得活力四射，生机勃勃。
科普转角
情感密码
今日校园
活力驿站
共享书吧
疗愈拼图
历史展墙
校园剧场
开心农场
阶梯看台
风雨连廊
魔方天地
FUTURE+

紫金奖
文化创意
设计大赛
ZIJIN AWARD
CULTURAL CREATIVE
DESIGN
COMPETITION

美味早餐
日常菜场
一人拉面
自由集市
运动场地
儿童天地
自由集市
文娱中心
运动场地
深夜食堂
街区——社区尺度
空间规划与设施完善，在垃圾分类后期的回收、处理、利用中引入多元主体和社区活动，调动居民积极性。
整体鸟瞰场景

等待的一万种可能

设计团队　梅耀林 / 汤蕾 / 姚秀利 / 黄一鸣 / 樊思嘉
　　　　　孙锦旭 / 阎欣 / 索超 / 孙伟 / 蒋金亮

设计机构　江苏省城市规划设计研究院

奖　　项　紫金奖 · 金奖
　　　　　优秀作品奖 · 一等奖

创作回顾

设计缘起

校园门口的候学区是家长接送、等候学生的场所，是人们日常生活的一部分，却常常被忽视。焦躁等待的家长、此起彼伏的喧闹、拥堵不堪的交通、人车交织的混乱是放学时段的真实写照。候学区的等待，除了围在校门口的焦躁、喧嚣、拥堵、混乱，是否还有别的可能？南京市栖霞区实验小学尧化分校围墙外一处废弃的堆场成为我们的改造对象，通过对围墙的集成设计、细化景观分区、增设闸门管控，将其转变为舒适、友爱、有趣的候学区，以及开放的可供各类人群分时共享的城市公园。

创作选址

项目位于南京市栖霞区尧化街道，燕尧路与尧和西路交叉口，占地面积约 0.3 公顷，现状为施工堆场，东侧紧邻栖霞区实验小学尧和路校区，小学对面为栖霞区实验幼儿园。小学设立 6 个年级，每个年级 6 个班级，计划在校学生 1440 人；幼儿园在校学生约 300 人。两所学校放学时的瞬时人流量、车流量交织，尧和西路的交通组织面临巨大挑战，学生出行也存在安全隐患。

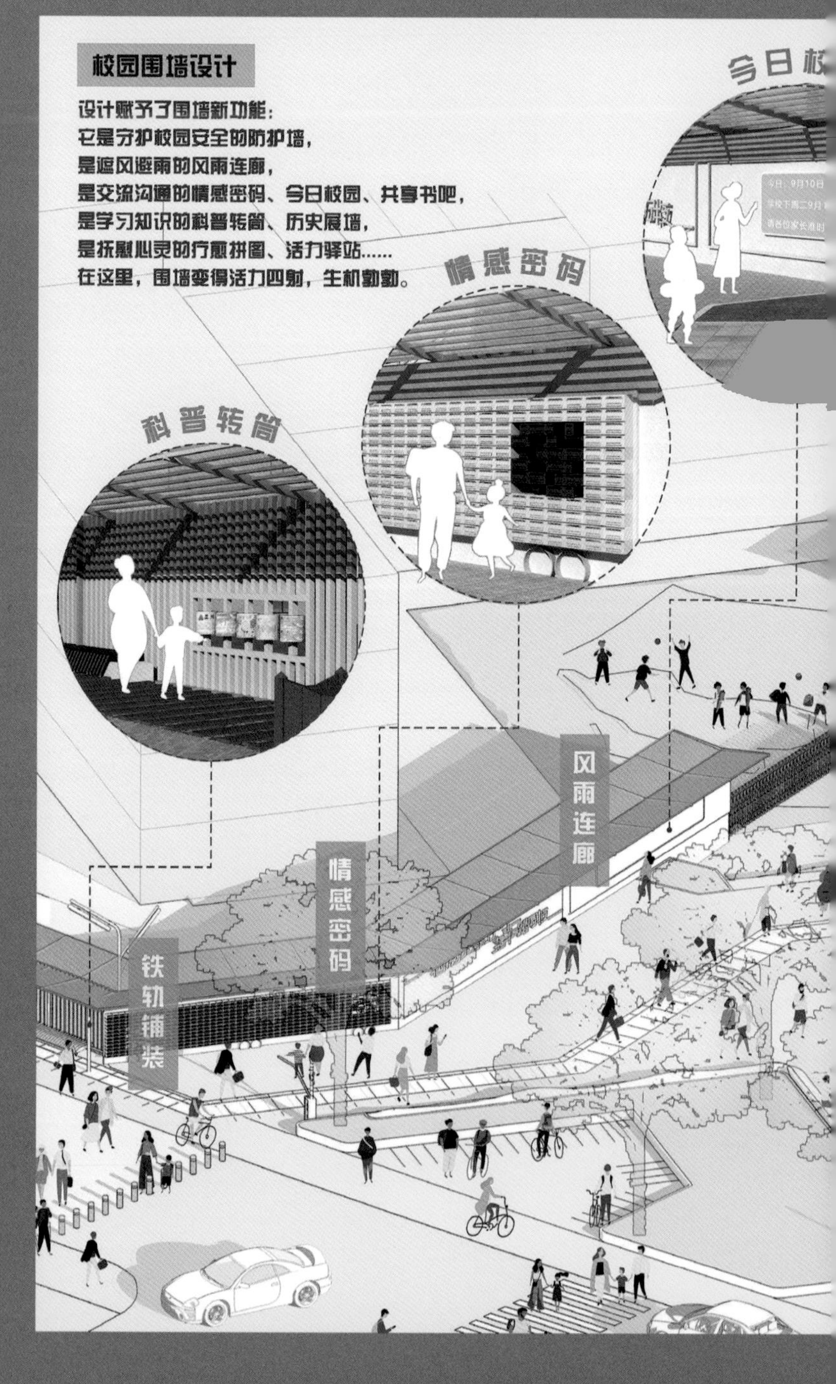

设计思路

方案以居民实际需求为出发点，倡导分时共享，体现宜居理念，试图探讨、总结和归纳一套可推广的设计思路与设计手法。设计突破常态，赋予校园围墙新功能，让“舒适、沟通、共享”成为可能，具有可复制性。设计通过重新组织场地内外交通流线、安装分时电子桩、设置停车场等方式解决交通基本问题；在此基础上，通过提供舒适的行走、休憩、交流场所与设施，让家长们的等待从容、闲适；赋予学校围墙新功能，成为家长、学校、学生之间的沟通媒介与互动窗口，让家长们的等待有趣且充满期待；通过智慧闸门的开合对候学区进行分时管控，实现全天候的分时共享。

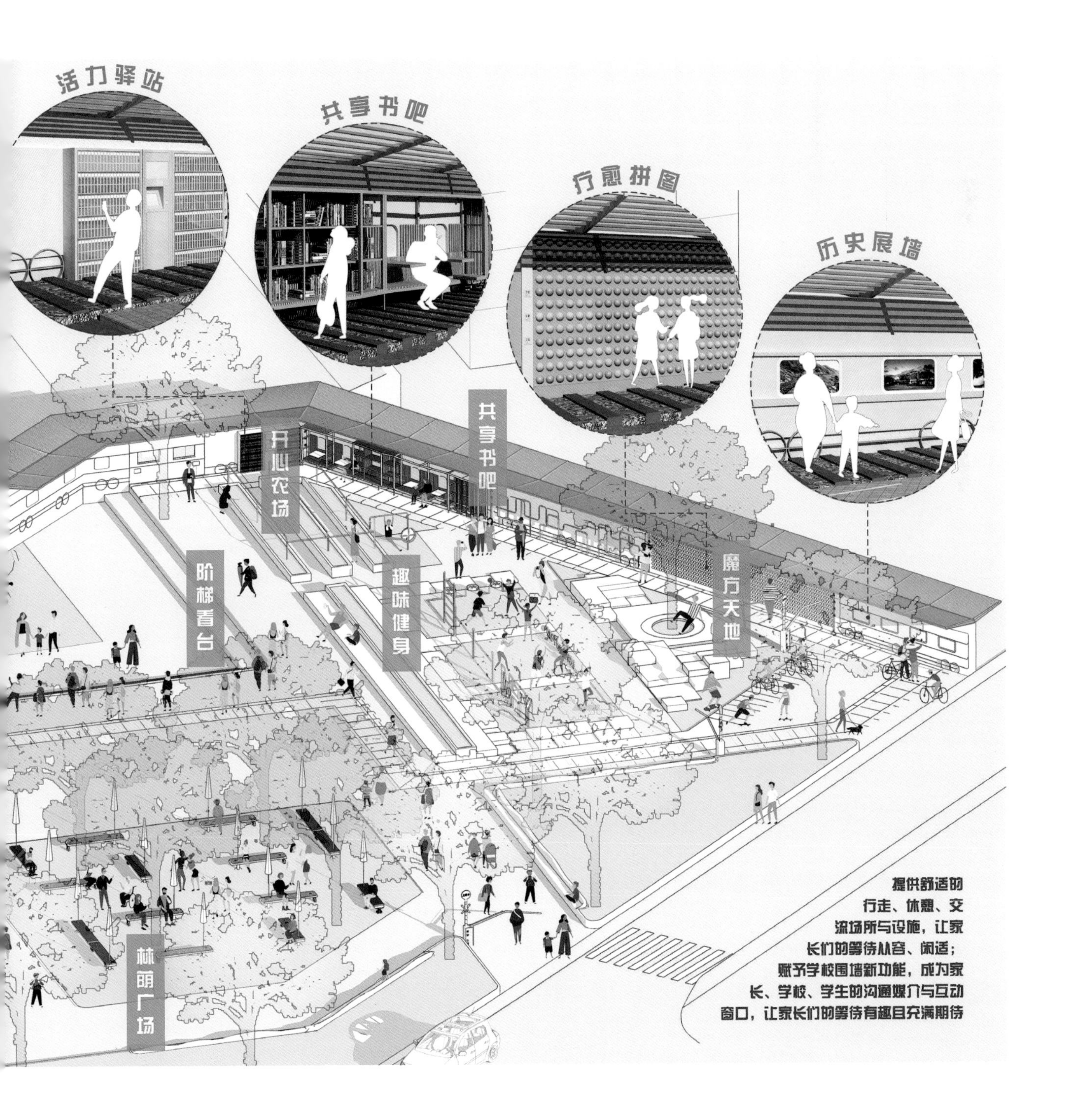

WAITING
等·待
等待的
烈日酷暑下，
一双双眼睛在焦灼的等待；
寒风凛冽中，
一群群身影在坚忍的等待；
四季更迭，风雨无阻。
这里，是学校大门前的候学区。
等待，除了焦灼、烦躁、单调、乏味、
是否还有别的可能？

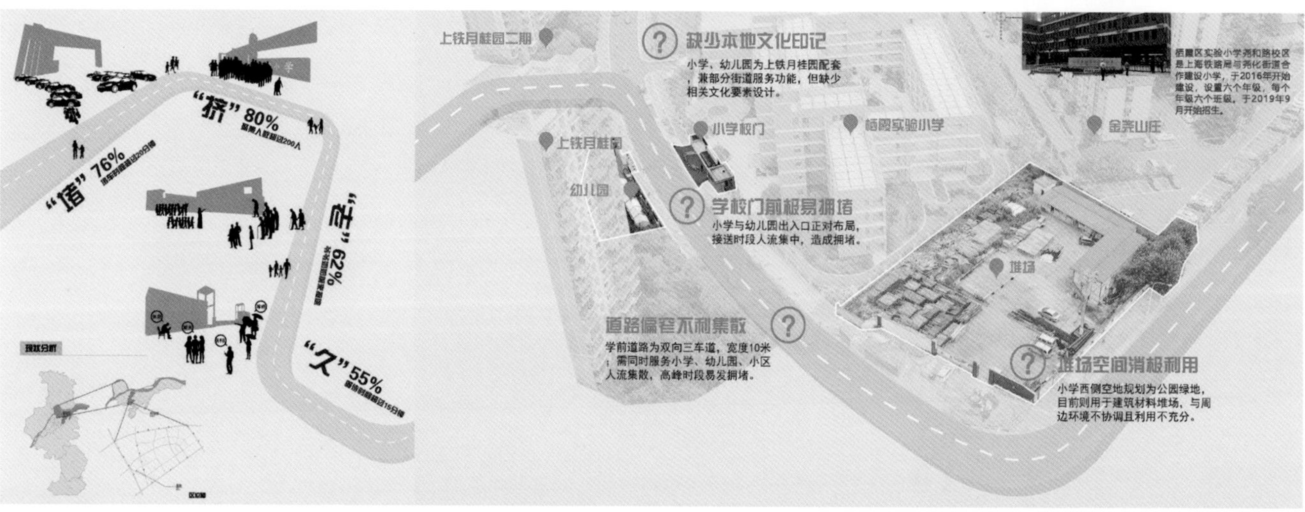
"堵"76%
"挤"80%
"乏"62%
"久"55%
现状分析
缺少本地文化印记
小学、幼儿园为上铁月桂园配套，兼部分街道服务功能，但缺少相关文化要素设计。
上铁月桂园二期
上铁月桂园
幼儿园
小学校门
栖霞实验小学
金尧山庄
栖霞区实验小学尧和路校区是上海铁路局与尧化街道合作建设小学，于2016年开始建设，设置六个年级，每个年级六个班级，于2019年9月开始招生。
学校门前极易拥堵
小学与幼儿园出入口正对布局，接送时段人流集中，造成拥堵。
堆场
道路偏窄不利集散
学前道路为双向三车道，宽度10米；需同时服务小学、幼儿园、小区人流集散，高峰时段易发拥堵。
堆场空间消极利用
小学西侧空地规划为公园绿地，目前则用于建筑材料堆场，与周边环境不协调且利用不充分。

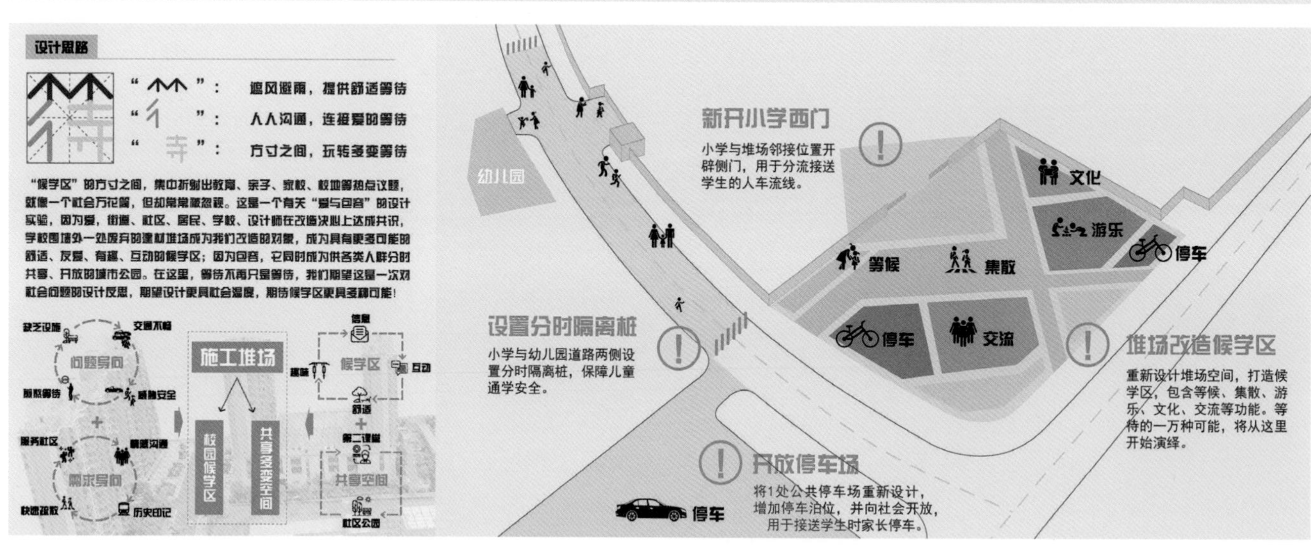
设计思路
"⺮"：遮风避雨，提供舒适等待
"彳"：人人沟通，连接爱的等待
"寺"：方寸之间，玩转多变等待
"候学区"的方寸之间，集中折射出教育、亲子、家校、校地等热点议题，就像一个社会万花筒，但却常常被忽视。这是一个有关"爱与包容"的设计实验，因为爱，街道、社区、居民、学校、设计师在改造决心上达成共识，学校围墙外一处废弃的建材堆场成为我们改造的对象，成为具有更多可能的舒适、友爱、有趣、互动的候学区；因为包容，它同时成为供各类人群分时共享、开放的城市公园。在这里，等待不再只是等待，我们期望这是一次对社会问题的设计反思，期望设计更具社会温度，期待候学区更具多种可能！
缺乏设施
交通不畅
问题导向
无聊等待
威胁安全
服务社区
情感沟通
需求导向
快速疏散
历史印记
施工堆场
校园候学区
共享多变空间
信息
趣味
候学区
互动
舒适
第二课堂
共享空间
社区公园
幼儿园
新开小学西门
小学与堆场邻接位置开辟侧门，用于分流接送学生的人车流线。
文化
游乐
停车
等候
集散
停车
交流
设置分时隔离桩
小学与幼儿园道路两侧设置分时隔离桩，保障儿童通学安全。
堆场改造候学区
重新设计堆场空间，打造候学区，包含等候、集散、游乐、文化、交流等功能。等待的一万种可能，将从这里开始演绎。
开放停车场
将1处公共停车场重新设计，增加停车泊位，并向社会开放，用于接送学生时家长停车。
停车

方案亮点

舒适沟通：以校园围墙为载体，结合潜在可利用空间打造舒适宜人、促进沟通的城市公共开放空间。改建后的堆场打破了以往候学区拥挤、无序的常态，从“心”探讨学校、家长与学生之间的社会、家庭关系，从满足家长等候最基本的舒适要求到提供家长与学生、家长与家长之间沟通的精神需求，实现从无到有、从拥挤无序到功能齐全的华丽转身。

多元共享：通过智慧闸门的开合对候学区进行分时管控，实现空间上的变化与全天候的分时共享。上学期间，这里是老师与学生们的第二课堂；上下学接送时，这里是家长们沟通交流的等候场所；候学之外，这里还是居民们可以游憩、锻炼、聚会的街头公园。

居民访谈

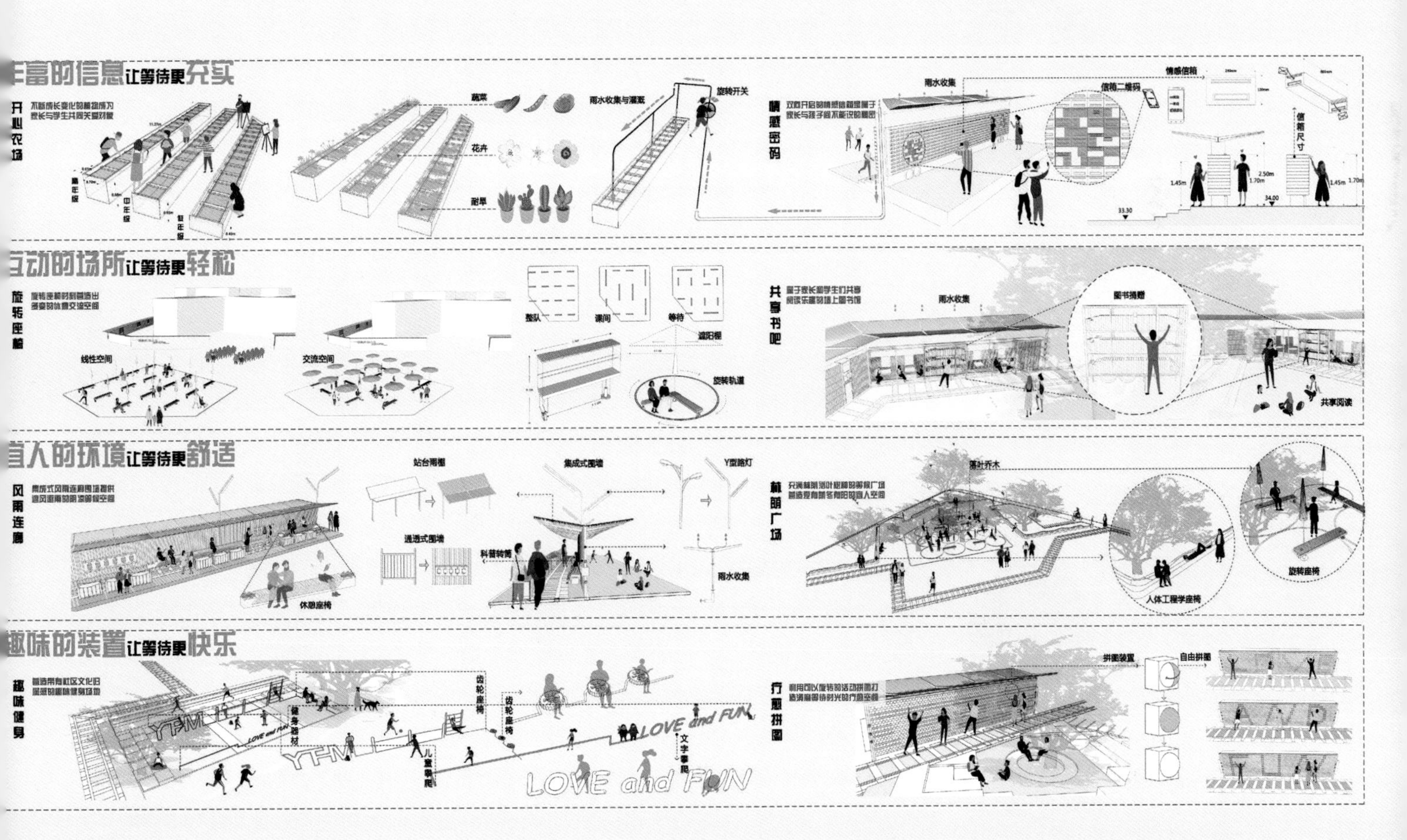

作品解读

Q1 作品题目“等待的一万种可能”颇有吸引力，请问这个作品的选题是怎样形成的？

梅耀林

A 2019 年，我们在江苏省宜居街区建设的调研中，通过与居民的广泛交谈，发现上学放学期间校门口的拥堵问题非常突出，也是老百姓迫切希望改善的问题。我们的作品具有三层含义，首先，通过具有人文关怀的多元设计，让在候学区等待的各类人群不再疲惫无聊，而是感受到爱和温暖；其次，通过分时共享，让候学区在各个时间段为学生、家长、居民提供多元的服务；最后，每个候学区的设计都应体现本土记忆和特色，一万个候学区，就有一万种特色，一万种可能。

Q2 在这个项目的调研过程中，老百姓是怎么看待候学区的？

姚秀利

A 老百姓对这个议题展现出极大的兴趣，踊跃地参与到我们的访谈中。对参与访谈的很多人来说，候学区是他们每天必去的地方，已成为他们生活中重要的一部分。同一个候学区，不同的人看待的视角是不同的。校长最担心的就是上学放学期间的交通安全；老人们认为等候区域缺乏休息的场所；中青年人认为缺少交流的场所；孩子们上学放学在人群中钻来钻去，人流动线较为混乱。正是通过与他们的交谈，我们了解到各类人群对候学区的需求，从而把他们的需求一一落实到我们的设计当中。

Q3 在作品决赛 VCR 中看到设计进校园活动，请具体谈一下这个活动，从孩子身上是否获得了某些启发？

汤 蕾

A 我们在江苏省宜居街区建设中提出了“与居民共治共建共享”的理念，通过组织多种活动，引导当地居民参与其中。我们走进校园，向孩子们介绍了宜居街区建设的内容和目的，希望他们通过作文和绘画表达他们对美好家园的想法。孩子们提交的作品非常精彩，他们对宜居生活的思考和设想大大出乎了我们的意料。我们深切体会到他们对家园的热爱，对美好生活的向往，以及对候学区改造的憧憬和需求。同时，我们组织了一次由大学生、小学生共同参与的宜居街区设计工作坊，让孩子们和设计团队一起，进行项目策划和设计，将他们的想法和需求落实到设计中，方案“等待的一万种可能”中，很多细节设计就来自于孩子们充满童真的视角。

居民共享的街头公园

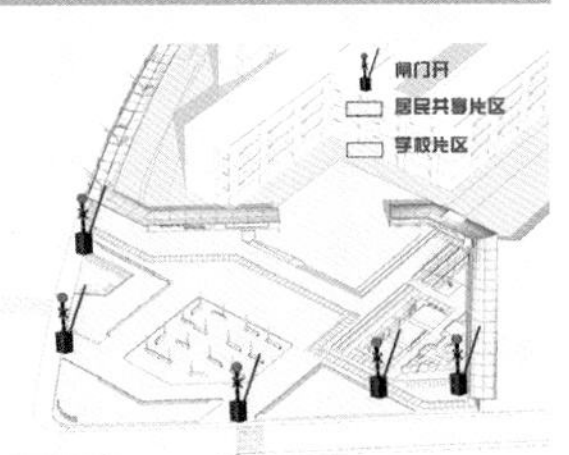

校门开、闸门开 —— 校园和候学区成为社区居民共享的休憩交流、健身锻炼的活动场所。清晨遛狗、逗鸟、打拳，傍晚散步、闲聊、广场舞，周末社区演出老少皆宜、热闹非凡。

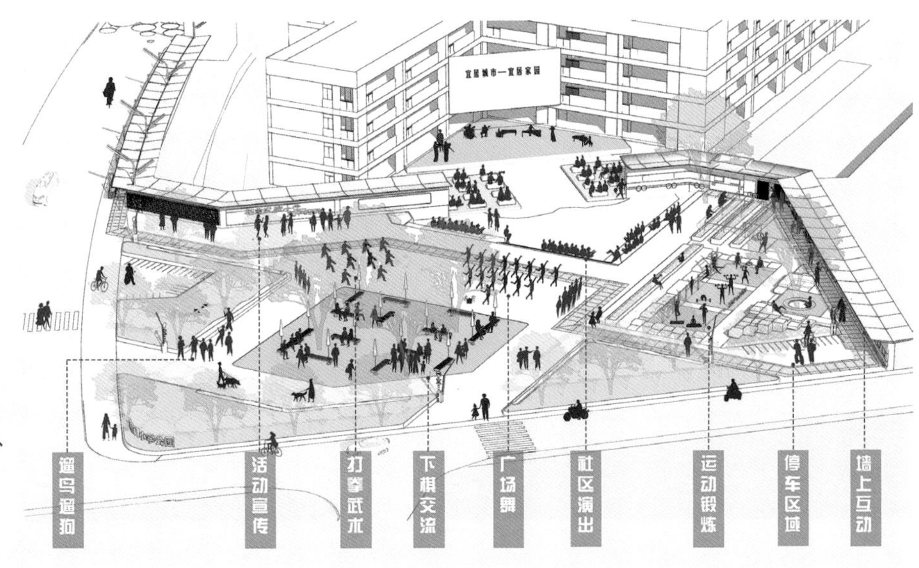

舒适沟通的候学区

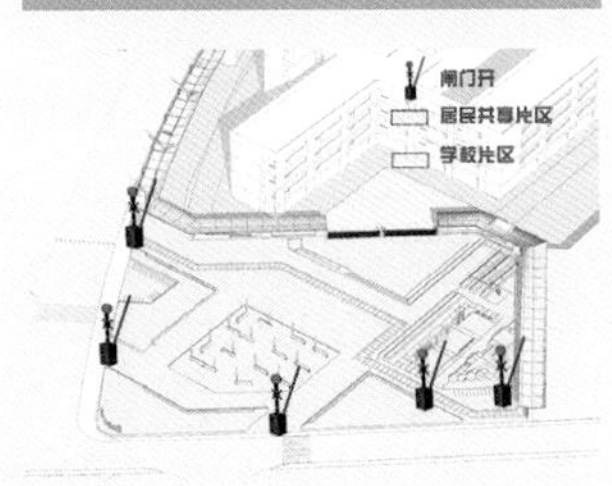

校门关、闸门开 —— 家长们有序地停放好车辆，前往情感密码箱查收孩子的信件，在风雨长廊下交谈，观看校园里的活动。大树的绿荫下，家长们三三两两围坐着交谈聊天。

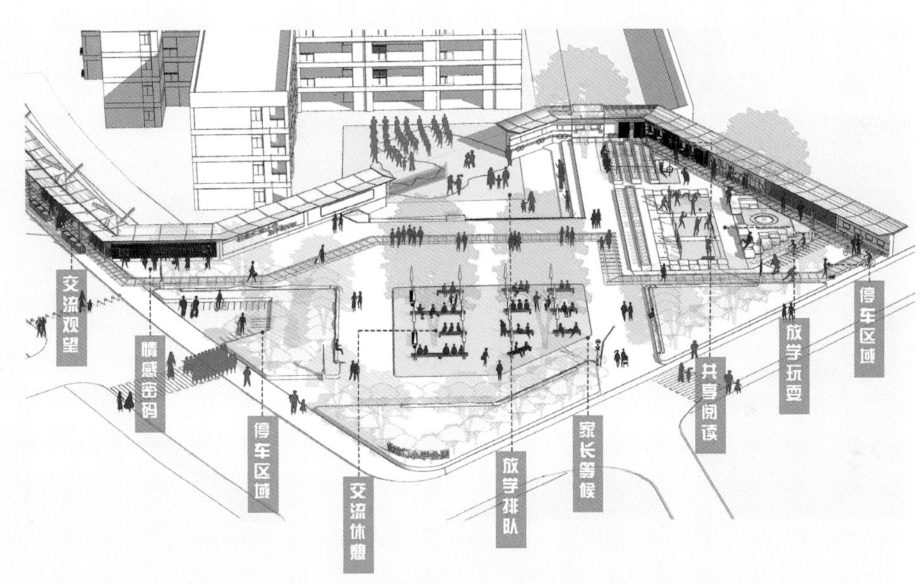

寓教于乐的第二课堂

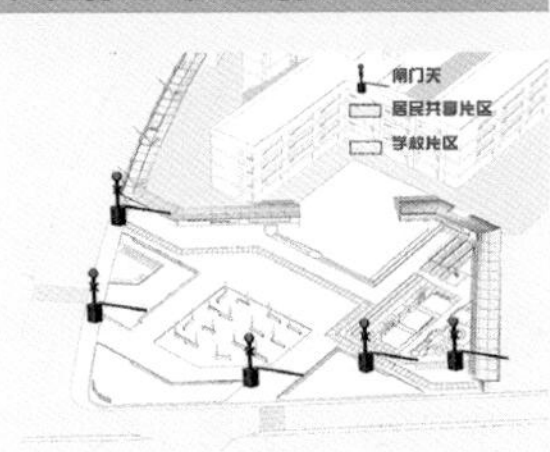

校门开、闸门关 —— 学生们在老师的带领下，在林荫广场绘画、演奏、演讲，在开心农场体验植物养护的乐趣，观察植物生长的每一步，在魔方天地进行丰富多彩的体育活动，在历史展墙了解中国火车的日新月异！

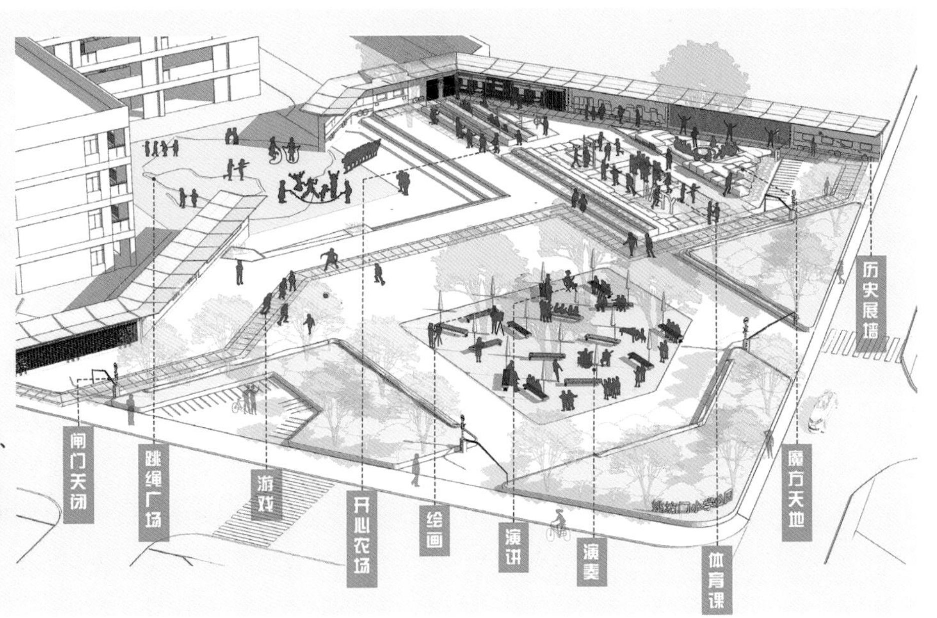

作品展示 VCR 部分场景

扫码观看完整 VCR

评委点评

杨　明

·华东建筑设计研究总院有限公司总建筑师

在略显“浮夸”的主旨标题下，设计方案给出的是一个认真、细致、充满体验感的成果。

设计师敏锐地捕捉到：家长在接学生的过程中，在“等候”这一普遍现象的背后，存在不激烈但持续令人困扰的等待焦虑，设计师针对此问题，通过对日常时间轴线上的活动进行关联思考，在校园周边组织了富有创意的公共交往和减压场所。作品选择问题精准，具有较强的针对性和现实性，提出的为校园匹配专属候学区的策略具有良好的实践推广性，非常接地气。

“垂直街道”
——空中坊巷

设计团队　刘志军 / 袁雷 / 徐义飞
　　　　　伏雯静 / 刘畅然 / 徐延峰 / 王超进
设计机构　江苏省建筑设计研究院有限公司
奖　　项　紫金奖 · 金奖
　　　　　优秀作品奖 · 一等奖

创作回顾

设计缘起

传统的街道和“家”是直接相连的，推开家门就是街道。街道是街坊们共享的客厅，是邻居们下棋喝茶聊天的地方，是孩子们游憩的场所，是充满生气和活力的地方。现代城市的街道，大多是汽车行驶的道路，是冰冷的没有人情味的交通线路。人们需要从街道先进入小区，甚至要通过地下车库，才能回到“家”。街道和“家”不再直接相连，不再是街坊们的共享客厅，传统的街坊邻里关系也受到冲击。

公寓公共空间的狭小、拥挤、不人性
缺乏活力

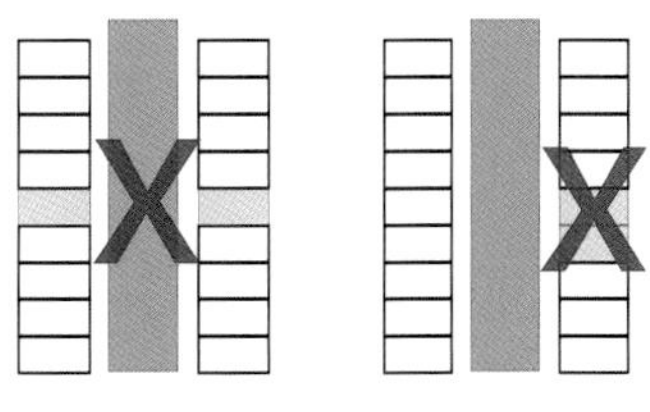

同层邻里几乎无沟通

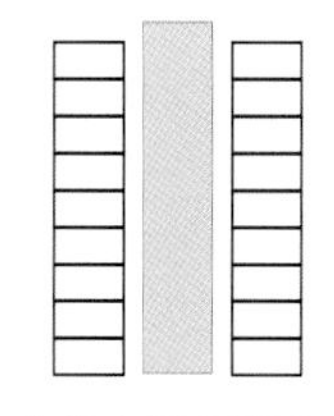

公共空间功能单一

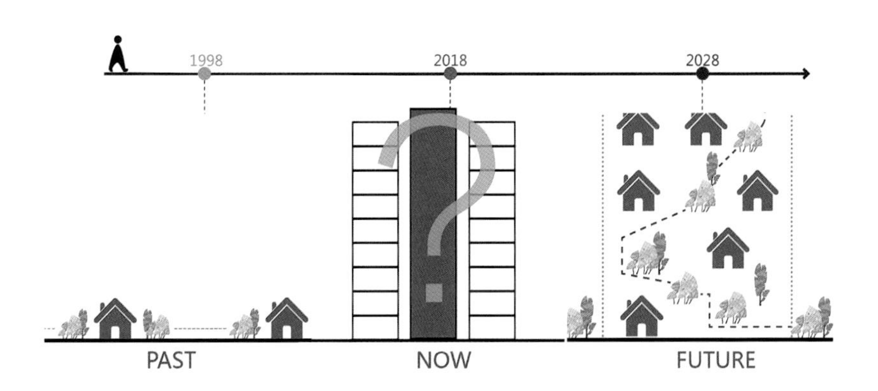

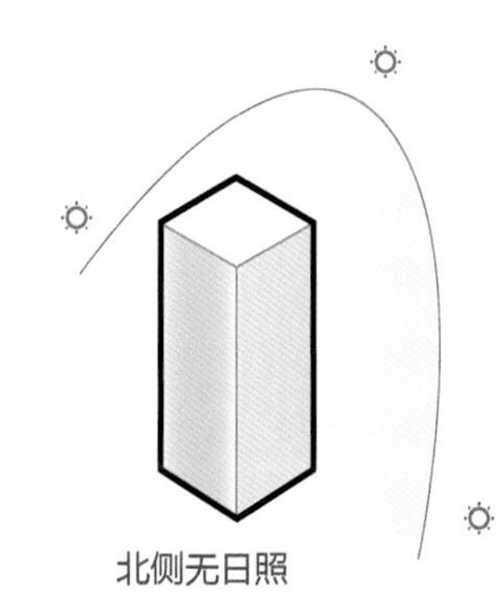

北侧无日照

设计思路

方案希望在高层建筑中恢复传统的“街道”和“家”的空间关系，将传统街道立起来，植入现代高层建筑中，重构现代城市街区，恢复传统街巷生活模式和良好的邻里交往。

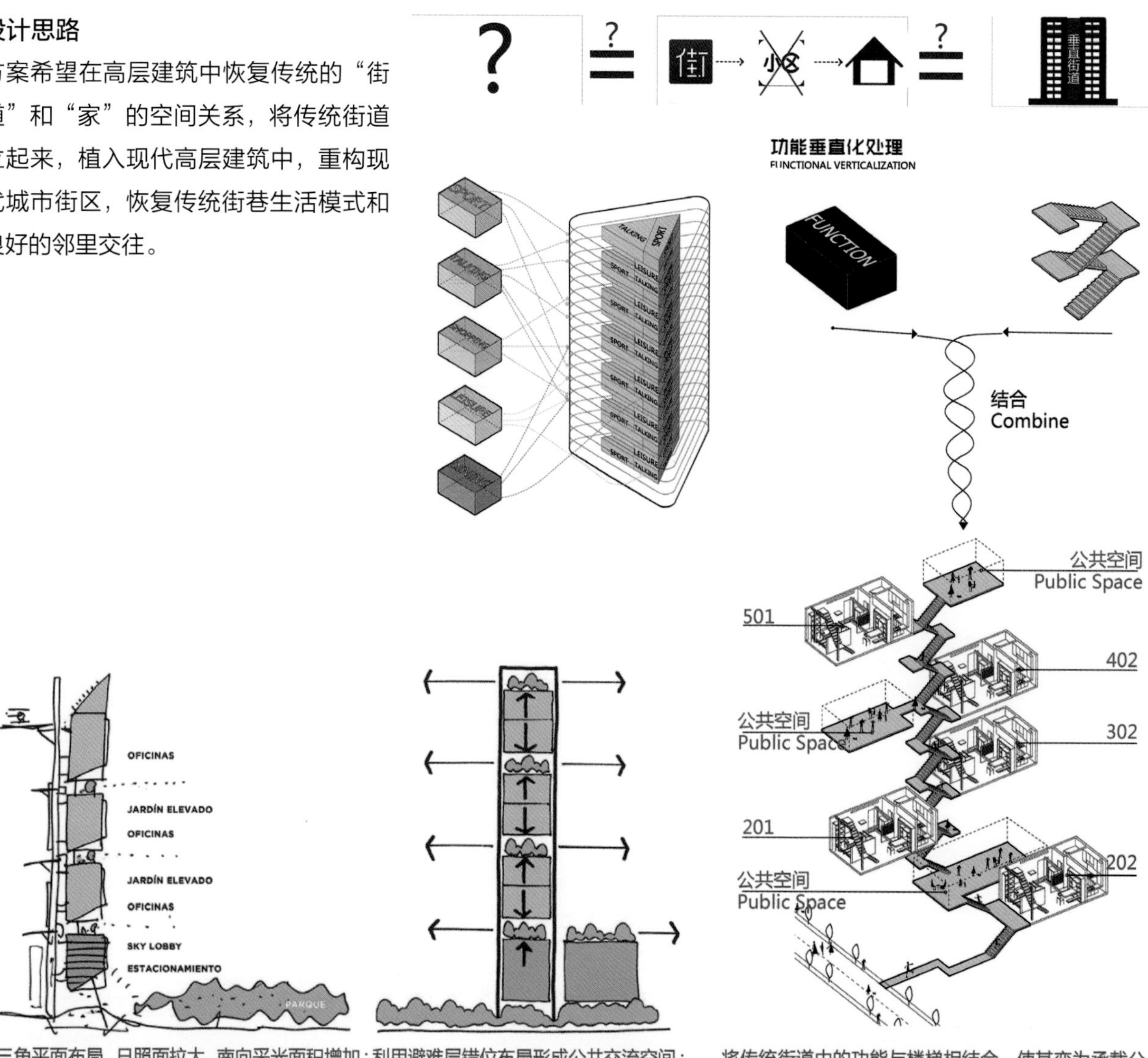

三角平面布局，日照面拉大，南向采光面积增加；利用避难层错位布局形成公共交流空间；垂直森林复原传统街区绿荫环绕的“家”。

将传统街道中的功能与楼梯相结合，使其变为承载公共活动的发生器，增强社会性，形成垂直社区。

单元体概念

UNIT CONCEPT

利用使用者的使用时间差实现空间利用效率最大化，当使用者离开时私人空间收缩，公共空间扩展，当产生需求时，私人空间打开。

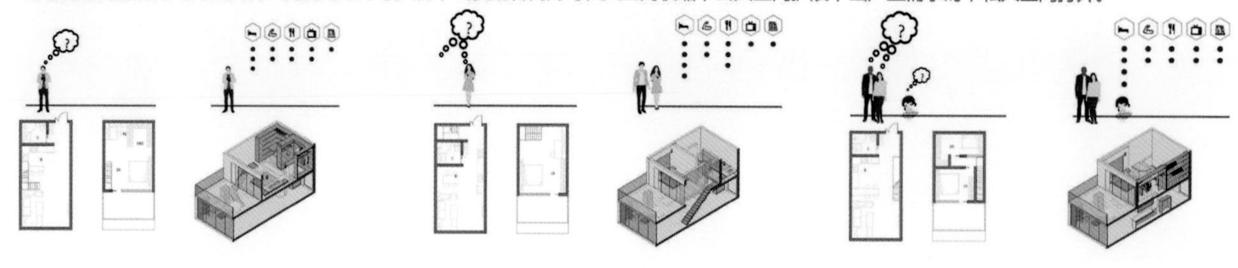

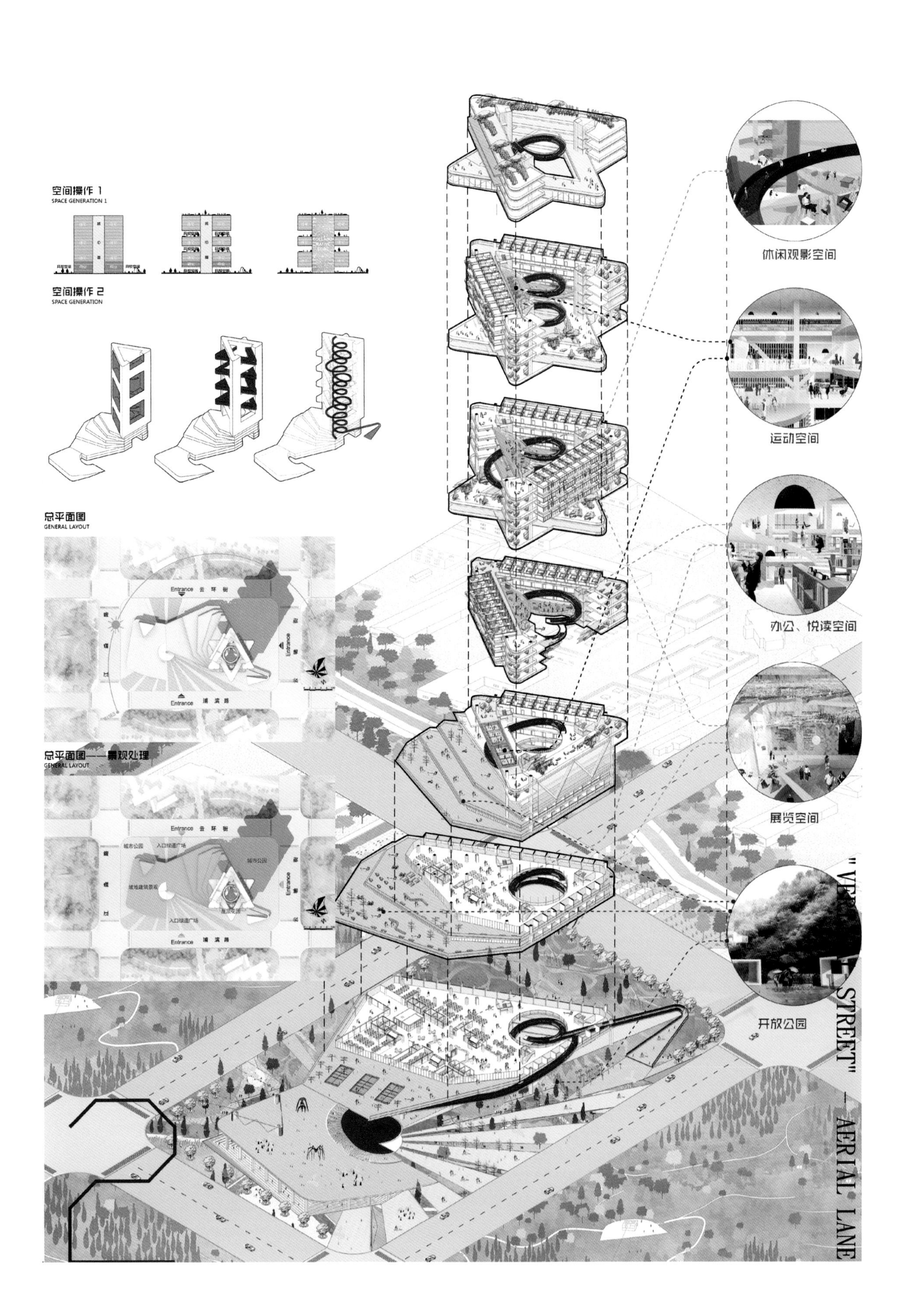
空间操作 1
SPACE GENERATION 1
空间操作 2
SPACE GENERATION
总平面图
GENERAL LAYOUT
Entrance
Entrance
总平面图——景观处理
GENERAL LAYOUT
Entrance
城市公园
入口绿道广场
城市公园
Entrance
休闲观影空间
运动空间
办公、悦读空间
展览空间
开放公园
"VERTICAL STREET" — AERIAL LANE

方案亮点

方案在高层建筑中植入一条盘旋而上的垂直街道，和每家每户直接相连。通过对传统街巷空间的研究，从中提取活力元素，进行功能垂直化处理，并在不同的高度设置交往、休息、健身、咖啡、书吧、小型商业等功能，人们可以在垂直的街道上和邻居们休息、聊天、交流，从而在高层建筑里恢复传统街坊的活力，打造具有人情味、开放性的邻里空间，重塑街道客厅的功能。同时，方案注重对绿色设计手法和技术的运用，通过对建筑形体的错位布置，形成多层次的平台，打造垂直森林，同时错位的布局、烟囱效应的应用，形成建筑气流微循环，营造舒适宜人的社区微气候，从而实现垂直社区的多重宜居。

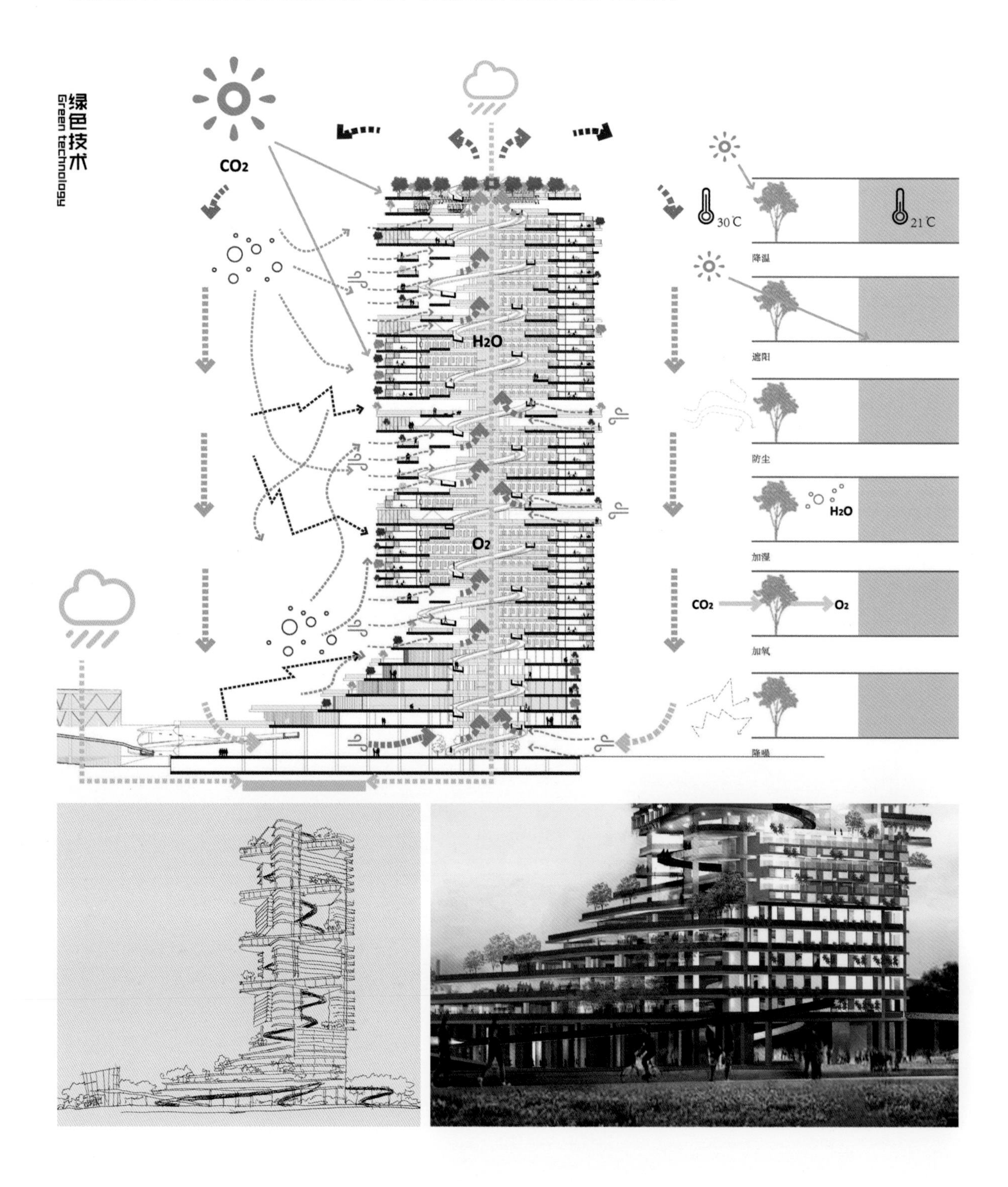

作品解读

Q1 根据街巷的尺度和规模，垂直街巷中住户彼此认识的合理规模大约是多少户？

徐义飞

A 垂直街道里大家彼此认识的合理规模约为 50~60 户，和在传统街道上熟识的邻居户数相当。在传统水平的街道上，人们合理的步行距离是 150 米左右，沿线大约 50 余户居民，大家会比较熟识。在垂直街道中，人们合理的步行高度 5 层，按照南京常见的一梯四户两个单元计算，大约可容纳 40 户居民。加上利用电梯，住户可以和不同高度的邻居交往，那么垂直街道里彼此熟识的邻居大约 50~60 户。

Q2 “垂直街道”中各种功能混合，除了通过公共空间与居住空间的结合来建立新型的邻里关系以外，方案是否还考虑了将学习、工作、休闲等功能空间引进“垂直街道”，方案在立体生态城市方面有哪些创新，使其成为真正意义上的复合完整的立体城市街道？

A 将学习、工作与休闲等公共空间同时引进“垂直街道”，让单一的居住街道变为功能复合的“垂直的”空中立体城市街道，这个创意最早可以追溯到柯布西耶的立体城市理念。未来可能会出现将城市要素中居住、工作、生活、休闲、医疗、教育等功能装进一个建筑体里，形成巨型建筑。迪拜的哈利法塔、日本东京的六本木山，以及正在规划的深圳光明新区，就是这种巨型建筑的雏形，大量城市功能在三维空间内的混合，提供新的城市生活方式。方案在底层设置办公、商业和休闲公园等混合功能，二层至四层设置办公空间及学习阅读空间，沿着街道垂直方向在不同的高度布置餐饮、咖啡、书吧等小型商业，可以为区域职住平衡作出一定贡献。方案在立体生态城市方面，在中庭垂直街道上设计平台，赋予其休闲娱乐等功能，利用螺旋上升的街道所围合的中庭形成“烟囱效应”，改善周边区域内的微气候。

Q3 设计中旋转坡道具有连接功能，人们从上到下的步行时间大概是多长？

袁 雷

A 垂直街道设计鼓励居民尽量多采用步行的方式上下楼，可以起到健身锻炼的效果。我们选择不同年龄和性别的人群经过多次测试，通过坡道步行上下一层楼高度需要的时间大约半分钟。因此，人们沿着这个设计中的螺旋坡道，100 米 30 层的高度从上走到下，加上休息，估计要 15~20 分钟，这个用时和传统街道合理的步行时间大致相同。方案在每隔两层可连接到附近的平台上，设置了垂直交通，居民可以根据个人情况自由选择交通方式。

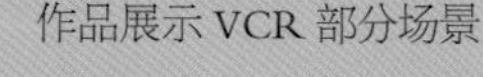

作品展示 VCR 部分场景

扫码观看完整 VCR

评委点评

张应鹏

- 江苏省设计大师
- 九城都市设计有限公司总建筑师

在传统城市中，街道既是交通的动脉，也是组织市井生活的场所。在现代城市中，高层建筑把人在垂直方向分隔开，传统的邻里关系难以维持，街道空间形态与人的生活矛盾暴露出来。

“垂直街道”设计转变街道空间的传统认知和设计手段，将现状街道空间在垂直方向进行延伸，是未来城市街道空间形态演变与发展的一种尝试。作品用全新的理念阐述街坊的概念及其组合方式、功能特征、空间形态。

第三幼儿园
——住宅架空层遐想

设计团队 周晓阳 / 潘俊花 / 甘永年
王波 / 贾江南 / 王斌 / 钱梦瑶 / 曹文鑫

设计机构 江苏筑原建筑设计有限公司

奖　　项 紫金奖 · 银奖
优秀作品奖 · 一等奖

创作回顾

设计缘起

对于孩子们来说，童年的第一所幼儿园是家庭，第二所幼儿园是学校。但两点一线的生活，也抹杀了孩子们自由探索的天性。环境育人，空间育人。我们希望为孩子们创造第三所幼儿园，它能最大限度地支持儿童通过直接感知、实际操作和亲身体验，来满足探索的天性。

住宅小区的架空层位于住宅底层，易于聚集人群，是小区的特别景观。但现实中，这个本该为业主提供休闲的地方，却被分割成多个“私人空间”，用于堆放杂物。嬉闹玩耍的孩子不见了，随意停放的自行车成了“司空见惯”。架空层属于典型的灰空间，它很大程度上保障了交流和游玩活动的安全性，于是我们选择把架空层改造成属于孩子们的乐园。

创造宜居而有趣的生活方式，植入环境共生的理念是我们追求的目标，为无效、消极的空间注入趣味与活力是我们设计的方向。我们希望这所构筑物能成为孩子们的第三所幼儿园，让他们在游戏中实现与人互动、与环境互动。同时，也希望它能成为一个全新的社交空间，承载起邻里情长。

设计思路

方案把架空层划分为两层，既能适合儿童的尺度，亦能获得更多使用空间。方案将划分层打断并在不同的区域设置高差，以不同的起伏效果，增加空间的游乐性。新的架空层由八个部分组成，构架的形式是一个充满架空层的大台阶。预制的龙骨呈对称分布，统一尺寸的踏板构件具有多种堆叠方式以节省空间，颜色的随机性让孩子们具有更多的选择。

方案采用拆卸组装式构架，使用者可以自由决定踏板的位置，这使得他们可以到达构架的任何地方进行“探险”。每一位使用者都会在构架上留下自己的“足迹”，之后的使用者会打破这些“足迹”并留下自己的“足迹”，随着越来越多的“探险”活动，使用者们会让构架呈现出不断更新的空间随机美。

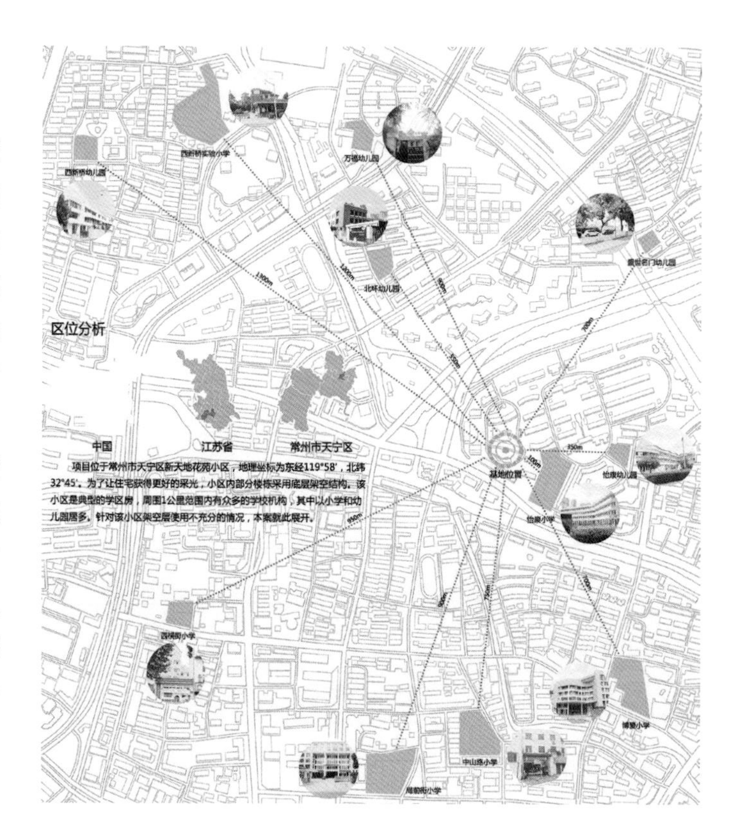

设计思路

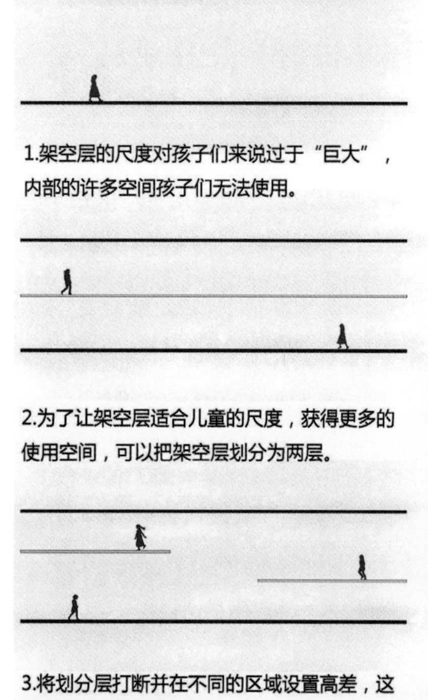

架空层的优势

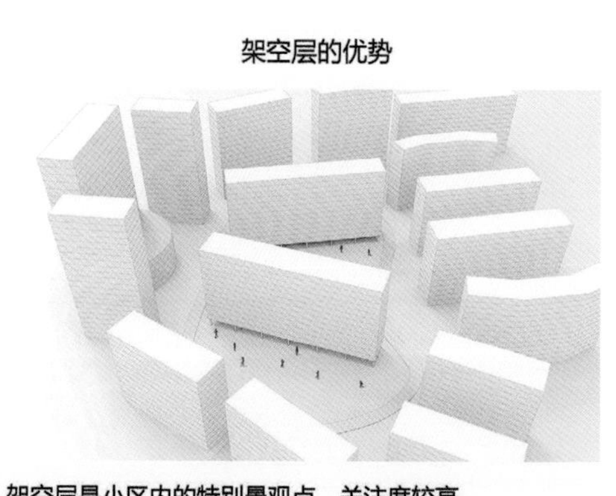

1.架空层是小区内的特别景观点，关注度较高。

2.架空层位于住宅底层，环境优美，易于聚集人群。

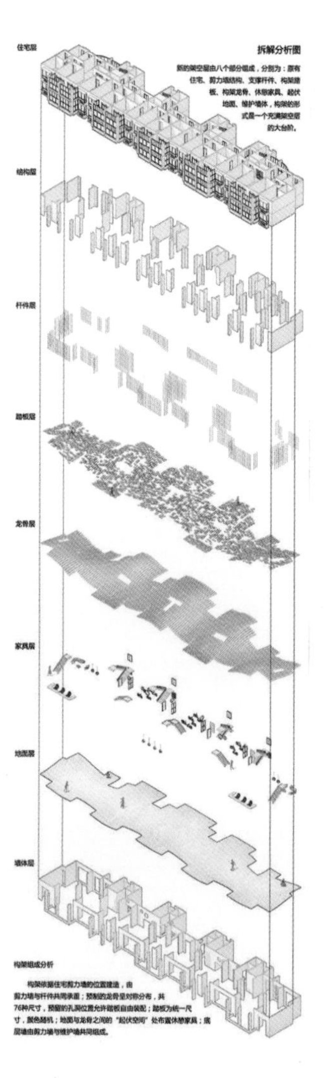

.使用者的活动让构架呈现出随机美

剖透视1-1

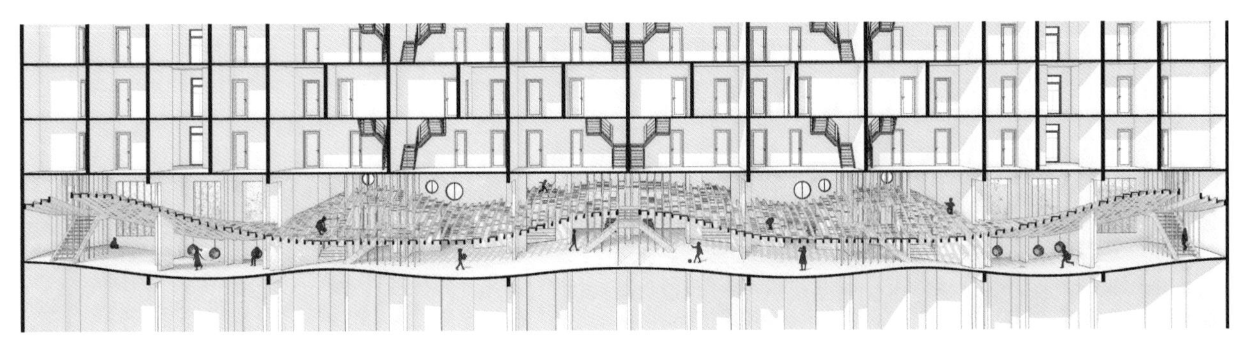

作品解读

Q1 孩童是空间的主要使用者，安全性显得尤为重要，这方面有哪些考虑?

周晓阳

A 在选址方面，我们将第三幼儿园设计在住宅架空层。除了考虑到它的便捷性，更重要的是它能保障交流和游玩活动的安全。在结构方面，布满架空层的龙骨，通过与剪力墙的结合以及竖向杆件的支撑能同时承载成人及儿童的活动，满足幼龄儿童的家长陪护需求。在构件处理方面，龙骨、踏板使用软性材质，边角设计成弧形，防止儿童碰摔。根据儿童体型严格控制龙骨的间隔及踏板尺寸，避免孩子发生坠落。

潘俊花

A 踏板的搭建过程会激励孩子们的团队合作，他们会更加注意自身与同伴的安全。玩耍的过程还会吸引邻居长辈的观赏，加强了邻里关系的同时，也为安全性提供了一层保障。我们的设计在充分考虑安全性的前提下，最大限度地开发了孩子探索和游乐的天性。

Q2 方案中搭建的踏板由什么材料制成？这种搭建是否可以完全交由小朋友自己搭建?

王 波

A 用于搭建的踏板是由复合木板制成，兼具绿色环保性与经济性。踏板的尺寸是 48 厘米 ×28 厘米，一块踏板相当于两个篮球的重量，孩子们可以轻松运输。踏板具有多种堆叠方式以节省空间，颜色的随机性让孩子们具有更多的选择。

贾江南

A 构筑物的龙骨由工厂预制，共76种尺寸，在现场进行组装。龙骨上预留的孔洞用于搭建踏板。孩子们可以自由决定踏板的位置，从而到达构架上的任何地方进行“探险”。在探险活动中，他们不仅能获得成功的喜悦，同时也是空间随机美的缔造者。孩子们还可以通过分工，一起寻找踏板、运输踏板和组装踏板。在这样的搭建过程中，孩子们会体验到团队合作的乐趣。除了团队合作，也可以是亲子互动或者邻里之间的互动。

Q3 本次设计有什么收获吗?

潘俊花

A 设计的选题让我们体会到建筑师的责任。我们团队成员大多都已为人父母，我们希望自己的孩子能更快乐地成长。“幼吾幼以及人之幼”，作为建筑师，我们有责任去创造真实的空间让孩子们自由玩耍、探索和学习。

钱梦瑶

A 本次的设计过程让我们对公共空间有了全新的见解，一些日常被忽略的空间也可以设计地非常有趣。构架中 6839 个踏板位置都经过了仔细推敲，精细化的设计提高了作品的质量和效果，为使用者提供了更加安全舒适的环境。入围紫金奖的决赛是专家和社会对我们的肯定，也是对我们的鞭策，让我们更关注我们的家园，思考我们的生活。所以，这次参赛经历对于我们具有里程碑式的意义。

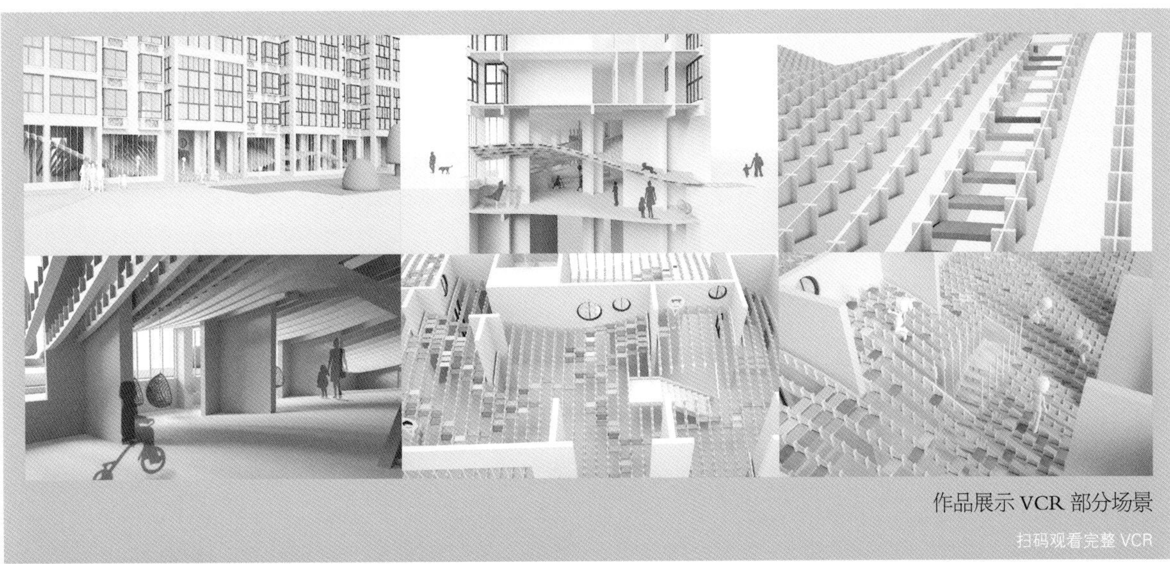

作品展示 VCR 部分场景

扫码观看完整 VCR

评委点评

戴春

· 《时代建筑》期刊运营总监、责任编辑
· Let's talk 学术论坛创办人

架空层是易被忽略的空间类型，设计者不仅将活跃性的功能植入其中，而且还拓展了这一功能，为儿童教育提供了新思路。作品如果能够与周边环境考虑更为自然的接入方式，甚至考虑部分架构与周边景观的协同延展，所畅想的架空层空间将会更好地融入社区。

蔬菜、邻居和好天气

设计团队　张毅杉 / 薛涵之 / 张子昊 / 马晓宇
　　　　　王佳欢 / 周安忆 / 平茜 / 贺智勇
　　　　　张婉莹 / 翁珍妮
设计机构　苏州园林设计院有限公司
奖　　项　紫金奖 · 银奖
　　　　　优秀作品奖 · 一等奖

创作回顾

设计缘起

项目场地位于苏州市姑苏区三香街道的三香公园，作为周边社区大量居民的唯一公共绿地，存在诸多设计和功能上的不足。使用空间拥挤、功能单一，甚至滋长了不健康的社会风气。

设计思路

设计在保留场地记忆的前提下，希望用空间设计来引导市民的生活方式，将都市中难以体验到的田园生活融入社区公园，营造自然本土的园林风貌，倡导健康生活，提升社区活力。让周边居民通过果蔬种植重构与自然的联系，通过田园社交，增进邻里之间的情感交流。灵活可变的设施更为不同需求的人群创造了多样的空间，充分扩展了场地的使用功能。

现状平面图

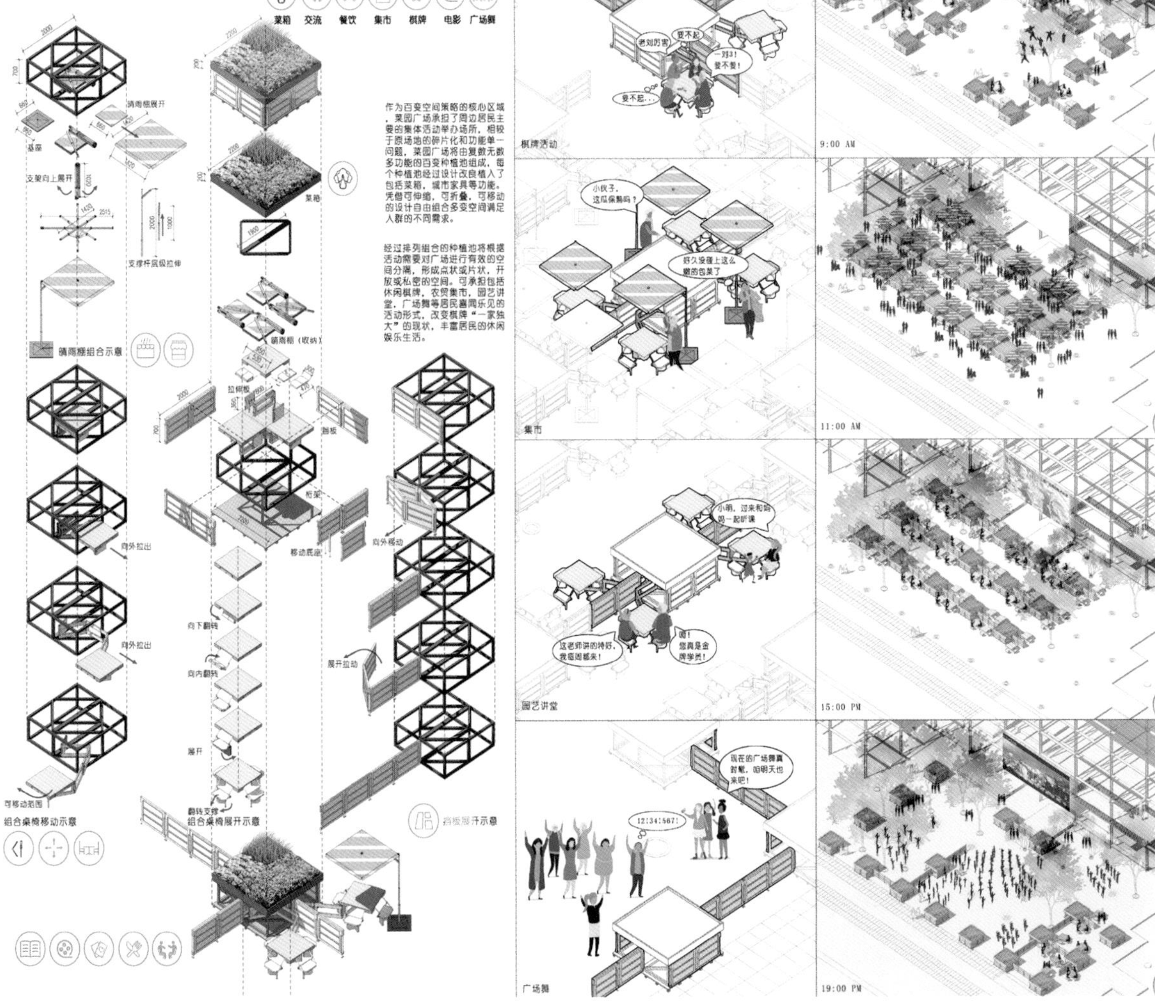

方案亮点

百变空间：针对场地空间功能单一、活动区域碎片化的问题，提出百变空间的策略。在保留现状植物的前提下，用模块化的菜田单元在原本有限的空间内任意组合出需要的空间场地，同时满足不同人群的不同需求。

立体空间：针对场地空间不足、功能单一的现状所采取的核心设计策略之一。方案不仅设置了水平方向的绿色开放空间，同时在垂直方向进行空间的拓展和延伸，构建合理有效的立体空间。

生态空间：原场地植物缺乏协调感和统一管理且相对单一。结和景观和实用的双向需要，通过堆肥箱、生态净化池的组合促进居民生活厨余垃圾的循环再利用。

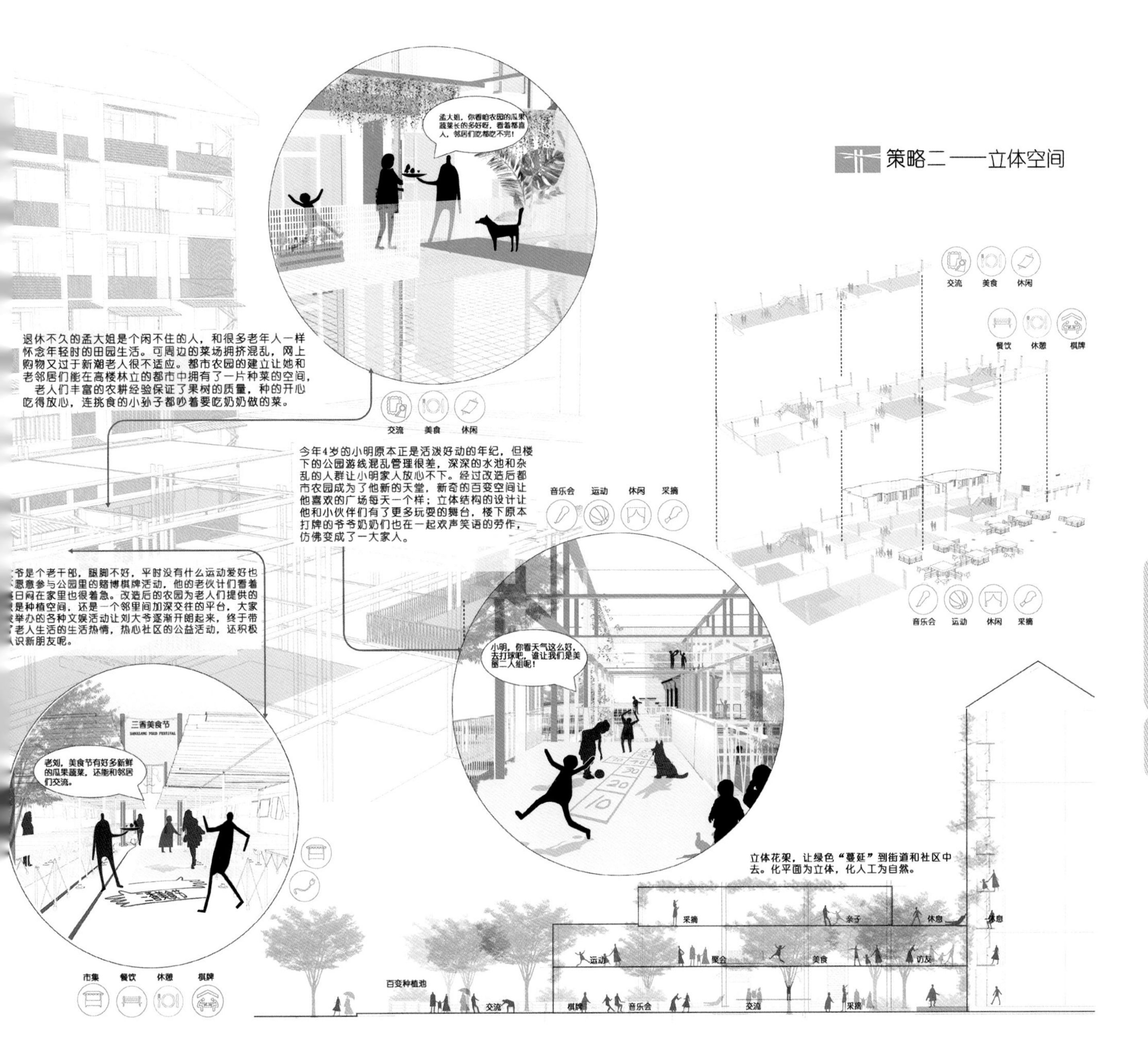
孟大姐，你看咱农园的瓜果蔬菜长的多好呀，看着都喜人，邻居们吃都吃不完！
策略二——立体空间
交流
美食
休闲
餐饮
休憩
棋牌
退休不久的孟大姐是个闲不住的人，和很多老年人一样怀念年轻时的田园生活。可周边的菜场拥挤混乱，网上购物又过于新潮老人很不适应。都市农园的建立让她和老邻居们能在高楼林立的都市中拥有了一片种菜的空间，
老人们丰富的农耕经验保证了果树的质量，种的开心吃得放心，连挑食的小孙子都吵着要吃奶奶做的菜。
交流
美食
休闲
今年4岁的小明原本正是活泼好动的年纪，但楼下的公园游线混乱管理很差，深深的水池和杂乱的人群让小明家人放心不下。经过改造后都市农园成为了他新的天堂，新奇的百变空间让他喜欢的广场每天一个样；立体结构的设计让他和小伙伴们有了更多玩耍的舞台，楼下原本打牌的爷爷奶奶们也在一起欢声笑语的劳作，仿佛变成了一大家人。
音乐会
运动
休闲
采摘
爷是个老干部，腿脚不好，平时没有什么运动爱好也愿意参与公园里的赌博棋牌活动，他的老伙计们看着日闷在家里也很着急。改造后的农园为老人们提供的是种植空间，还是一个邻里间加深交往的平台，大家举办的各种文娱活动让刘大爷逐渐开朗起来，终于带老人生活的生活热情，热心社区的公益活动，还积极识新朋友呢。
小明，你看天气这么好，去打球吧，谁让我们是美丽二人组呢！
音乐会
运动
休闲
采摘
三香美食节
SANXIANG FOOD FESTIVAL
老刘，美食节有好多新鲜的瓜果蔬菜，还能和邻居们交流。
立体花架，让绿色“蔓延”到街道和社区中去。化平面为立体，化人工为自然。
采摘
亲子
休息
休息
运动
聚会
美食
访友
百变种植池
交流
棋牌
音乐会
交流
采摘
市集
餐饮
休憩
棋牌

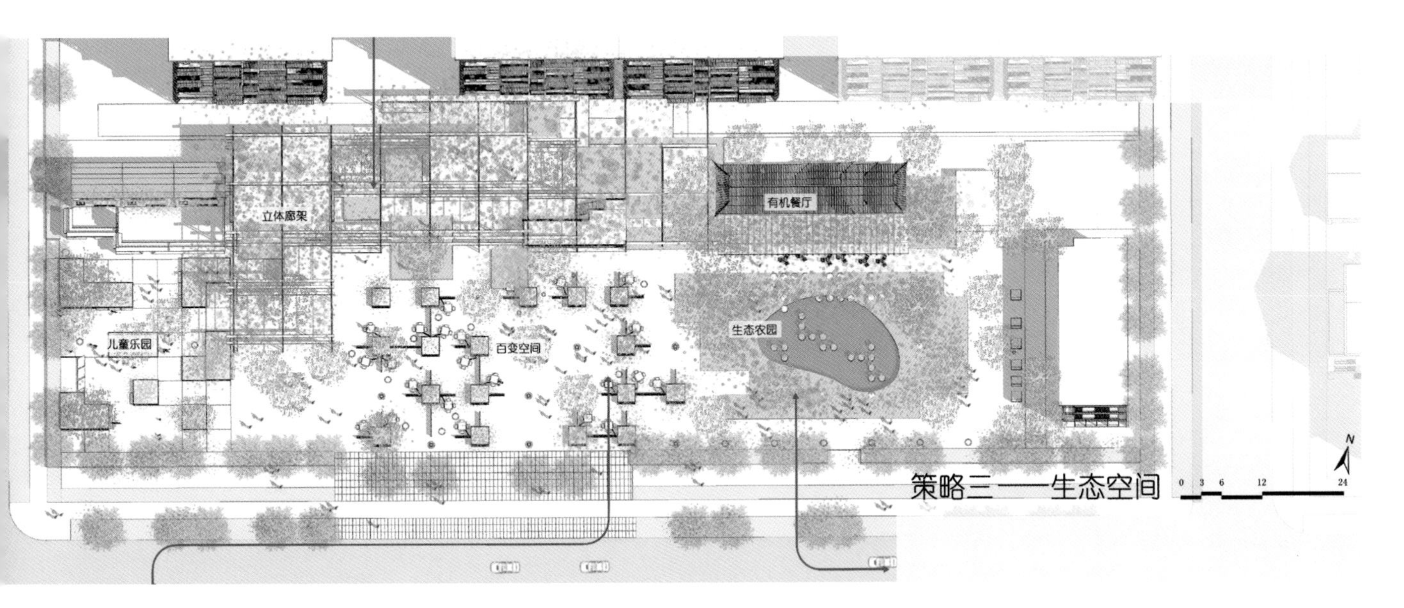
立体廊架
有机餐厅
儿童乐园
百变空间
生态农园
N
策略三——生态空间
0
3
6
12
24

作品解读

Q1　立体式菜田在某些程度上提供了一定数量的农产品，但作为社区公共绿地，是否也削减了绿地作为开放空间的作用？

张子昊

A　首先，我们对设计主题“宜居家园·美好生活”的理解是：家园之中应该有田园。城市拥抱田园是对于未来城市的美好畅想，“采菊东篱下，悠然见南山”的田园生活更是每个都市人心目中挥之不去的乡愁。立体菜架是针对场地空间不足、功能单一的现状所采取的核心设计策略之一。考虑到对弱势群体的关怀，我们将一层空间主要释放给老人和儿童，二层、三层的立体空间则主要为成年人服务。通过对空间的合理有效的分配，尽可能满足多样化使用需求。

Q2　设计方案中百变空间、立体空间、生态空间的核心价值是什么？

马晓宇

A　这个作品的核心价值是对老城区公园环境的提升，这既是提升人民生活的重要途径，也是响应总书记说的人民对美好幸福生活的追求。这是我们最关心的一点，也是设计的出发点。第二是人与人、人与自然的关系。方案始终在围绕一个图景展开设计，在这个图景里，人们在公园的活动是彼此紧密联系而且充满人情味的。而这个联系彼此的纽带是果蔬，是生命的周而复始，每个人都能在观察自然生长的过程中体会到生命的美好。

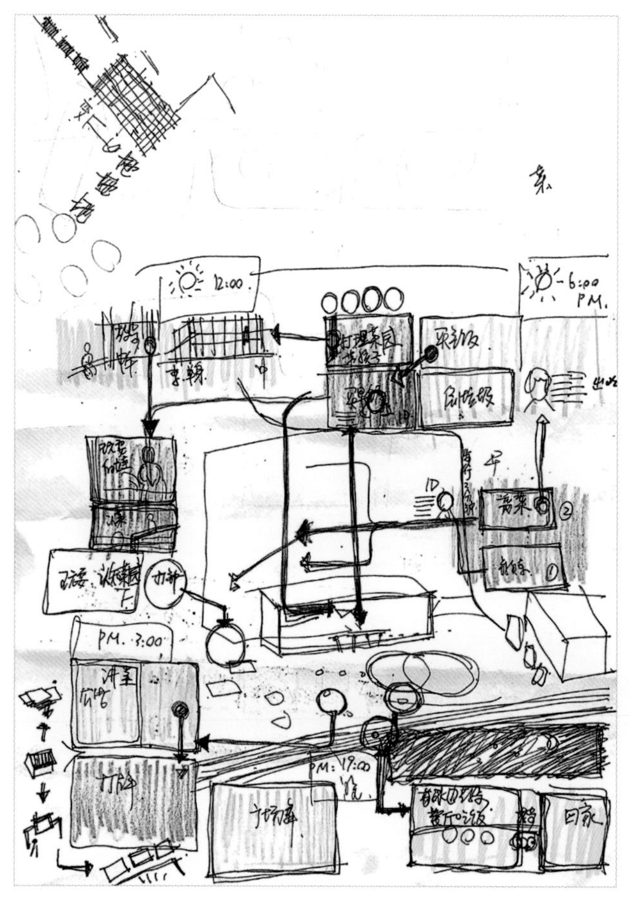

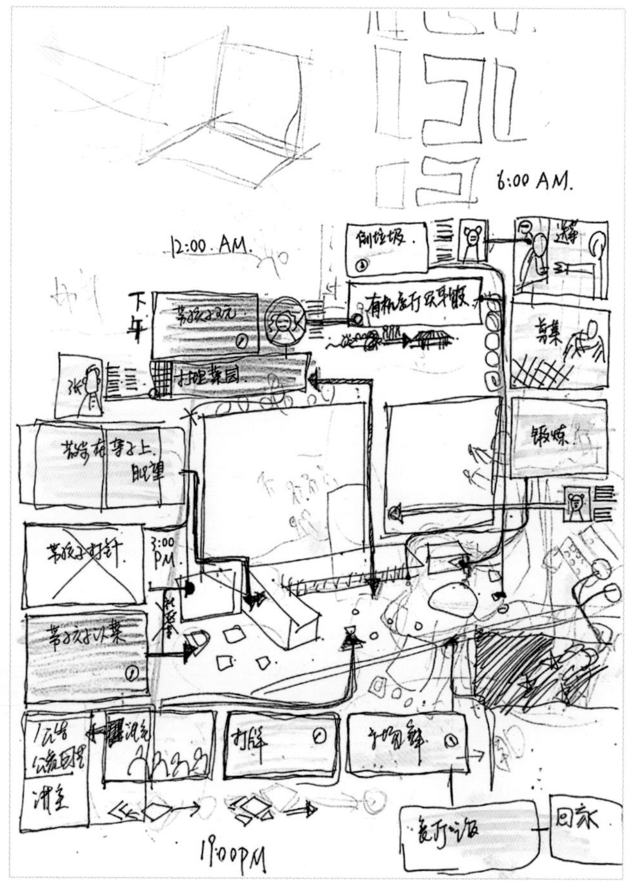

作品展示 VCR 部分场景

扫码观看完整 VCR

评委点评

冷嘉伟

· 东南大学建筑学院党委书记、教授

城市生活在快节奏的背景下，需要多元化、多层次、多类别的慢生活来调剂。作品选择苏州市姑苏区三香公园为设计对象，针对场地狭小、功能单一、管理不善等问题，提出了百变空间、立体空间和生态空间等空间设计策略，创新性地构建了以菜园为媒介的社区情感交流网络，有效提高了城市绿地广场的集约化使用，满足不同市民的休闲生活需求。作品对未来城市公共绿地空间的规划设计和改造具有启发和借鉴意义。

围墙“网”事

设计团队 谷申申 / 张宇涛 / 孙友波

设计机构 东南大学建筑设计研究院有限公司

奖　　项 紫金奖 · 银奖

优秀作品奖 · 一等奖

创作回顾

设计缘起

在现代城市空间中，人们对于设施的专属性和可达性有较高要求，紧张的城市空间很难植入新的元素，人们的需求与城市现状发生冲突，因此，我们从城市空间中挖掘现有资源，锁定街道中无处不在的围墙，通过以围墙加盒子的形式，以点代面消除围墙给城市空间带来的消极影响，旨在形成一种更为便利且带有人文关怀的新模式。

设计思路

我们所关注的是一个特定群体，这个群体在生理层面处于相对弱势。我们以不同的需求所对应的空间形式为起点，以城市最小单元——围墙作为载体，进行自下而上的城市设计，以人为核心，对需要帮助的人予以温暖，这是我们本次设计的出发点。

方案针对盲人、老人、儿童、上班族四类人群所面临的自行车占据盲道、盲道设计过长缺乏短时间休憩场所、孩童缺少社区活动场所、社区老人缺少具有遮蔽的户外活动场所、上班族缺少户外锻炼场所等问题，以模块化建筑尺度控制，轻质装配式建造理念为手段，营造了“听得见的便利店、能量盒子、老年空间、儿童乐园、节点阅读”五个功能盒子。

方案亮点

方案以围墙激发触媒效应，小围墙形成大网络，并结合城市中其他网络，为弱势群体营造更为舒适的社区生活体验。借助物联网、信息识别等技术手段，还可实现网络叠加、集成运输，节省社会资源。“维”墙“往事”，围墙“网”事，微设计以星火之态燃遍城市，最终营造出开放与活力同在、便利与关怀共享的城市社区新形象。

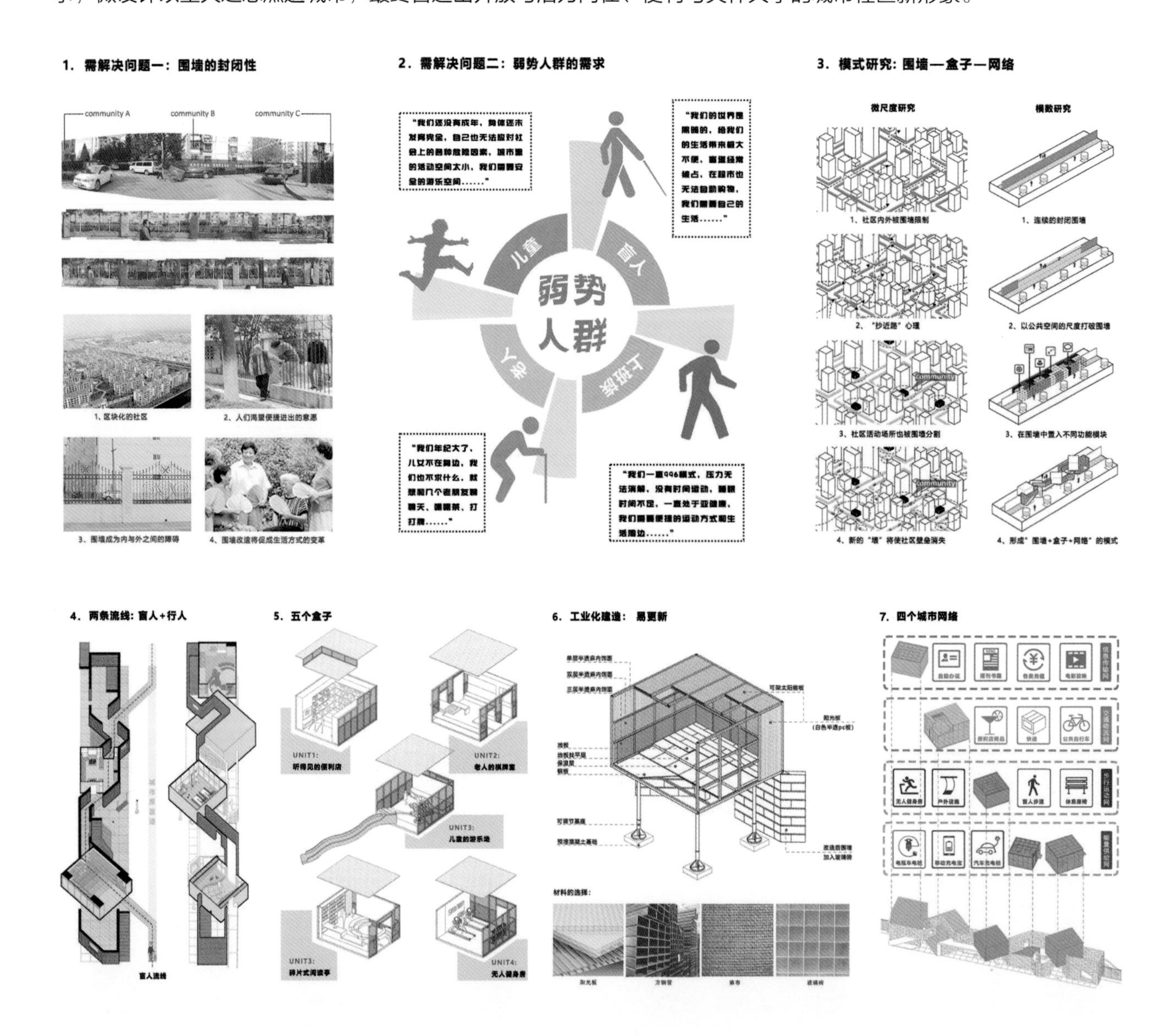

作品解读

Q1　选择模块化的功能空间来进行围墙改造基于何种考虑？

张宇涛

A　模块化的功能空间可以适用于很多场所，从早期的集市到现在大型赛事的服务设施，大多采用的都是这种方式，它可以分时共享。我们选择模块化方式进行围墙改造以补充公共服务设施的不足，主要基于以下考虑：

首先，随着生活节奏的日益加快，人们对服务设施的便利度要求也越来越高，而围墙作为城市中最小空间单元的边界，它与城市中的道路网络以及道路网络所承载的其他网络相互交叠，具有独特的易达性和普遍性。同时，围墙在城市中又是一把双刃剑，它为城市提供安全保障的同时也带来了城市空间的割裂。我们从围墙出发，在城市这一界面植入设计，以利用代替闲置，更好地服务社区居民。在这种情况下，我们的模块化结构拆装方便且绿色无污染，可以很好地适应人们需求的不断变化，更好地适应城市发展。

Q2　针对盲人这一特殊人群，方案有什么特殊的考虑？

A　目前的盲道设计中，休憩点之间的步行距离相对较长，途中的休息点也比较少。方案将盲道局部引入改造后的围墙内，通过休息盒子和檐下空间为盲人提供短暂的休息、停留的场所。 同时我们在围墙的部分墙面和扶手上设计了盲文提示，局部空间设置有声音提示，以此来提示盲人不同部分的功能。

谷申申

作品展示 VCR 部分场景

扫码观看完整 VCR

评委点评

王晓东

- 深圳大学本原设计研究中心执行主任
- 深圳大学建筑学院研究员

作品着眼于当今城市公共空间中最为常见的消极元素之一——围墙，试图通过设计，以“新形式”“更开放”和“带有服务”的新设施，打破传统封闭社区围墙给城市公共空间造成的消极影响，以达到增加社区服务空间、方便居民日常生活、改善社区微环境的目的。创作选题有意义，调研与分析具有一定深度，成果表现颇为丰富和生动有趣。

菜市不打烊

设计团队 葛松筠 / 王雅淏 / 时敏敏 / 韦晓莲
贺佳彬 / 许迪琼

设计机构 中衡设计集团股份有限公司

奖　　项 紫金奖 · 铜奖
优秀作品奖 · 一等奖

创作回顾

设计缘起

菜场是重要的城市公共空间，是展现城市活力的地方。然而传统菜场给人的印象往往是脏乱差、卫生没有明确标准、价格不规范、功能单一……越来越多的年轻人不愿意踏入菜场。经调研发现，传统菜场在部分时间、空间下存在闲置状况。随着社会的不断发展，空间资源匮乏与浪费并存的现象日益凸显。因此，设计提出利用科技手段来整合空间资源，正是为了解决这类沉睡空间的间歇性闲置问题。本方案以双塔菜场为试点，旨在借助数字化技术、整合社会资源、优化存量空间，打造 24 小时不打烊的菜场，让老人有处可歇，小孩有处可玩，年轻人回归物理世界。

创作选址

我们选择双塔菜场，是因为其所在的地段曾是一条典型的苏州美食巷，这里有温情的市井故事，也有让人魂牵梦萦的舌尖美味。而今这条沿河的小弄堂变得拥挤不堪，传统小吃店的营业环境品质有待提升，狭小的街道空间难以承载丰富的公众活动，以上均成为本次对于开放型未来菜场设计的契机，让双塔菜场不单单是一个菜场，而是华丽转身成为一个能在不同时间段承载不同公共活动的城市客厅，在满足普通的买卖销售活动之外，还可以是市民活动和互动的场所，是可以激发活力热情、鼓励交往互动，唤起人们愉悦感受的场所。

设计亮点

一面是人类生存空间的匮乏，一面是空间资源的浪费，为解决两者之间的矛盾，通过设计整合空间资源，备战存量时代，提出“像素机器人”的概念。

机器人由芯片、能量粒子、微传感器和微控制器组成。通过 APP 预约，机器人可以进行空间搭建，并完成颜色、温度的调整。为了营造“不打烊”的菜场，我们还开发了多种可供选择的模式，比如日常菜场、活动中心、深夜食堂、太空游乐场等。这样能够充分利用闲置资源，构建去功能化的开放型场所，整合其他浪费空间，做到全领域覆盖，以应对全球空间资源紧缺的危机。

像素机器人由三部分核心装置构成，分别是“大脑”中央处理器、外部的微传感器和能量锂粒子。像素机器人在未来人们的生活中无处不在。墙面、屋顶、地面都由像素机器人铺成，听从人类在 APP 上的指令而千变万化，形成任何功能性的物体或空间，以供居民使用和活动。

去功能化的开放场所蕴含着“向未来看”的意义，用科技的力量来实现不同时空的转换，让设计触摸未来时代的脉搏。

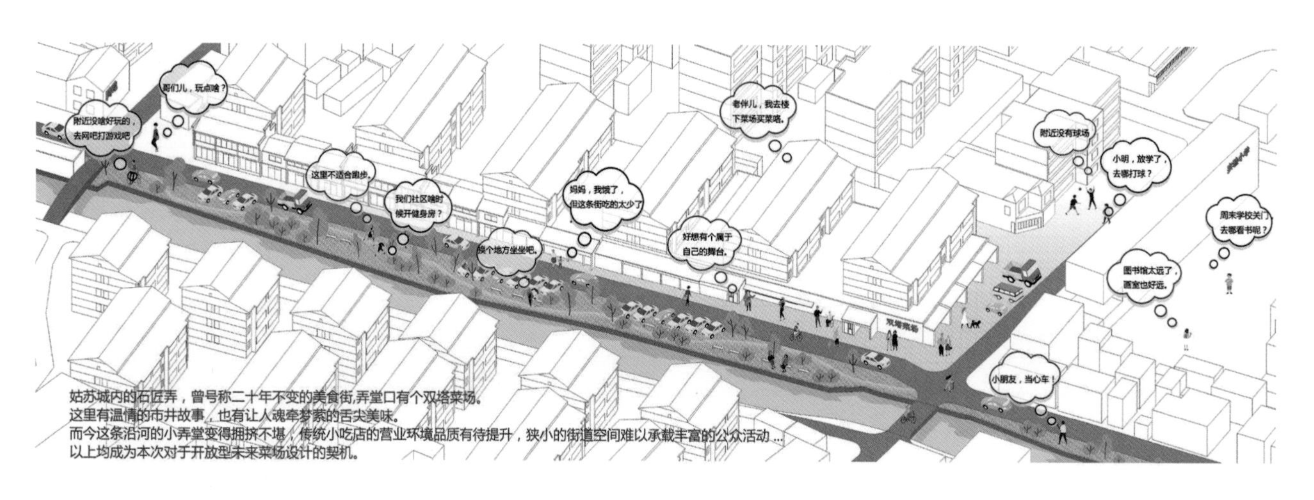

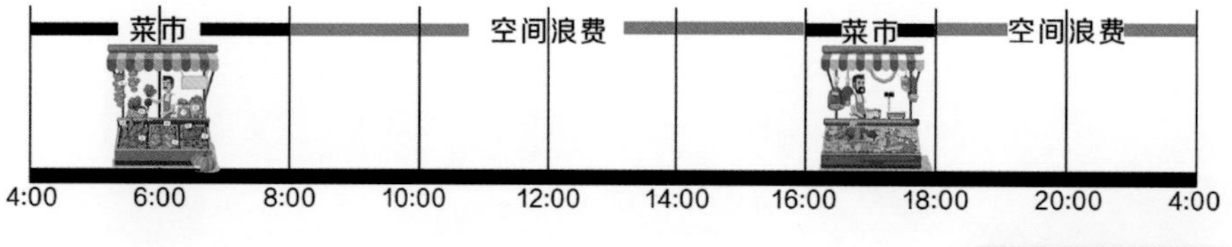

传统菜场模式

菜市 | 早餐 | 集市 | 活动中心 | 菜市 | 运动 | 深夜食堂

4:00 6:00 8:00 10:00 12:00 14:00 16:00 18:00 20:00 4:00

未来菜场模式

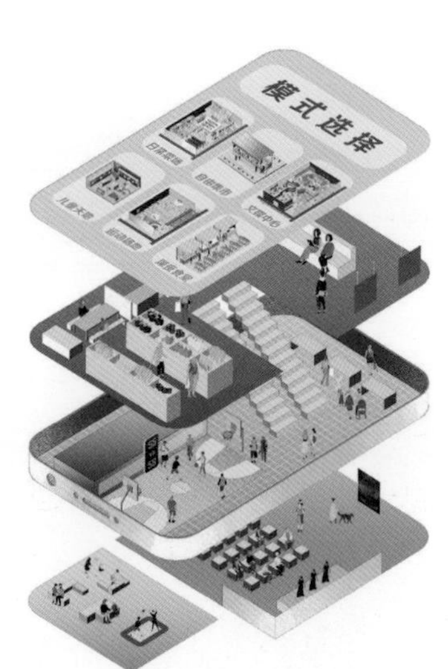

传统菜场职能单一，大部分时间空间闲置。该设计借助数字化技术带来的机遇，整合社会资源，不让空间浪费。打造不打烊的菜场，24小时对社区公众开放，为多样可变的公共活动提供场所。

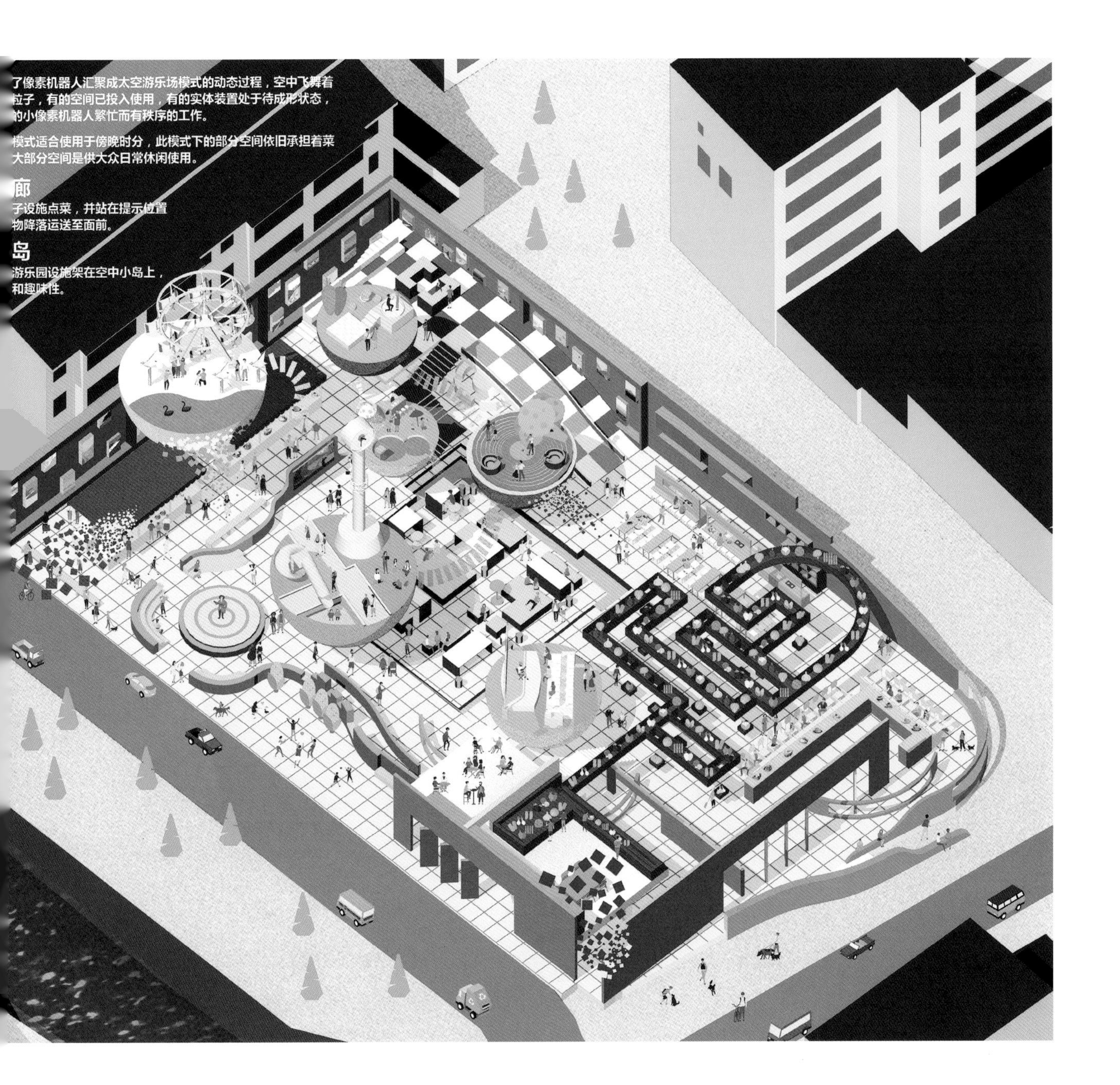

作品解读

Q1 借助科技力量来解决空间资源紧缺问题受何启发，具体又是如何实现的？

葛松筠

A 2019年3月20日，《自然》杂志报道了关于粒子机器人的研究成果，为我们的设计创意打开了大门。在未来，建筑与人工智能、大数据、云计算等高科技的跨界合作已是必然趋势，因此我们大胆畅想：未来建筑师所扮演的角色也许更多的是空间策划者、规则制制定者；真正的城市建造实施者是老百姓，要让全民参与其中，享受其中。就我们的设计而言，菜场除了可以进行日常买卖销售活动，还可以根据居民实际的功能需要，通过手机APP一键预约多种空间场景模式。当内置芯片的小像素机器人接收到手机指令后，从空间三维向指定方向聚集，融合形成实体空间。

Q2 设计的核心在于对空间和时间的优化和重组利用，请问方案是怎样体现的？

韦晓莲

A　当一个空间被剥离了所有功能，它就重新创造了无数的可能性。这就是去功能化场所的意义。建筑是相对静止的，但大众的需求是不断变化的。在传统思维中，建筑与功能密切相关。我们试图跳出传统思维，将建筑的使用功能和建筑本体分离。这样，建筑就能满足不同的大众需求。例如，同学 A 在手机上预约了晚间篮球场。午后文娱模式结束后，机器人接受新的任务指令。棋盘模块落回地面形成篮球场地，桌椅随之消失，球馆界面生成。通过颜色变化，墙面会成为动态的电子屏幕，模拟出球场氛围，来完成我们的场景转换。

Q3 设计提出“用时间换空间”，以转变球场为例，大约需要多少时间？

A　10 分钟？20 年后也许 5 分钟，50 年后也许 1 分钟。这个时间一定不会是一个确定的数值，它会随着技术的发展不断优化。像过去看表演，换节目的时候，工作人员撤掉上一个节目的布景道具，拿上来下一个节目的道具，需要很多时间，现在很多表演布景都是机械升降快速完成。我们在 2G 时代期待更快的网速，现在有了 5G。菜场空间转换的时间，一定也会随着发展变得更快更高效。

作品展示 VCR 部分场景

扫码观看完整 VCR

评委点评

郑　勇

- 四川省设计大师
- 中国建筑西南设计研究院有限公司总建筑师

针对城市公共空间的缺失和传统菜市场利用率不高、环境差的现状，设计者提出利用手机 APP 与像素机器人，实现菜场 24 小时不打烊的设计理念。通过手机 APP 购物、机器人运输，可对购物环境进行优化，在休市时段，市民也可利用手机 APP 预订各种体育、文娱活动，并由机器人完成场景布置。

未来+，人才公寓的新七十二房客

设计团队 王畅 / 裴小明 / 张效嘉 / 梅宇 / 江韩
王珏 / 祝侃 / 周宇 / 郭乐乐 / 张伟伟
设计机构 南京长江都市建筑设计股份有限公司
奖　项 紫金奖 · 铜奖
优秀作品奖 · 一等奖

创作回顾

设计缘起

随着 5G、AI、互联网 +、物联网等科学技术的发展，我们的生活正发生着翻天覆地的变化。日益迭代的技术不仅改变着我们的住宅，更对我们的生活方式、生活模式产生着巨大而深远的影响。但随着技术地不断发展，我们的生活也似乎逐渐变得冷漠，科技的便捷侵蚀着人与人之间的交流。我们希望通过设计与技术的运用，寻回生活中的温情，从而构建真正的宜居生活。

创作选址

目前，大城市的“住房问题”已经成为越来越多年轻人心中的痛点。快节奏、高压力的城市生活，成为焦虑情绪滋长的温床。随着社会的发展，人才公寓这类公共租赁性质的住房将成为越来越多年轻人的选择。而人们对居住的需求，也已经从最基本的生活属性更迭到了对交往、隐私、健康等更为深入的情感属性。曾经的“七十二家房客”将在未来的人才公寓中发生怎样的故事？因此，我们依托江北健康城 3 号楼人才公寓的实际工程，将当下关于未来的众多设想进行尝试，寻找关于未来宜居生活的答案。

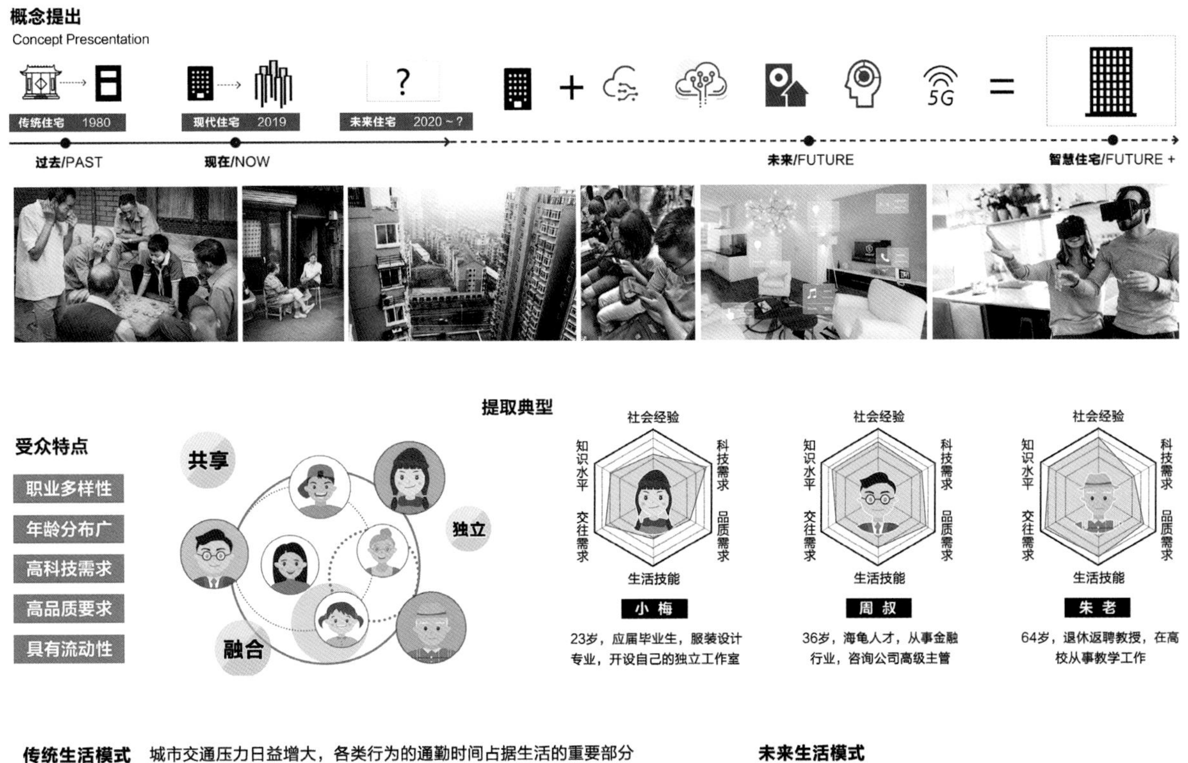

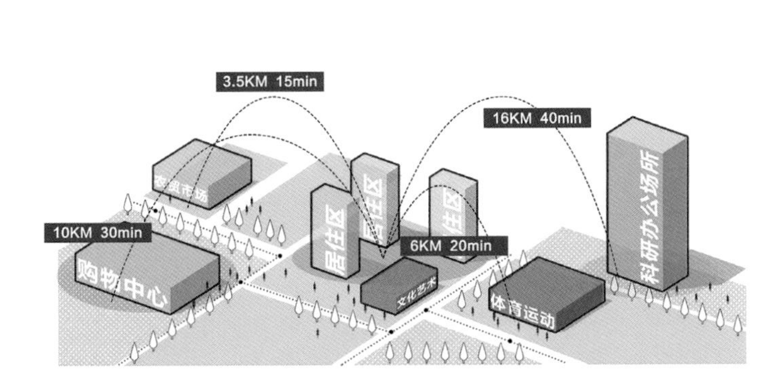

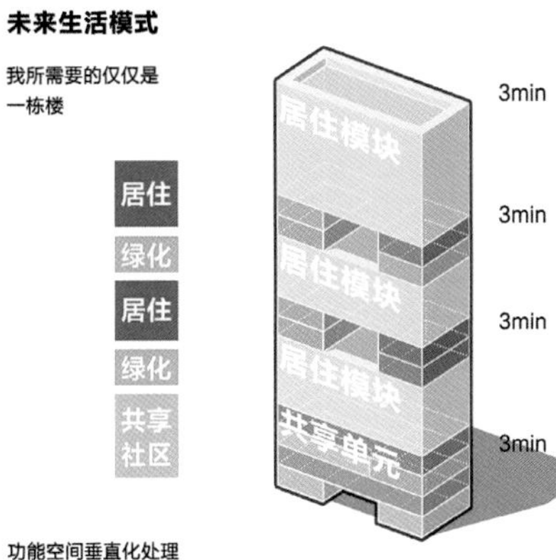

设计思路

方案在充分分析城市青年这一群体的行为特点及居住需求的基础上，利用人才公寓灵活度高的特点，增加住户面对面交流的机会，为住户提供压力释放的窗口，为他们量身打造具有归属感的宜居空间。

方案改变传统的住区中住宅功能与配套功能相互独立的模式，在建筑内部置入积极的“共享”空间，通过高度的集约化与智能化，赋予居住空间更多的可能性。将建筑本身作为多元集成、万物互联的平台，使其具有可以无限拓展的可能性。

方案亮点

居住与社区配套垂直分区，面对入住人群多为租户、流动性大的现状，我们采取标准化、模块化、可变化的套型设计原则，对平面套型进行或分或合的处理。

空间方面：空中四合院、可变户型可以适应不同的居住需求，公共绿化庭院、屋顶花园穿插其中，为居住者提供休憩的空间与场所。

建造方面：结构采用预制装配式技术、维护采用装配式成品内外墙、内装体系采用装配式内装技术、管线采用分离式管线系统，针对入住人群具有流动性、租赁性的特征，平面套型可分可合。

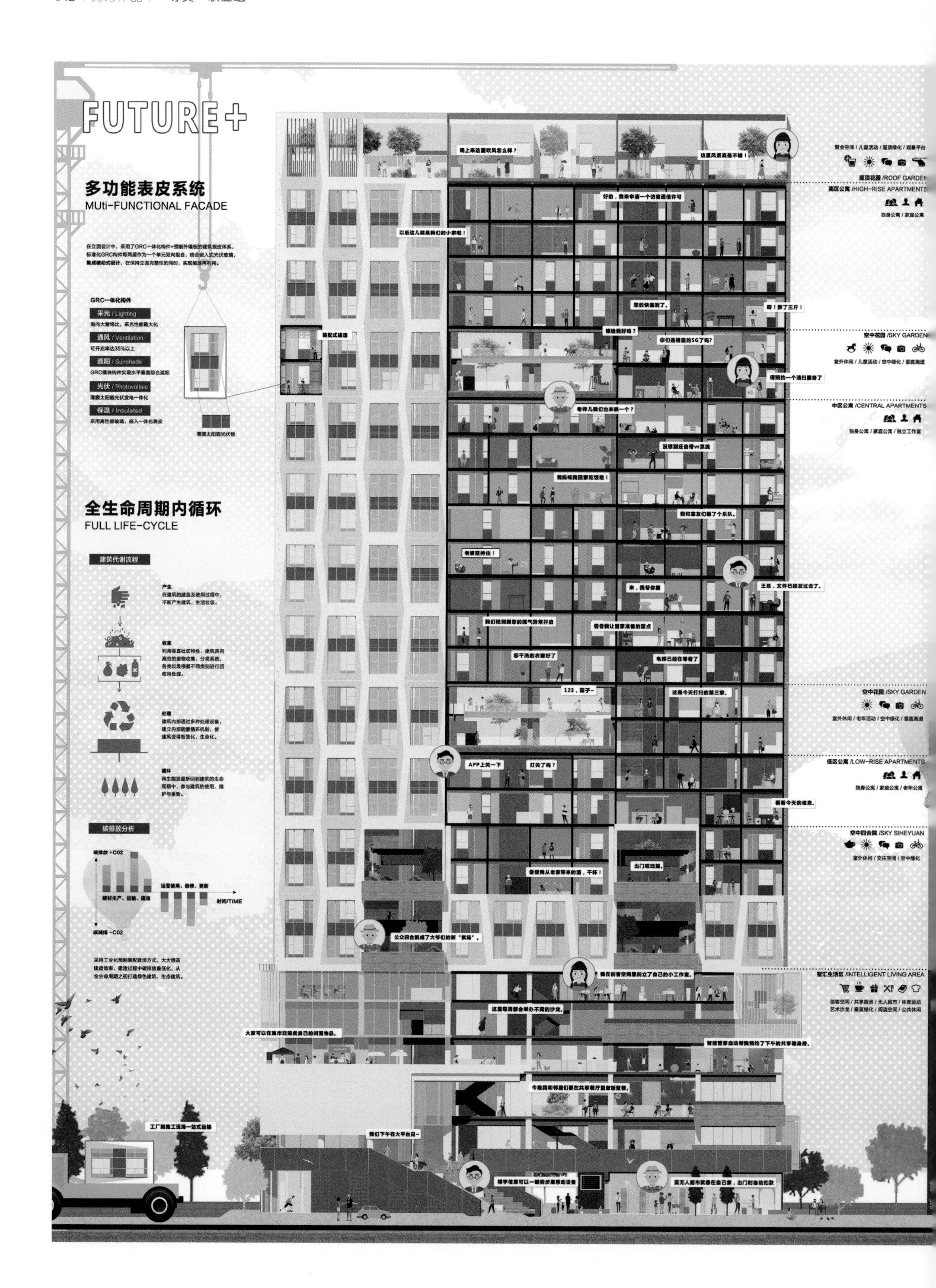

FUTURE+
多功能表皮系统
MUti-FUNCTIONAL FACADE
在立面设计中，采用了GRC一体化构件+预制外墙板的建筑表皮体系，标准化GRC构件每两层作为一个单元双向组合，结合嵌入式光伏玻璃，集成被动式设计，在保持立面完整性的同时，实现能源再利用。
GRC一体化构件
采光 / Lighting
南向大窗墙比，采光性能最大化
通风 / Ventilation
可开启率达35%以上
遮阳 / Sunshade
GRC模块构件实现水平垂直综合遮阳
光伏 / Photovoltaic
薄膜太阳能光伏发电一体化
保温 / Insulated
采用高性能玻璃，嵌入一体化表皮
薄膜太阳能光伏板
装配式建造
全生命周期内循环
FULL LIFE-CYCLE
建筑代谢流程
产生
在建筑的建造及使用过程中，不断产生建筑、生活垃圾。
收集
利用垂直社区特性，建筑具有高效的废物收集、分类系统，各类垃圾根据不同类别进行回收待处理。
处理
建筑内部通过多种处理设备，建立内部能量循环机制，使建筑变得智慧化、生命化。
循环
再生能源重新回到建筑的生命周期中，参与建筑的使用、维护与更新。
碳排放分析
碳排放 +C02
运营使用、维修、更新
建材生产、运输、建造
时间/TIME
碳减排 −C02
采用工业化预制装配建造方式，大大提高建造效率，建造过程中碳排放量低化，从全生命周期之初打造绿色建筑、生态建筑。
聚会空间 / 儿童活动 / 屋顶绿化 / 观景平台
屋顶花园 /ROOF GARDEN
高区公寓 /HIGH-RISE APARTMENTS
独身公寓 / 家庭公寓
空中花园 /SKY GARDEN
室外休闲 / 儿童活动 / 空中绿化 / 垂直跑道
中区公寓 /CENTRAL APARTMENTS
独身公寓 / 家庭公寓 / 独立工作室
空中花园 /SKY GARDEN
室外休闲 / 老年活动 / 空中绿化 / 垂直跑道
低区公寓 /LOW-RISE APARTMENTS
独身公寓 / 家庭公寓 / 老年公寓
空中四合院 /SKY SIHEYUAN
室外休闲 / 交往空间 / 空中绿化
智汇生活区 /INTELLIGENT LIVING AREA
创客空间 / 共享厨房 / 无人超市 / 体育运动
艺术沙龙 / 垂直绿化 / 阅读空间 / 公共休闲
晚上来这里吹风怎么样？
这里风景真是不错！
好的，我来申请一个访客通信许可
以后这儿就是我们的小家啦！
您的快递到了。
呀！胖了三斤！
你们连楼里的5G了吗？
得预约一个清扫服务了
老伴儿我们也来跳一个？
我妈喊我回家吃饭啦！
老婆坚持住！
王总，文件已经发过去了。
衣服已经在等着了
123，茄子~
这是今天打扫的第三家。
APP上关一下
灯关了吗？
看看今天的信息。
出门遛狗。
公众四合院成了大爷们的新“戏场”。
我在创客空间里创立了自己的小工作室。
这里每周都会举办不同的沙龙。
大家可以在集市日新卖自己的闲置物品。
工厂到施工现场一站式运输
今晚我和邻居们要在共享餐厅里做饭聚餐。
我们下午在大平台见~
无人超市就像在自己家，出门时自动扣款

运营方面：利用智能建筑物管理系统、楼宇自动化系统以及家居智能化系统，满足建造者、物业以及业主的日常管理。

智能方面：通过物联网、人工智能、传感技术、云计算、BIM 以及 VR、AR 等科技构建智慧建筑供给平台，为户主提供便捷的服务。

我们相信，在未来，生活会变得更智能、更便捷，也会更温暖、更健康。

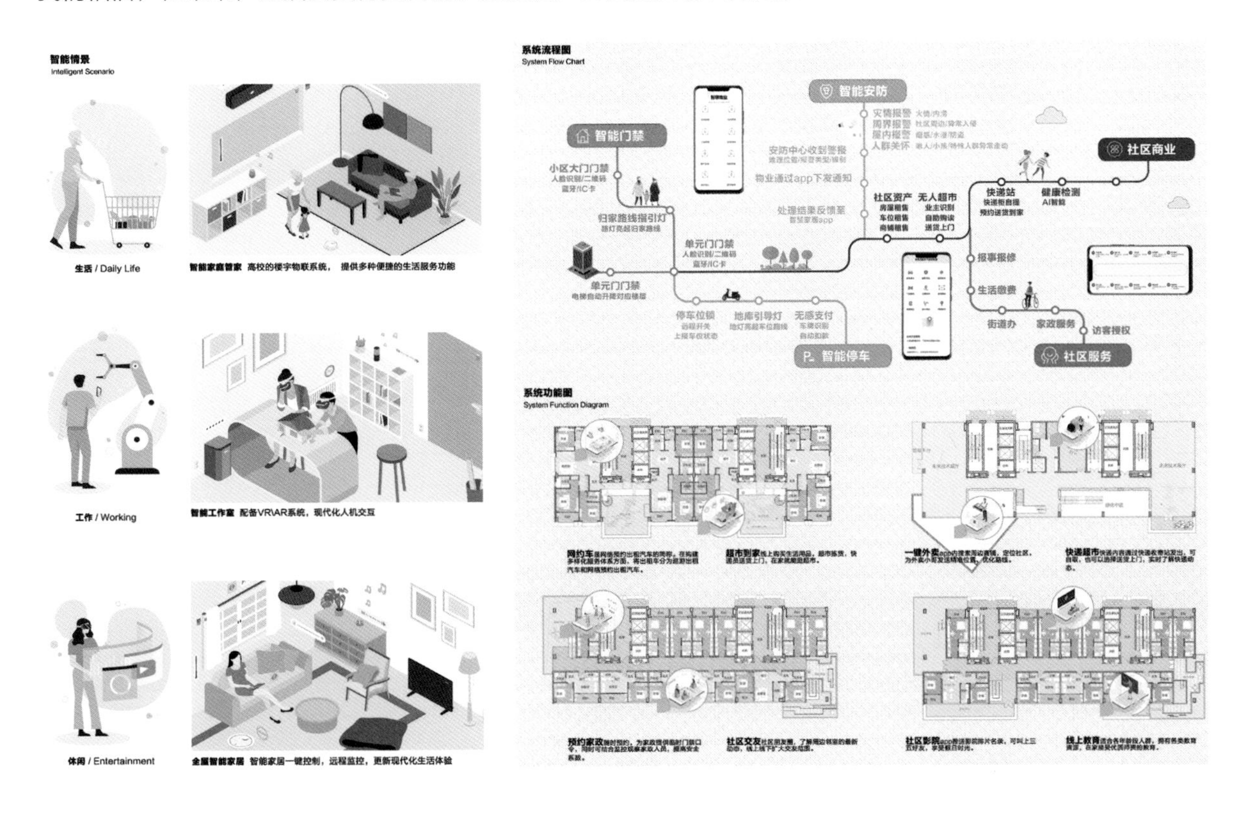

作品解读

Q1 方案把四合院概念引入垂直社区，具体是如何实现的？

A 四合院，是一种传统的合院式建筑形式。我们这里的四合院可以称作空中四合院。挑空两层，由四户居住单元共享，并且每个院子都有特定的主题。我们为住户设计了配有滴灌系统的种植池，住户可以在这里进行园艺活动，这有利于建立住户对场所的归属感。空中四合院提供了更多邻里交往的空间，解决了高密度居住区中的垂直开放性问题，营造了一种开放、活跃的院落生活氛围，并通过古典园林借景的手法，在每户与四合院相邻的隔墙上设计了精致的取景窗，让住户在室内也能欣赏到四合院的绿意盎然。

梅 宇

Q2 方案中对“可变建造技术”的运用具体是怎样的？

A “可变建造”源于工业化建造方式下的管线分离技术和 SI 内装建造体系。方案将建筑分为核心筒模块、可变模块、不可变模块三部分，核心筒模块主要为楼电梯、竖向管线、消防逃生通道等，像树干一样为建筑提供垂直支撑与供给。不可变模块主要为集成厨房和卫生间。其他功能空间就是可变部分，户内无立管，六面架空，管线与结构彻底分离，可以实现空间的任意分隔。

户内则采用干式工法，具体包括以下八大集成技术：①集成地面系统；②集成墙面系统；③集成吊顶系统；④生态门窗系统；⑤快装给水系统；⑥平层排水系统；⑦集成卫浴系统；⑧集成厨房系统。

裴小明

张效嘉

Q3 方案中 AI、5G 等新技术与虚拟空间是如何介入并作用于传统物理空间的?

A 在 AI、5G 等新技术条件下，未来建筑聚焦于人的需求和建筑性能，目标是实现空间和室内外环境的主动化、个性化、动态化调控。声、光、热环境的设置可以因人而异，身体的健康指数可以通过呼吸来判断。建筑将成为数据时代高维集成平台，是入口，也是“万物互联”的一个节点。共享、智能的全周期居住模式将得以实现。

Q4 在设计过程中，你们有什么心得和感悟可以与大家分享?

A 一开始接到“宜居家园 · 美好生活”这个命题，我们思考了很久。这个题目是那么“大”，大到它可以体现在城市里每一个空间里。它又是那么“小”，小到可以是生活中每一个被忽略的细节。宜居不应该仅仅体现在物理空间上，更应该是对人们生活状态、心理状态、健康状态等进行多维度叠加的体现。我们最终选取了人才公寓这类具有典型性的建筑，针对特定人群、特定社会问题，寻找有关宜居的答案。

作为职业建筑师，我们一直致力于通过各种实践，追求更加宜居、更加美好的生活，在今后的日子里，我们也将继续秉持“建筑服务社会”的理念，将对生活的热爱，对每个人的关怀融入我们的设计中去，让我们的生活变得更加美好。

扫码观看完整 VCR

评委点评

曹 辉

· 辽宁省建筑设计院有限公司总建筑师

设计充分分析受众人群的职业、年龄、行为与各项生活需求特点，通过精心设计与现代技术综合运用，将当下对未来的众多设想进行有益的尝试，从而寻回生活中的温情，构建真正的宜居生活。设计打造集公寓、空中花园、智慧生活区等为一体的垂直多样社区，通过装配式建造、智慧化社区管理、智能化家居，畅想未来绿色、生态、高效、便捷的宜居空间。

“时间”的城市化

设计团队 林雄声 / 张哲林 / 王轲 / 何杰
设计机构 江苏筑森建筑设计有限公司上海分公司
奖　　项 紫金奖 · 铜奖
优秀作品奖 · 一等奖

创作回顾

设计缘起

自 2005 年起，南京方山风景区周边区域开始了快速的城市化进程，昔日的地标建筑孙家祠堂湮没在高楼和蔓林之中，仅有一块铭牌能让人遐想它往日的荣辉。项目设计源于人们对于城市新环境的认同缺乏。我们希望以改造更新孙家祠堂为契机，对孙家祠堂及周边环境进行保护性改造更新，重塑一处能更好满足市民生活需求及精神诉求的场所，同时，守护、再现文化遗产，延续、传承历史文脉，改善方山城区历史进程中时间的断层。

设计思路

设计通过现代技术手段，留其所有、修其所损，尽量保留原始建筑风貌，保留建筑的时间痕迹。此外，我们还以时间为线索，对空间进行重新梳理定位，赋予祠堂祭祀、学习、教育、交流的功能，使其得以在城市中以近人的姿态重生。

2005年始，随着祠堂周边建筑密度快速提升，原先地标的祠堂变得“不名一文”
BASE
FANGSHAN SCENIC AREA
2005
2009
2012
食品药品检察院
药科大学
公园
学生宿舍楼
办公楼
紫金方山科技创业特别社区
住宅区
BEFORE
AFTER
基地现状
方山科技创业园
办公楼
祠堂片墙
祠堂西山墙面
祠堂南面
祠堂东山墙面
食品药品检察院

- 设计弱化建筑与城市的边界关系，建筑与场地形成了一种亲切的入口环境氛围。
- 升级打造临城市界面的亲水平台，“你在平台上看风景，看风景的人在楼上看你”。
- 为内院植入更多交流空间并增加内外景观的渗透，重释建筑与自然景观的相互渗透、相互对话。
- 增设部分水景和二层连廊通道，重塑院落的空间秩序。同时，给予人与建筑、与空间更多的互动。
- 设计优化原有的主祠堂空间，为孙氏族人回乡瞻祖、居民祭祀等传统公共活动提供更好的场地。
- 增设历史、人文、红色等主题的展览和教育空间，老人们能在这里追忆昔日的光辉岁月，孩子们也能在这里畅想美好的未来。

方案亮点

孙家祠堂的现状屋顶已经坍塌，墙体也已损坏严重。设计方案增设墙体的加强结构和独立的屋顶支撑体系，形成“木骨泥墙”的传统构筑形式，并用现代的手法重设了坡屋顶的样式，最终，轻盈的木结构屋顶漂浮在刻满时间痕迹的墙体上空，老建筑以融入的姿态重新呈现着传统与现代的对话。

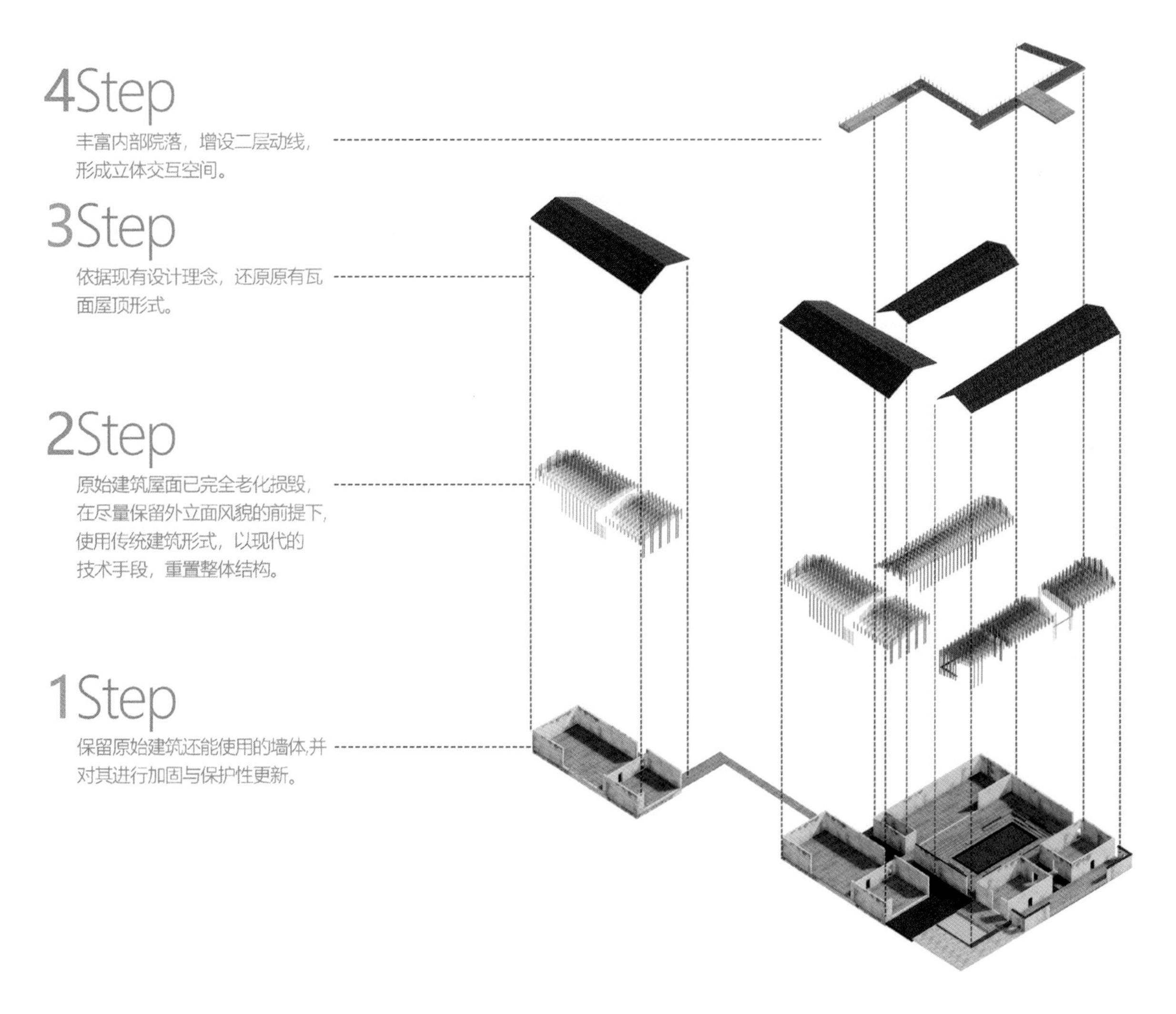

空间形成

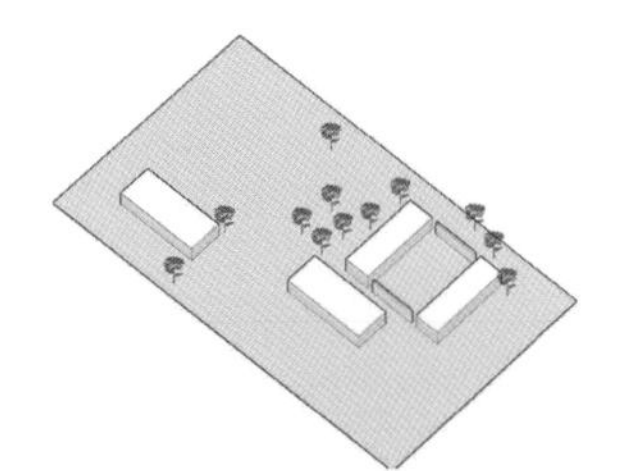

1. 基于原始祠堂场地

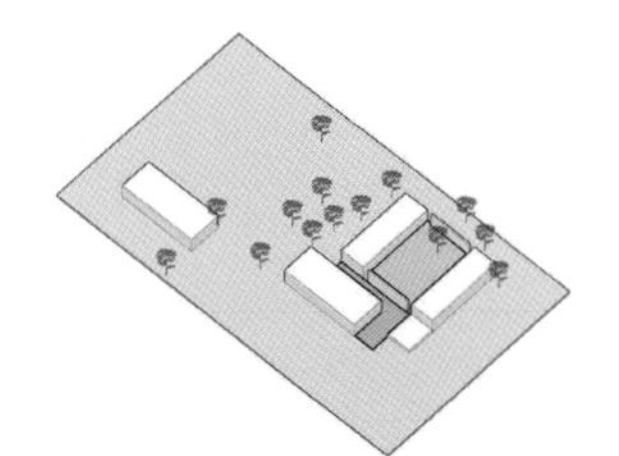

2. 增加内院与水景丰富院落的空间

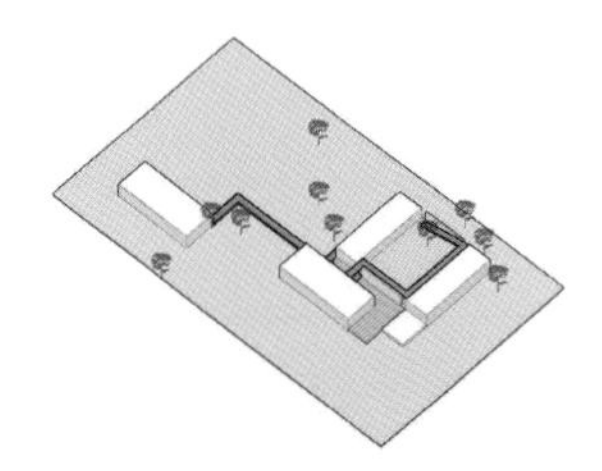

3. 增加廊道边接空间

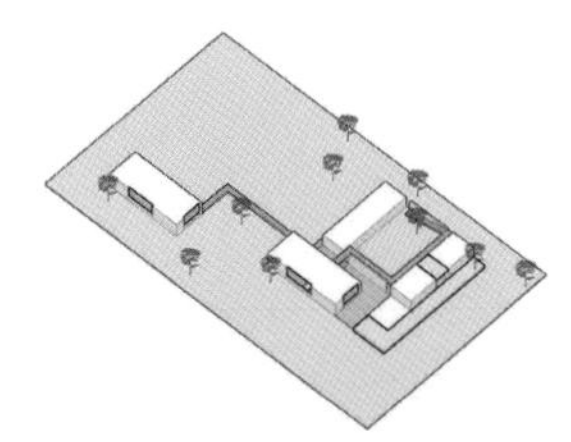

4. 强化原有新水平台，增加玻璃面，加强与城市之间的对话

屋顶生成

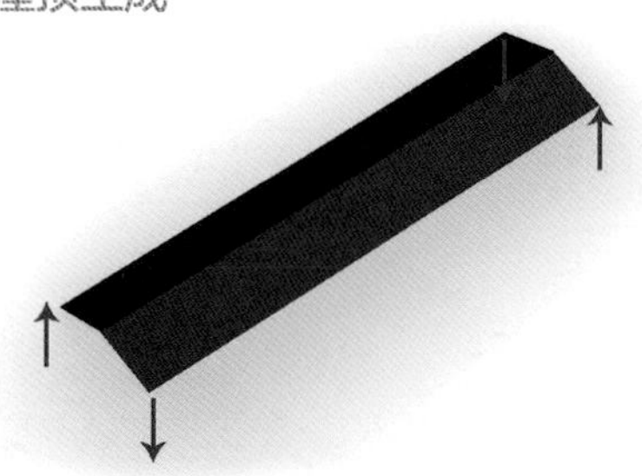

1. 正常人字屋顶

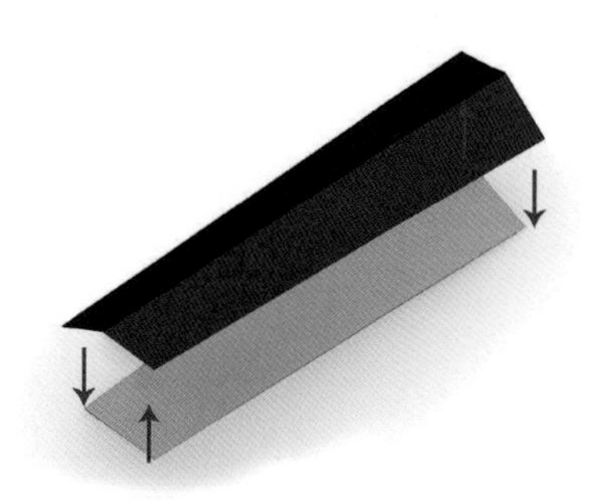

2. 对应屋顶投射面形成一个态势相反的双曲

3. 横向划分段落

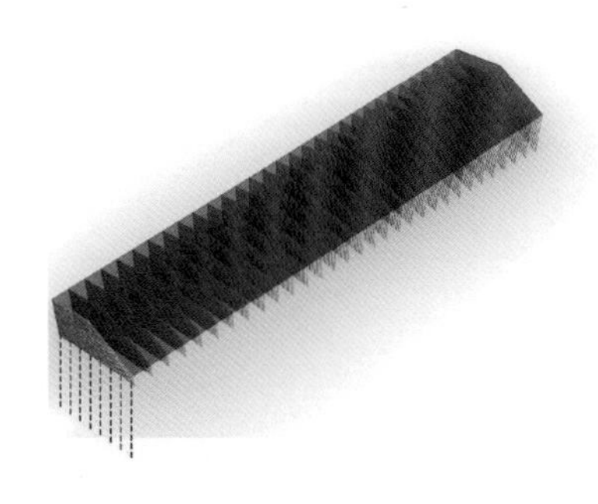

4. 纵向划分段落

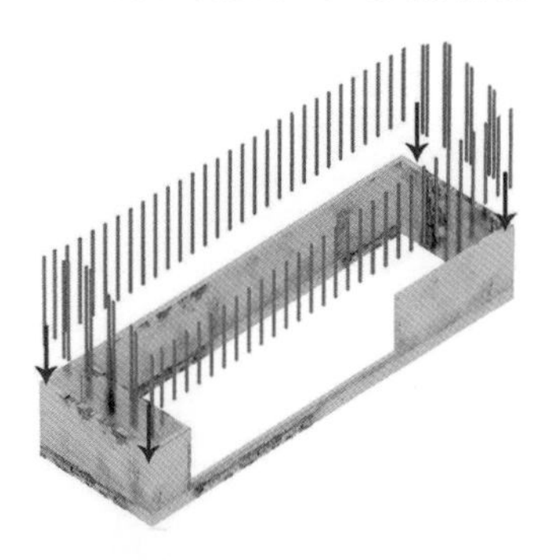

5. 将支撑屋顶的柱子紧贴墙面放入

6. 置入屋顶组合

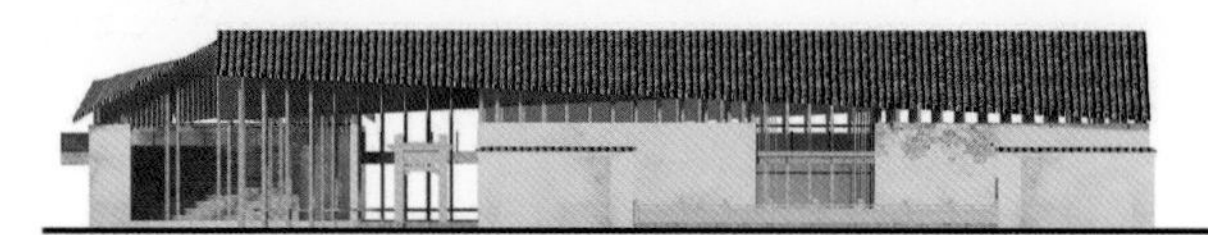

南立面图

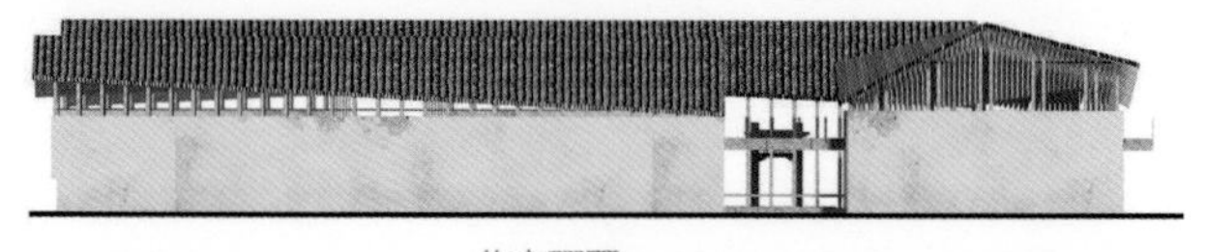

北立面图

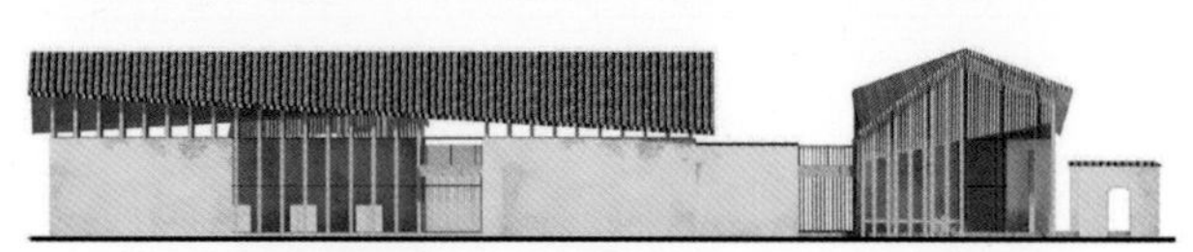

西立面图

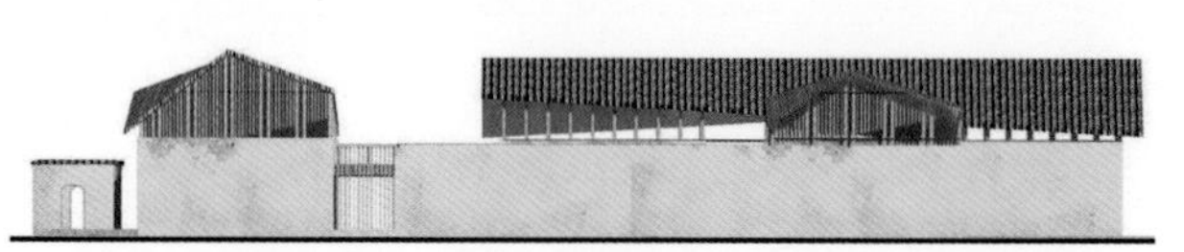

东立面图

三层游廊
城市互动、空间再生

祠堂大厅
传统仪式 精神容器

阶梯空间
交流共享 城市对话

作品解读

Q1 作为改造项目，怎样考虑尊重、保存和传承文化遗产的目标？

林雄声

A 众所周知，遗产本身存在分级体系，不同的遗产对应不同的保护措施：比如罗马斗兽场、圆明园，完全保留其残缺之美；比如泰姬陵、故宫，通过修旧如旧，追忆历史之美；再比如卢浮宫，因增加小玻璃金字塔，带来的是冲撞之美。设计采用重保护、轻干预的原则对孙家祠堂进行保护性更新。留其所有、修其所毁，尽可能以传统榫卯的工艺重塑院落生活。正如视频中所呈现的，第一眼看上去它是一栋老建筑，一栋亲切的建筑，它只是隐含了一些现代元素。我们希望孙家祠堂能重焕生机，融入城市，弥合城市发展进程中出现的文化遗失、时间断层问题，这也是“时间”的城市化的立意所在。

Q2 改造过程中是如何考虑设计落地的？

张哲林

A 原祠堂建筑屋顶已经坍塌，墙体的损坏也较为严重。如果完全按照原有的结构体系修复还原，会对现存的墙体产生二次破坏。所幸，老房子屋顶和墙体是彼此独立的承重体系，使得能分别对它们进行单独处理，减小了改造的难度。首先需要清理已经坍塌的屋顶，其次对墙体进行加固处理，保证其自身的稳定可靠，最后我们在建筑内部加上木柱子，用以支撑屋顶，柱子下部用钢结构连接混凝土基础，上部用传统的榫卯结构构成屋架。如此，新增的屋顶以传统的木构形式呈现，也使得这种新旧关系更加协调。

Q3 “祠堂”是一种与特定人群相维系的建筑类型。在这个设计作品的建造和使用中，使用者是否有参与的可能？

李国晶

A 祠堂原有功能是和家族密切相关的，具有特定性。然而随着社会的发展和城市化进程，这种特定性和家族性已经被更多的社会性所替代。我们在保留原有传统活动类似于祭祖等功能的同时，融入了四大主题：祠堂 + 文化、祠堂 + 交流、祠堂 + 教育、祠堂 + 展览，使其更加符合现代社会公共活动多元化的需求。在建造过程中，充分考虑使用者参与的可能，例如室内场馆的布置、装修材料的选择等，在设计过程中积极听取当地居民的意见，让我们的设计更贴近生活，让传统和现代共生。

作品展示 VCR 部分场景

扫码观看完整 VCR

评委点评

吕 成

· 中国建筑西北设计研究院有限公司（华夏所）总建筑师

作品以景观化的方式重新梳理了场地，新增的二层流线丰富了院落空间，并为其中的活动提供了多种可能性，轻盈的木结构屋顶漂浮在保留的老祠堂墙体上空，巧妙地提示了时间的印记，为老建筑的重生提供了一种成熟的解决方案。

垃圾分类视角下的老旧小区改造

设计团队 孔佩璇 / 秦正 / 马驰 / 韩岩 / 张欣
朱道焓 / 李焱 / 王文晨 / 陆海峰
设计机构 南京市建筑设计研究院有限责任公司
奖　　项 紫金奖 · 铜奖
优秀作品奖 · 一等奖

创作回顾

设计缘起

垃圾分类事关公益民生和城乡环境，针对我国资源、环境承载力和社会支撑力相对缺乏的情况，推行垃圾分类是践行可持续发展道路的必然选择。垃圾分类是当下最受关注的民生话题之一，是顺应可持续发展的时代需求、加大资源可回收利用、提高人们环保意识的举措，也将改变人们的生活方式。然而，面对分类难、投放繁等困境，居民对垃圾分类认可度高，但参与度低。在设施陈旧、空间局促的老旧小区中，这一情况尤为明显。我们希望运用专业知识对老旧小区提出空间改造策略，降低居民执行成本，提高公众参与度，引导人们形成良好的生活方式。

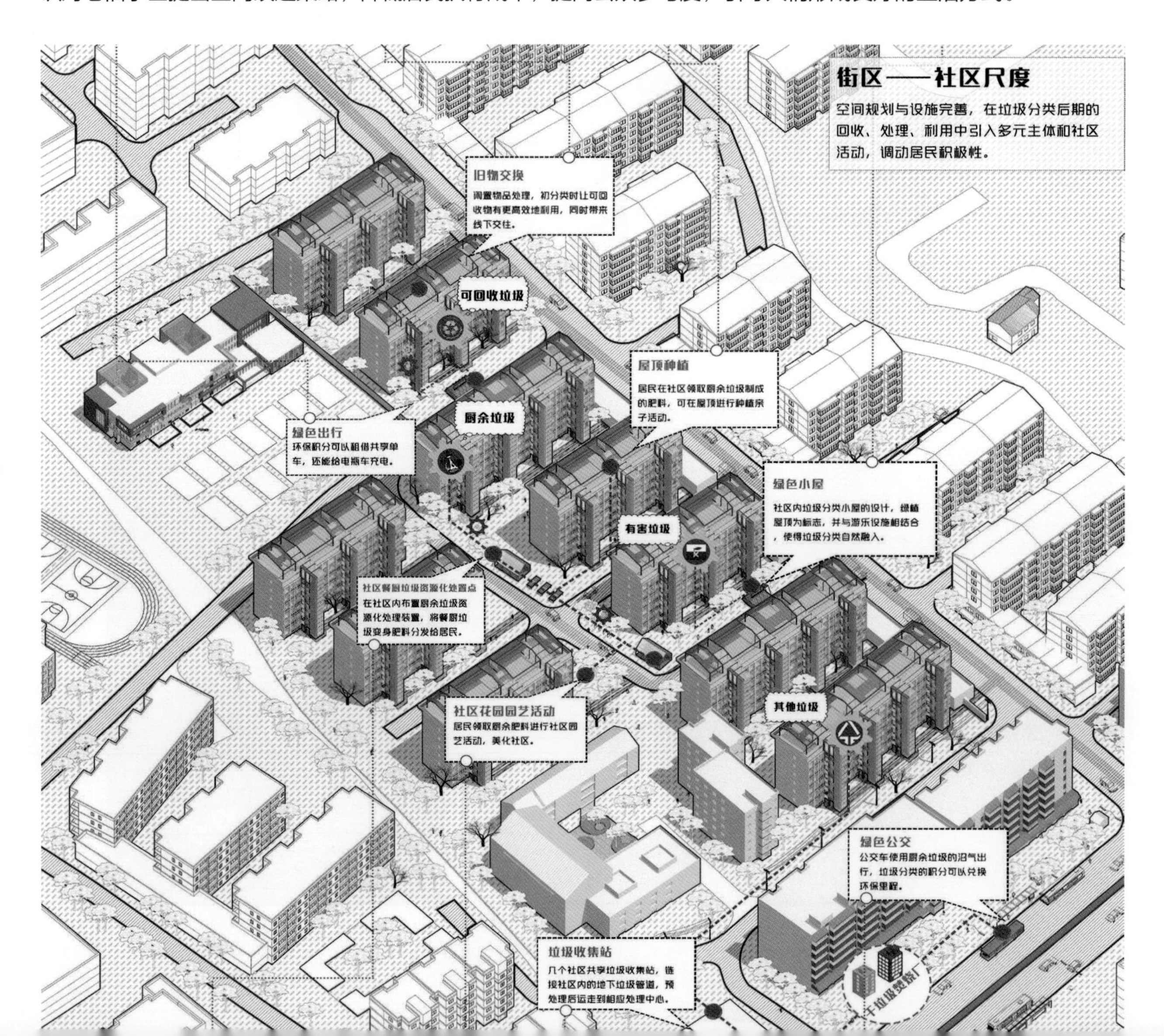

设计思路

当下,老旧小区中普遍存在公共场地狭窄、住户老龄化的情况。小区居民关心的问题主要集中在三个方面:首先,分类繁琐、投放困难的现状制约着垃圾分类的推广;其次,老龄化社区中,居民上下楼困难,许多老人因此长期困居家中;最后,对于物流设施不完备的小区居民,他们没能充分地享受到互联网经济发展带来的生活便利。

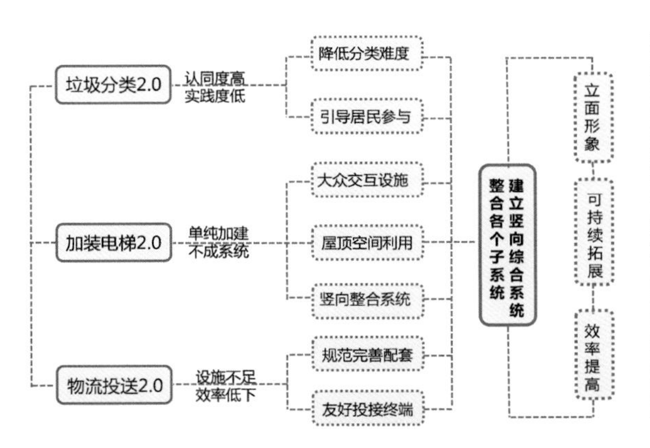

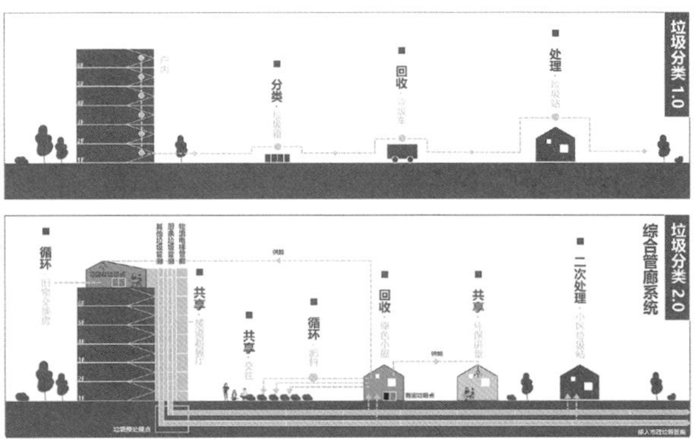

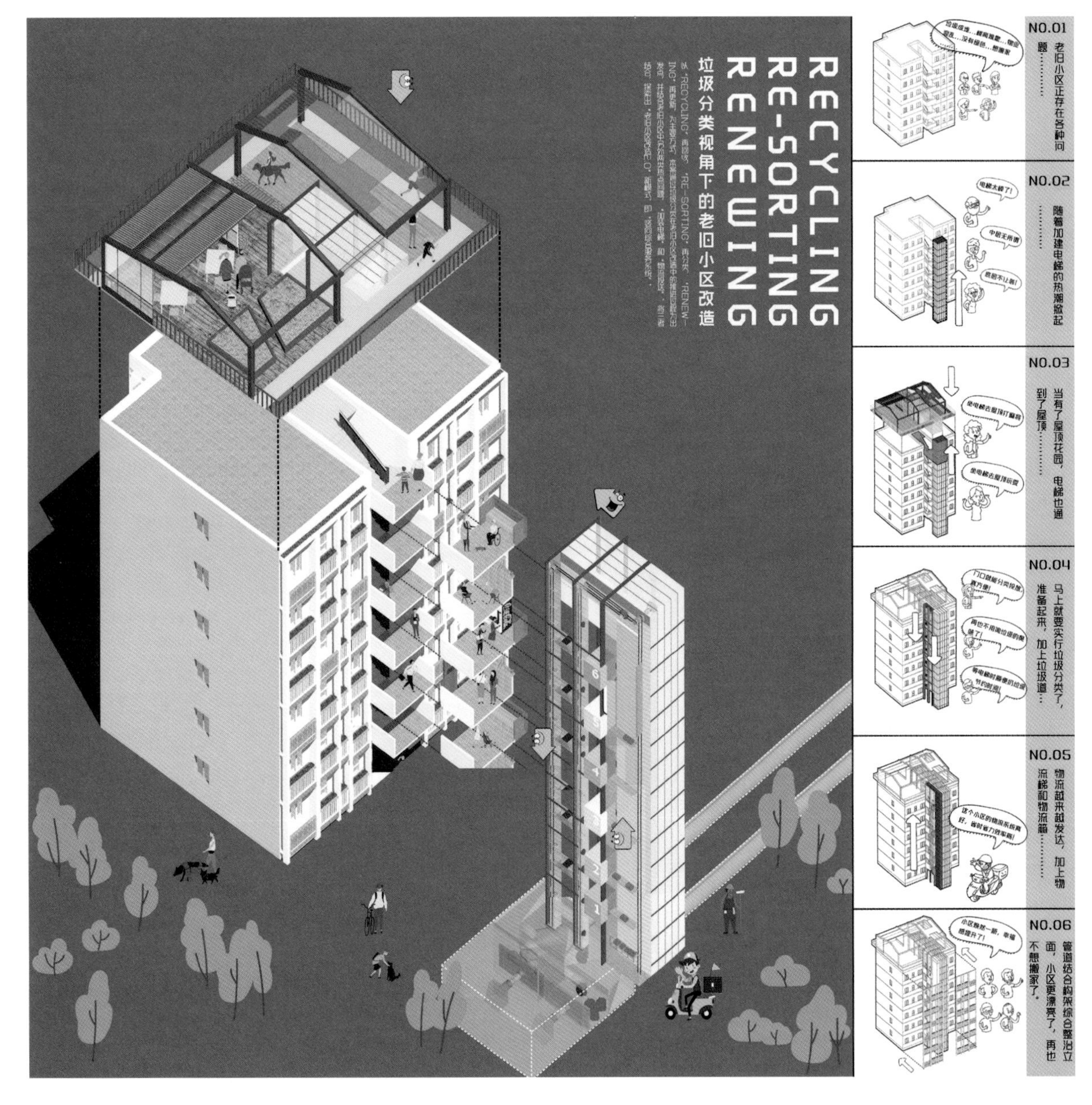

针对以上问题，我们以垃圾分类为切入点，借助老旧小区改造中加装电梯的契机，完成对老旧小区的垃圾分类自动化、智能化和无害化的针对性改造，让综合竖向系统在解决无障碍交通的同时，实现垃圾与物流的无接触运输，从而形成了一套综合竖向系统解决方案。

方案利用楼梯平台的空间，基于独立的轻型框架结构，置入封闭式垃圾道、物流转运梯和快递暂存箱。加装电梯后拓展的楼梯平台，被赋予“等候交流区”“分类投放区”“寄取快递区”三大功能，在为垃圾分类提供方便的同时，综合解决老旧小区存在的电梯加建、物流投送、交往空间缺乏等问题。同时，通过社区到街区乃至城市尺度的空间规划与设施完善，引导社会参与，实施正向激励，提高社会认同感，使垃圾分类的生活方式更加深入人心。

针对当下的现实问题，方案通过局部改造，为未来保留系统的拓展与可操作性，让共享共治的老旧小区焕发生机，这不仅是一次让老旧小区走向未来的设计，更是一场唤醒美好的尝试。

方案亮点

方案以垃圾分类为契机，从建筑师的视角提出空间改造策略，设计一套行为系统，一方面为居民的垃圾分类提供方便，降低执行成本；另一方面，引导社会参与，激发公众的环保意愿。

同时，方案关注老旧小区改造中经常出现的加装电梯、物流投送、公共空间匮乏等其他问题，以楼梯平台这一生活中常见的小空间切入，提出系统的整体解决方案，打造邻里共享的入户门厅，为老旧小区增添活力。

除单体建筑的改造，方案还通过社区的空间优化、公共服务配套设施完善与环境改造升级，在垃圾分类的回收、利用、处理中引入多元主体和社区活动，并以此带来物业管理模式的改变，调动居民的环保积极性，打造邻里交往的“社交廊道”。

此外，在建筑形式上，反复运用不等坡的形式，注重垃圾分类设施和相关处理设施的整体统一及造型感与标识感，强化视觉标志，使得垃圾分类更好地融入人们的生活。

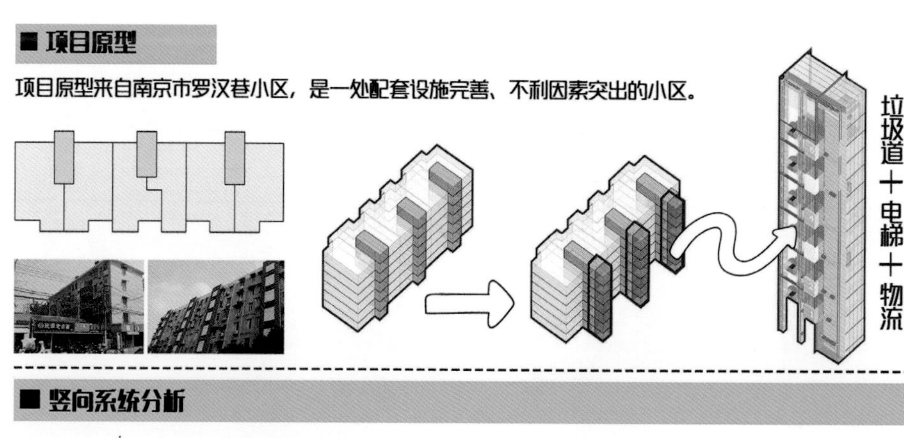

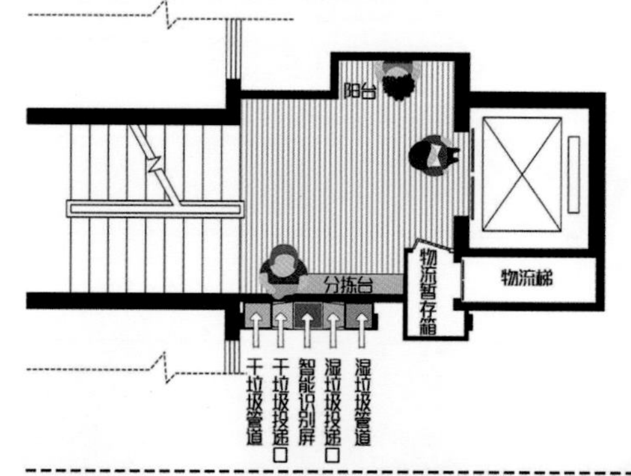

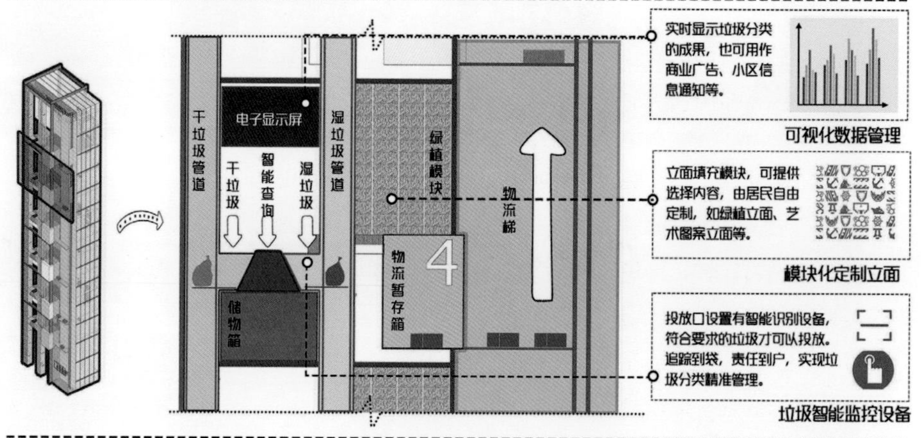

作品解读

Q　经过改造更新，小区的运营和维护在物业管理模式上会产生哪些变化？

A　有别于依赖物业公司的外部管理模式，方案更加倡导居民的自觉自治。方案希望借助综合竖向系统，实现从“分类－循环”到“奖励－获得”的微循环模式，对居民的自觉行为，给予正向激励。垃圾分类获得的积分，也是共享经济通行的货币，可用于兑换多种社会服务，如：共享骑行、公交里程等。在社区养老方面，方案鼓励推行互助制度，通过积分累计获取未来消耗的小时，让年轻人回到社区，参与社区劳动。在系统运营方面，可以在共享入户门厅进行媒体投放，收益可用于竖向系统的维护管养。垃圾分类就是为了营造宜居家园，这一主题，不仅是这个时代的大叙事，也是每一个社区居民生活的小确幸。自觉自治的小区，更能发挥居民的创造力与积极性，让居民的个人价值与社会价值同步实现。

马　驰

扫码观看完整 VCR

评委点评

钱　强

· 东南大学建筑学院教授
· 联创设计集团股份有限公司总建筑师

作品紧扣社会热点，结合老旧小区改造中经常出现的电梯加建、物流投送、交往空间增设等其他需要解决的问题，把“垃圾分类”有效合理的实施方案融入其中，提出了系统的解决方案。设计者不仅聚焦在单体建筑的改造，还通过社区的空间优化、设施完善和环境的改造与升级，在“垃圾分类”的回收、处理、利用中引入多元主体和社区活动，以促进居民对“垃圾分类”积极回应和有效实施。

居在金陵　遇见桥上

设计团队　王笑天 / 刘佩鑫 / 于昕 / 曹伟 / 艾迪

设计机构　东南大学建筑设计研究院有限公司

奖　　项　紫金奖 · 铜奖

优秀作品奖 · 一等奖

创作回顾

设计缘起

秦淮河是南京重要的城市文化名片，这里本应是生态与人文的交织之地，但随着城市快速发展，河两岸诸多资源并没有被充分关注与利用。机动车通行优先的路网设计，割裂了城与河、人与河的联系，跨河桥多为机动车通行桥，鲜有为宜居体验式出行而设。秦淮河两岸空间功能分布不均，河西岸是大片的住宅区，人口密集，河东岸有很多南京特色景观和文化资源。其中，定淮门到草场门大街段的割裂现象尤为严重，这里拥有古林公园、南京艺术学院等景观和文化资源，这些节点散落在河东岸，由于桥的数量过少，步行前往河对岸需要绕行很远的距离，不仅降低了空间体验感，还造成两岸节点散落，其可达性、关联性、宜居性较差。

设计思路

为解决这一矛盾，方案构建多条立体宜居网络，联系区域内的重要节点，并向四周延伸，交织成网，将河两岸的地域文化资源、人们的活动、沿河绿带连起来，为市民提供轻松可达的城市公共资源。

首先，方案建立步行桥体系连接两岸核心节点，并融合汇聚于秦淮河上，让人们在这里不期而遇、相遇相知。然后，对于整个体系的核心主桥，设计在桥内置入功能灵活的盒子，容纳茶歇读书、艺术展览、课外讲堂等功能，并整合自行车道。桥面为生态绿洲公园，设置漫步道和观景坐阶。这不仅仅是一座通行之桥，更是一座连接之桥、交往之桥、艺术之桥，它拉近了人与城、人与人的距离。

方案亮点

区别于一般步行桥的通行功能，主桥一层桥面通过灵活的功能设置，激发人们更多的交往与互动，并为周边的南艺大学生提供展示艺术创作的舞台。桥面为生态公园，为市民提供休憩游玩的场所。同时，为增强秦淮河的文化属性，方案设计了面向开阔河面的观景座阶，为市民欣赏秦淮河龙舟比赛这一传统文化赛事开辟场所，拉近人与自然的距离，近距离感受外秦淮盛景。

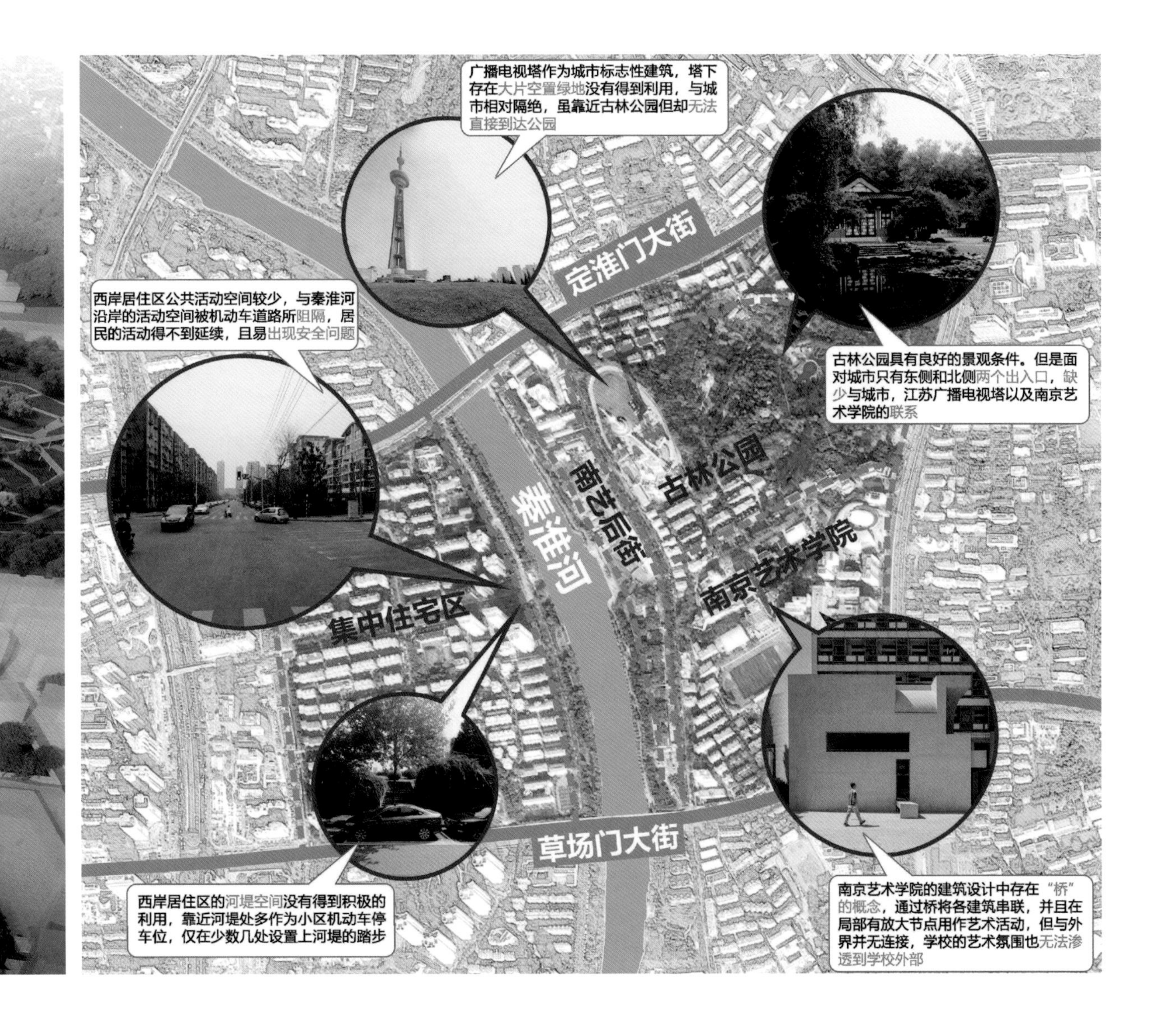

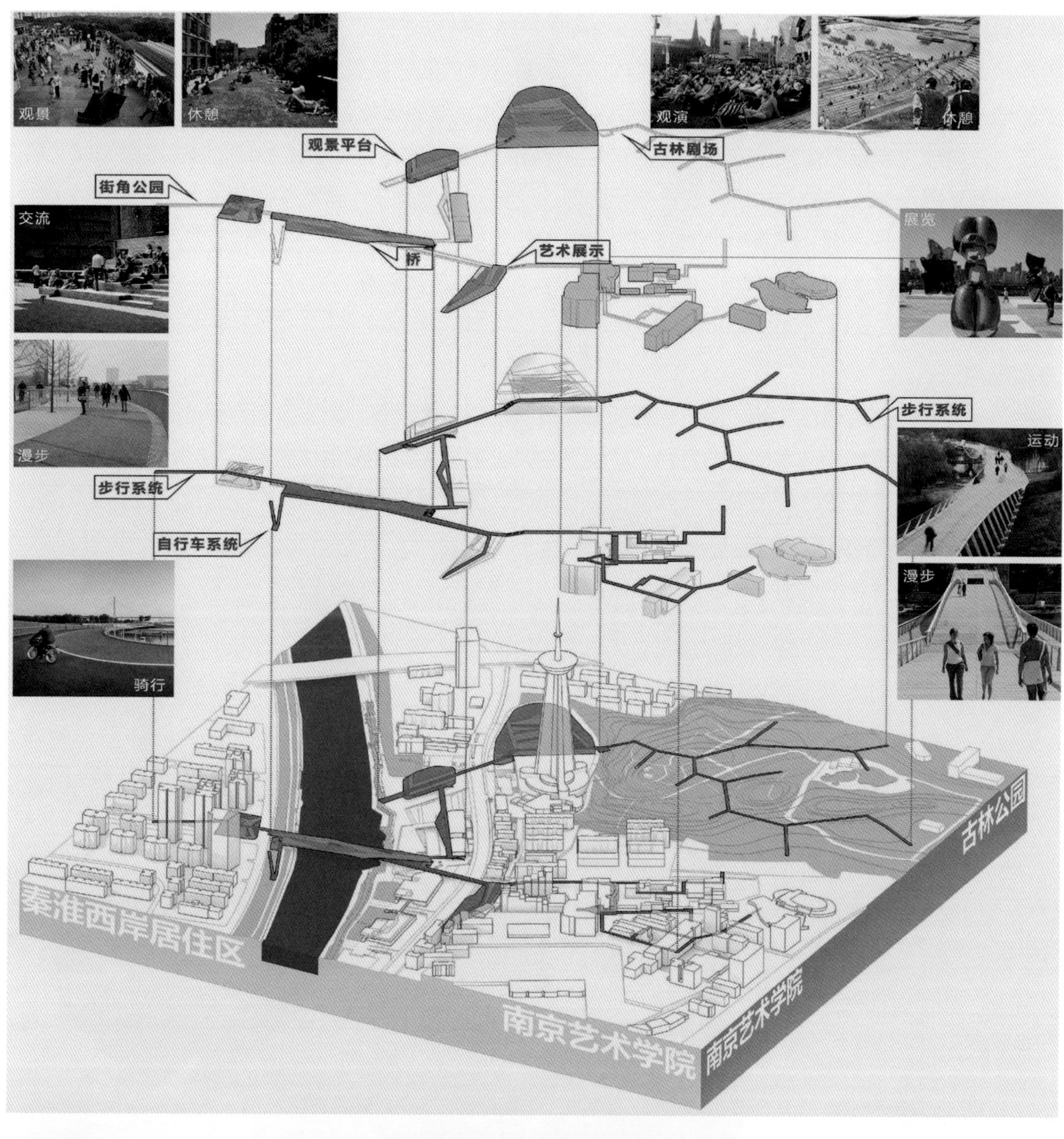
观景
休憩
观演
休憩
观景平台
古林剧场
街角公园
交流
展览
桥
艺术展示
漫步
步行系统
运动
步行系统
自行车系统
漫步
骑行
秦淮西岸居住区
古林公园
南京艺术学院
南京艺术学院

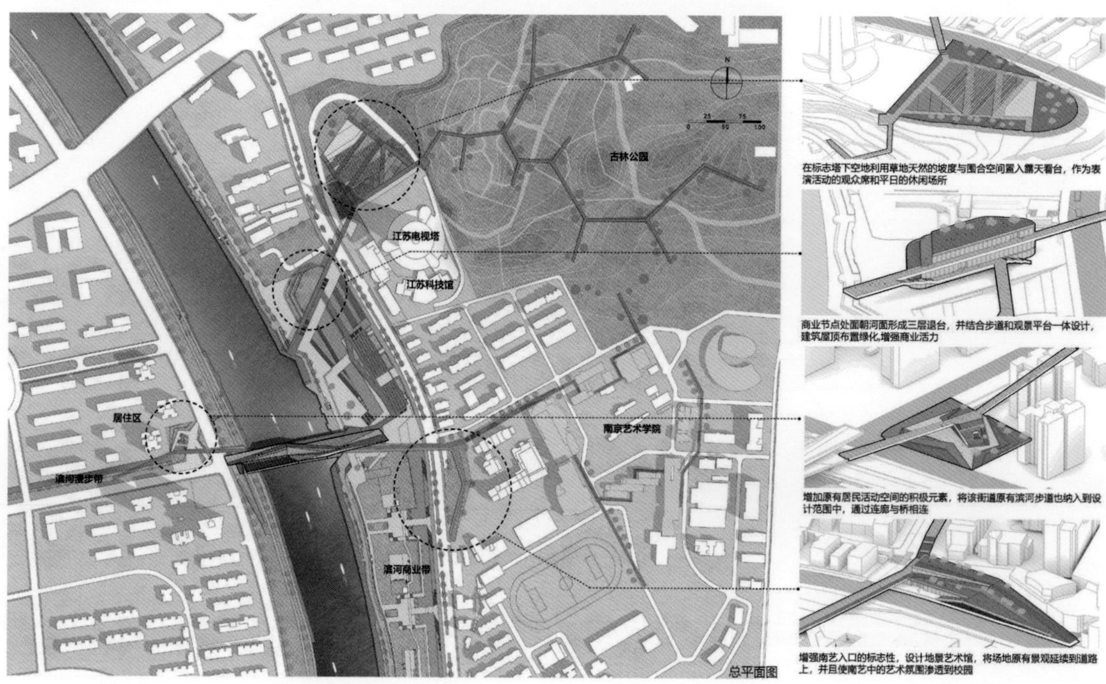
古林公园
江苏电视塔
江苏科技馆
居住区
南京艺术学院
滨河漫步带
滨河商业带
在标志塔下空地利用草地天然的坡度与围合空间置入露天看台，作为表演活动的观众席和平日的休闲场所
商业节点处面朝河面形成三层退台，并结合步道和观景平台一体设计，建筑屋顶布置绿化,增强商业活力
增加原有居民活动空间的积极元素，将该街道原有滨河步道也纳入到设计范围中，通过连廊与桥相连
增强南艺入口的标志性，设计地景艺术馆，将场地原有景观延续到道路上，并且使南艺中的艺术氛围渗透到校园
总平面图

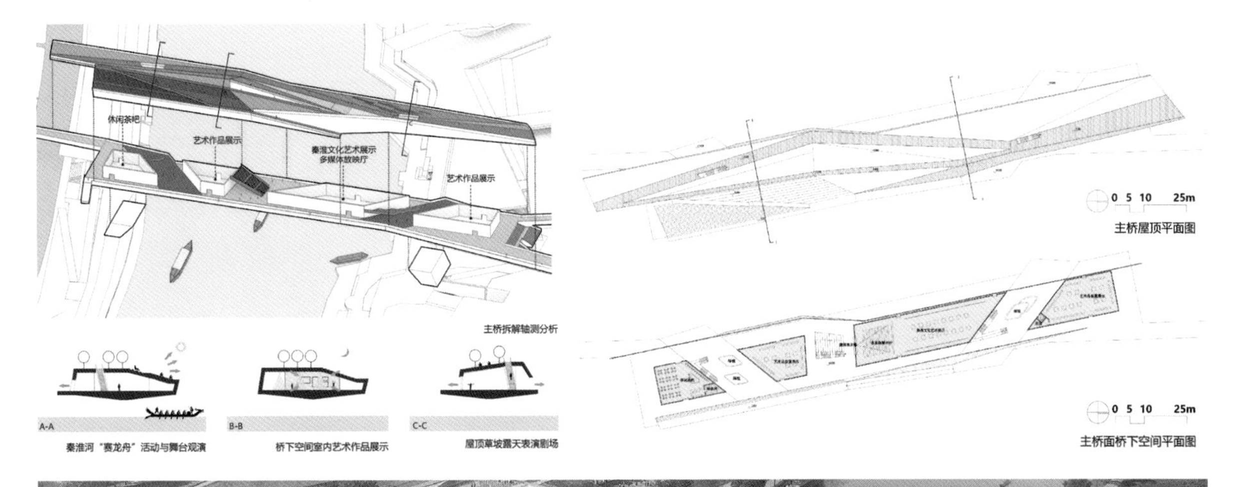

主桥拆解轴测分析

主桥屋顶平面图

秦淮河"赛龙舟"活动与舞台观演

桥下空间室内艺术作品展示

屋顶草坡露天表演剧场

主桥面桥下空间平面图

主桥面鸟瞰场景

主桥面入口空间场景

主桥面沿河岸方向夜景

主桥面屋顶鸟瞰场景

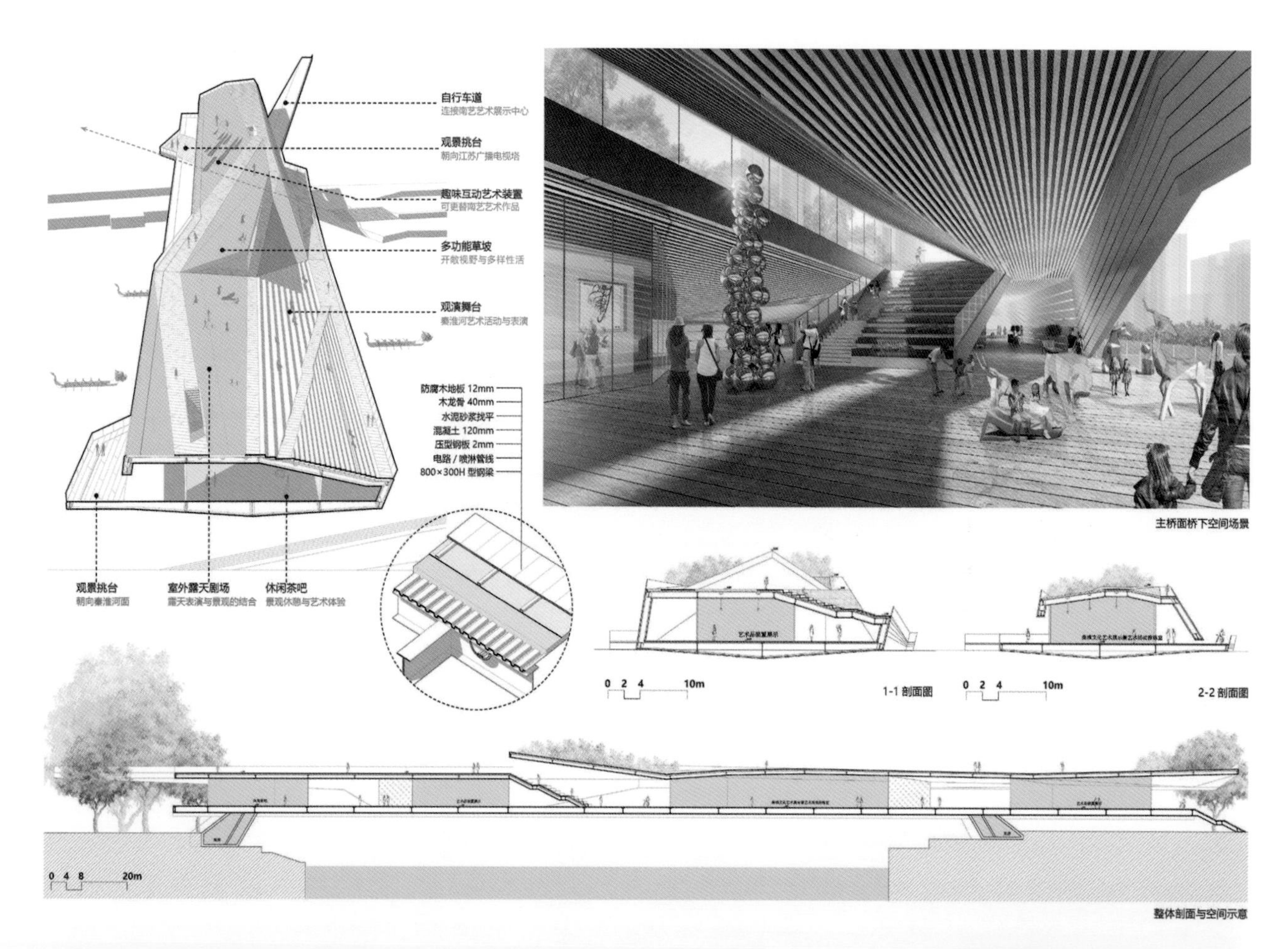

主桥面桥下空间场景

整体剖面与空间示意

作品解读

Q1 本次设计的最大难点是什么?

A 设计难点在于桥的整体体系建立和各个节点的汇聚：如何将两岸居民的活动以及各公共节点连接起来，实现主桥功能、形式与结构逻辑的统一，以及整体体系与周边地域文化的契合。

于 昕

Q2 方案中这座桥设计了丰富的功能与空间活动，你们对它的未来利用有怎样的憧憬?

A 我们希望这座跨河桥能切实解决秦淮河两岸沟通不便的问题，为人们的日常出行与活动节约大量时间与精力。在通行的过程中，多样化的桥面功能与景观设计能带给人们耳目一新的感受与愉快的出行体验，这是我们设计的初衷。同时，作为一座整合了文化、功能与自然景观等多元要素的跨河桥，我们希望它不仅仅是作为通行之用，更多的是人们自发前往到此，参加多样的艺术活动与展览，欣赏沿河景观，近距离感受秦淮河之美，使整座桥真正成为活力汇聚之所，成为新的城市区域中心。

扫码观看完整 VCR

评委点评

高 崧

· 东南大学建筑设计研究院有限公司副院长、总建筑师

作品系统分析了周边可利用的城市资源，选址区域及周边不同人群的日常行为方式，以“连接，汇聚”为主导思想，从“点、线”入手，构建出多条的立体公共空间线索，以愈合城市空间“割裂”。同时尝试以功能和景观的植入，打造城市“宜居”空间的“触点”，来激发不同人群的相遇与互动，激活整个片区的城市空间活力。作品逻辑缜密，表现充分，可操作性强，营造空间尺度适宜。

紫金奖 文化创意设计大赛

ZIJIN AWARD CULTURAL CREATIVE DESIGN COMPETITION

2019 第六届 紫金奖·建筑及环境设计大赛

The 6th Architectural and Environmental Design Competition of Zijin Award Cultural Creative Design Competition

优秀作品

一等奖 学生组

共享公园

紫金奖
ZIJIN AWARD
CULTURAL CREATIVE
文化创意
DESIGN
设计大赛
COMPETITION

在尽可能保留原有仓库厂房建筑的基础上，满足核心其地块内大量租客的同时，服务于周边的社区与景区。
嵌入居住模块
架设连廊连接各建筑体块
在空间组合上延续了"积木"的设计灵感，保留厂房原有钢架结构，把空间模块犹如积木般嵌入与拼接组合。
场地激活，被遗忘的地方成为新的乐园
千巷千面，每条小巷都拥有自己独特的表情
巷世界
书院门巷内景观更新设计
市井繁荣，平淡的售卖日常出现了新的形式
新旧融合，古街的身后是现代的符号

面向未来社区振兴起搏器设计探索

设计团队　李泓葳 / 姚健琛
设计机构　江南大学
奖　　项　紫金奖 · 金奖
　　　　　优秀作品奖 · 一等奖

创作回顾

设计缘起

当下快速城市化与社区老龄化带来许多社会问题。目前，老旧小区呈现出人口老龄化严重，社会服务严重不足；年轻群体不愿进入，社区缺乏朝气和活力；土地利用率低，公共空间缺乏；活动形式单一，不同时间段各空间使用率不高等问题。本设计基于社区老龄化的社会背景，选取了江苏省无锡市滨湖区稻香－水秀新村作为项目基地。该社

区曾是20世纪80年代的示范小区，但随着时代发展逐渐衰弱，历经数次改造，原有浓郁的社区氛围荡然无存，公共空间严重不足，功能空间各自为政且使用率低下，居民业余活动形式单一，各种问题日趋显现，社区人口结构趋向老龄化。如何推进老旧小区的社区养老是亟待解决的社会问题。在传统城市规划中，人们的居住与工作相分离，年轻人的时间和生活成本增加，让年轻人的生活压力增大。由此，我们试图通过全龄化概念的引入，对其公共空间进行改造，为其植入新的生活模式和空间形态，注入新的活力，以解决一系列社会共性问题，让空间在不同的时段有不同的生活图景，为老旧社区的改造和振兴挖掘新的角度。

设计思路

方案从生理、心理、行为、社会四个层面分析老年人和年轻人的需求，对促进交往的空间进行分析，对城市社区的发展历程进行研究，通过对比思考得出了“传统市场 + 传统聚落 + 大院 + 屋顶花园”的一个面向未来、具有烟火气息和市井气息的社区振兴起搏器。塑造新的集体主义，打造全龄化社区。

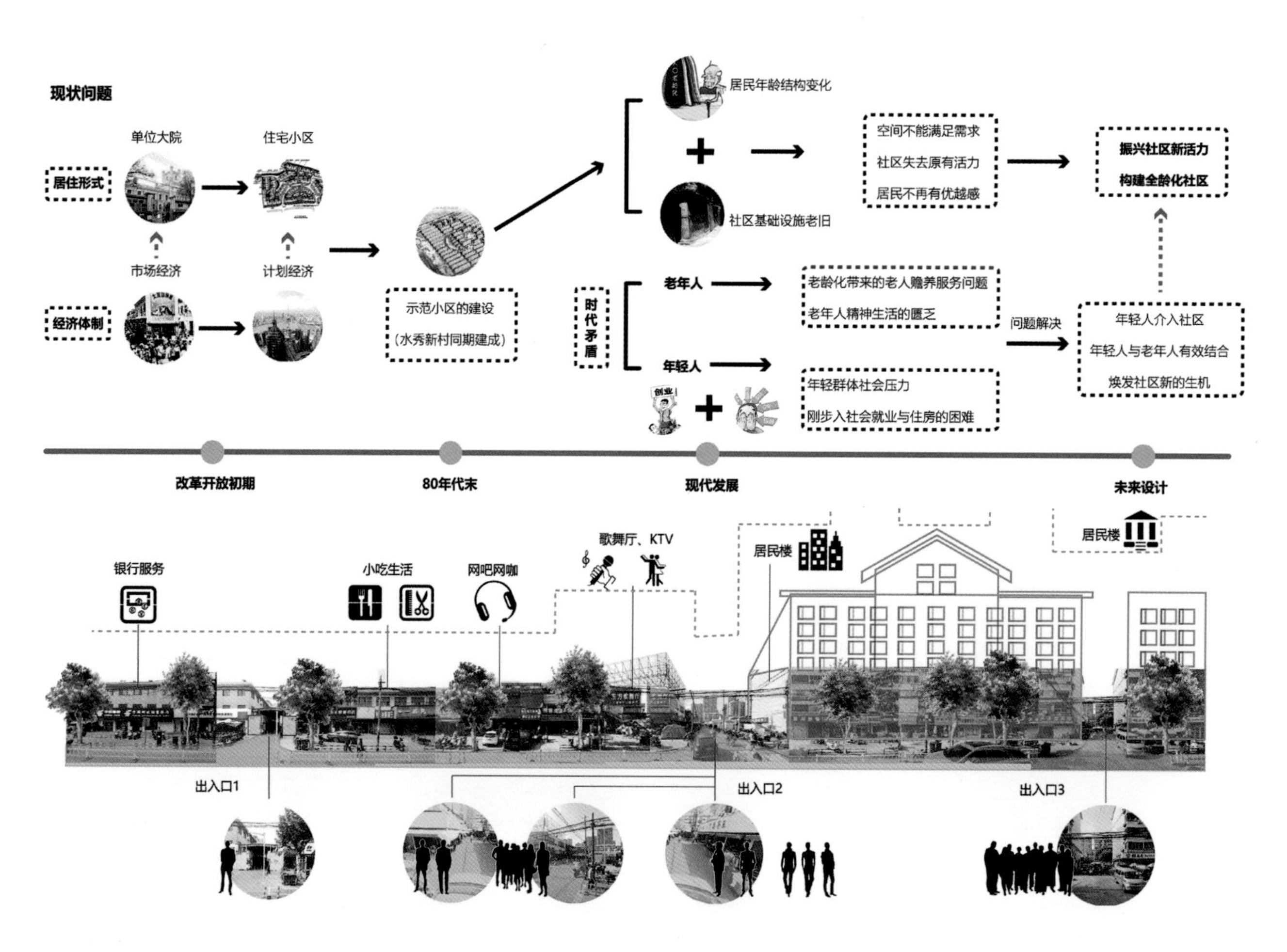

设计策略

焕发场地新活力需要有年轻的群体介入。方案引入年轻群体，打造“全龄社区”；整合环境，建立新秩序，营造烟火气息、市井气息，让空间有“家”的归属感。“社区精神”是对“新集体主义”概念的探索和营造。承载开放包容，让场地成为拥有积极社区氛围的“家庭后院”。

方案亮点

方案打造了具有烟火气息的模块化市场，还原北苑记忆的老年活动中心，项背相望的水秀北苑，生活、商业多元复合的单身公寓，促进交流合作的共享办公空间，以此形成我们对未来全龄化社区的构想，打造充满活力的人居环境。

绿野原
汇盈谷
闲趣台
爱晚庭
稻香村
栖霞原

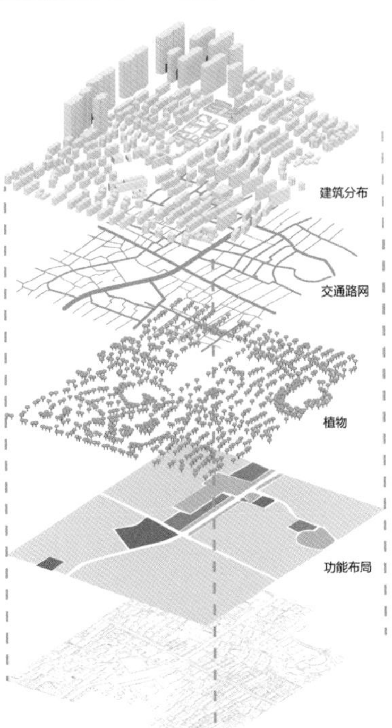
建筑分布
交通路网
植物
功能布局

绿野原
汇盈谷
爱晚庭
稻香路
稻香路
闲趣台
稻香村
水秀二支路
栖霞原
①汇盈谷
②绿野原（青年公寓）
③爱晚庭
④老年活动中心
⑤集体办公
⑥中央楼梯
⑦栖霞坡（北苑托儿所）
⑧闲趣台
⑨稻香村

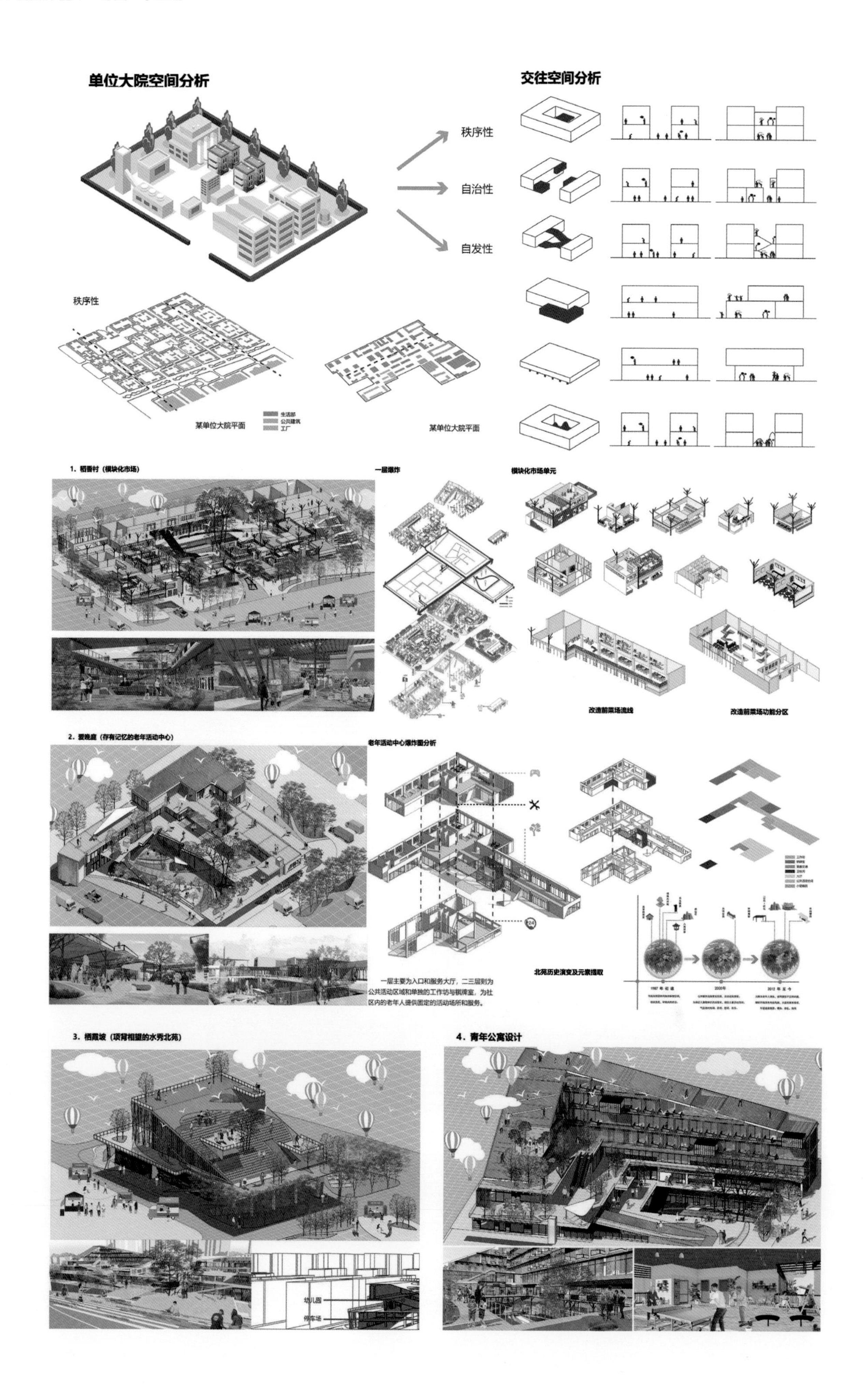

单位大院空间分析
交往空间分析
秩序性
自治性
自发性
秩序性
生活部
公共建筑
工厂
某单位大院平面
某单位大院平面
1. 稻香村（模块化市场）
一层爆炸
模块化市场单元
改造前菜场流线
改造前菜场功能分区
2. 爱晚庭（存有记忆的老年活动中心）
老年活动中心爆炸图分析
一层主要为入口和服务大厅，二三层则为公共活动区域和单独的工作坊与棋牌室，为社区内的老年人提供固定的活动场所和服务。
北苑历史演变及元素提取
2000年
3. 栖霞坡（项背相望的水秀北苑）
4. 青年公寓设计
幼儿园
停车场

模块化市场场景1
市场入口环境开放，买卖便捷。
这感觉有点像我们原来住的村子。
像穿行于街巷之中，浓浓的烟火气息。
模块化市场场景2
市场内部空间层次多样丰富，尺度宜人，市井气氛浓郁。
青年公寓场景
公寓公共空间开放、多元。提供人与人交流交往的舒适环境。
办公空间场景
办公区域融入综合“体”内，与居住空间商业空间相临，压缩时间空间的成本，生活更加方便。
老年服务活动中心场景1
庭院式格局，选取曾经北苑的景点元素造景，还原北苑记忆。
这些假山喷泉和原来的北苑好像。
老年服务活动中心场景2
活动中心设有茶室、棋牌室等一系列活动空间，为老年人提供优质的社区养老服务，
最大程度满足老年人的精神需求。
托管所场景
上层平台与南部空间向望，形成对景、对望的趋势。
妈妈，那边有人在表演节目。
托管所下层空间场景
底层设置临时停车场与临街商业液态。
妈妈我想吃鸡排
功能分区
交通流线

作品解读

Q1 作品带来了一组社区振兴"起搏器"，它们是如何关联的，社区群体间又是如何融合的？

李泓葳

A 对于老旧社区的振兴，最重要的一点是要有新活力的不断注入。方案在场地内设置了廉价出租的单身公寓、共享办公场所，以及一些娱乐活动场所，以此满足年轻人的日常生活，同时，在建筑形态的设计过程中，创造了交流空间，让人们在日常生活中慢慢熟悉、认识，增强居民归属感，以地标性建筑和空间的塑造重塑全龄化、全时段的社区集体生活。对休闲活动、生活模式再定义，用设计引导、影响、改变人们的休闲生活模式。

Q2 你们为什么选择这个课题，创作过程中有什么难点？

姚健琛

A 这个课题是我们的毕业设计，设计团队花了大量时间去仔细研究和设计，在创作过程中导师史明教授给了非常多的指导。首先是关于基地选取和立意的构思，大多数课题会倾向于选择问题相对突出和明确的场地，如历史文化街区、旧工厂改造等。但我们反其道而行之，选择了一个没有突出问题的场地进行研究，就是研究非典型性的老旧社区改造，我们认为从这个角度立意和研究更具有示范意义和借鉴意义。在设计方面，非典型性社区改造有一定难度，因为它缺少特色鲜明的问题，很难找到切入点和发力点。所以我们在立项之初就陷入瓶颈，不知从何下手。在导师的启发下，我们从场地的历史出发，在人群的活动习惯中发现场地的特色，并进行凝练。然后准确定位、分步实施，塑造标志性的场地空间形象，来增加场所的归属感和自豪感。同时，在寻找问题、发现问题的过程中，我们没有局限于场地问题，而是着眼于用专业知识解决社会问题，从而让设计更有深度。

作品展示 VCR 部分场景

扫码观看完整 VCR

评委点评

刘 剀

· 华中科技大学建筑学院教授

设计者以社区衰败市场的活化作为实现社区振兴的突破口，通过对功能和空间的再定位，改造和创造出新的生活模式、商业模式和人际交往模式；通过引入年轻群体融入社区，创建出充满活力、和谐互助的全龄社区；通过对场所环境细致的整合重塑，营造出充满生机、市井气息浓厚、归属感强烈的社区氛围。作品采用的设计策略对当代部分老旧社区改造提供了有益参考。

船底之歌
——船底人聚落空间重塑

设计团队　郭梦迪
设计机构　华侨大学
奖　　项　紫金奖 · 金奖
　　　　　优秀作品奖 · 一等奖

创作回顾

设计缘起

船底人又称疍民或船民，连家带眷常年生活在水上，随着运训变化和鱼群迴游而流动。他们上无片瓦，下无寸土，生于江海，居于舟船，过着与陆地上截然不同的生活。连家船文化和船底人文化是闽南海洋文化以及河流文化的重要组成部分，在闽南的文化、经济、社会进程中都扮演了不可或缺的角色。“一条破船挂破网，常年累月漂江上。斤两鱼虾换糠菜，祖孙三代住一仓。”这首渔谣生动地描述了船底人的生活。

在福建省漳州市石码镇调研时，我偶然走进了渔业社区，看到了水上飘零的连家船，遇见了船底人这个族群。在与居民的沟通中，我发现随着历史的演化和时代变迁，船底人的生产生活方式发生了明显的变化，而船底人文化即将面临消逝的结局。在对渔业社区进行深入调研采访时，我发现社区如今并未适应其老龄化趋势，除了公共空间稀少单一、绿地系统缺乏、建筑违章搭建的问题之外，更重要的是族群间水上文化已逐渐被遗忘，船底人的身份认同也日益淡薄。

“船底人聚落空间重塑”的命题在于船底人文化景观的再现和船底人族群的延续。设计旨在通过社区更新改善渔业社区的生活现状并凝聚社会共识，保护船底文化，再现历史文化景观，延续闽南文化多样性，再塑船底人聚落空间。从而强化现存的船底人族群的自我认知，提升他们的生活质量，引入新型产业使之能够适应当代生活，更是向社会传播船底文化，增强社会凝聚力。

创作选址

九龙江船底人文化最早可以追溯到宋朝，在明朝扩展到沿江的江东、石美、石码、月港、海门、浮宫一带，沿海的浯屿等地形成船底人聚居点；清朝时期，浯屿岛渔民远征温南渔场；20 世纪 40 年代，九龙江口形成了石美、西良、中港、福河、龙海桥、流传、海澄、海沧、浮宫等十大渔船帮，是九龙江下游船底人势力最盛的时期；20 世纪 60 年代和 90 年代的两次“疍民上岸”的造福工程之后，船底人陆续在陆地定居，九龙江上的连家船影陆续消失到今天已经几乎绝迹。

龙海市石码镇渔业社区是现今九龙江下游船底人最大的陆上聚居点。据《龙溪县志》记载，早在明代月港时期，石码镇是九龙江入海口的大港之一，商贾云集，舳舻千里，是最为繁荣的时期。中华人民共和国成立之后，由于政府大力推动“疍民上岸”的政策，渔业社区形成了陆上社区为形式的船底人聚集点。

如今的渔业社区拥有 25 幢居民楼，一个社区居委会，三个社区卫生室，一个老年人活动中心，并配有 13 个渔业社区专属码头，占地约 23000 平方米。渔业社区居住的 4663 名居民几乎均为曾经在石码浮宫一带港口连家船聚居的船底人及后代，60% 的居民是 60 岁及以上的老人。他们的后代子承父业的情况较少，在就业方面呈现出多元化的趋势。如今原始船底人的生产生活习惯只保留了些许部分，如偶尔捕鱼、织渔网，其余的生活状态和其他群体已无太大区别，随着船底人的生产生活方式发生的变化，船底人文化即将面临消逝。

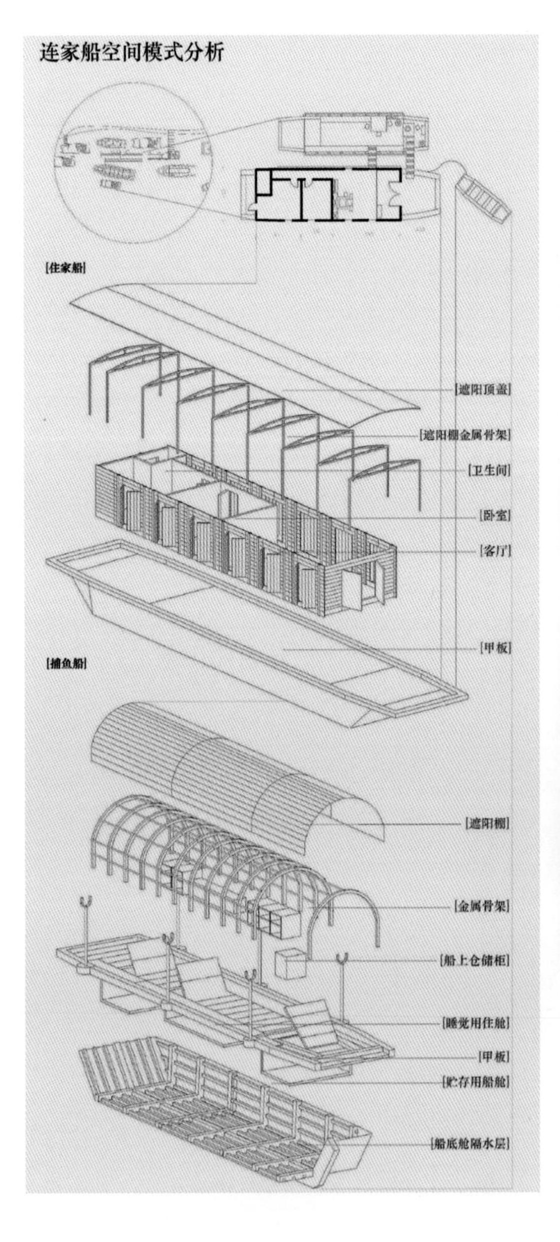

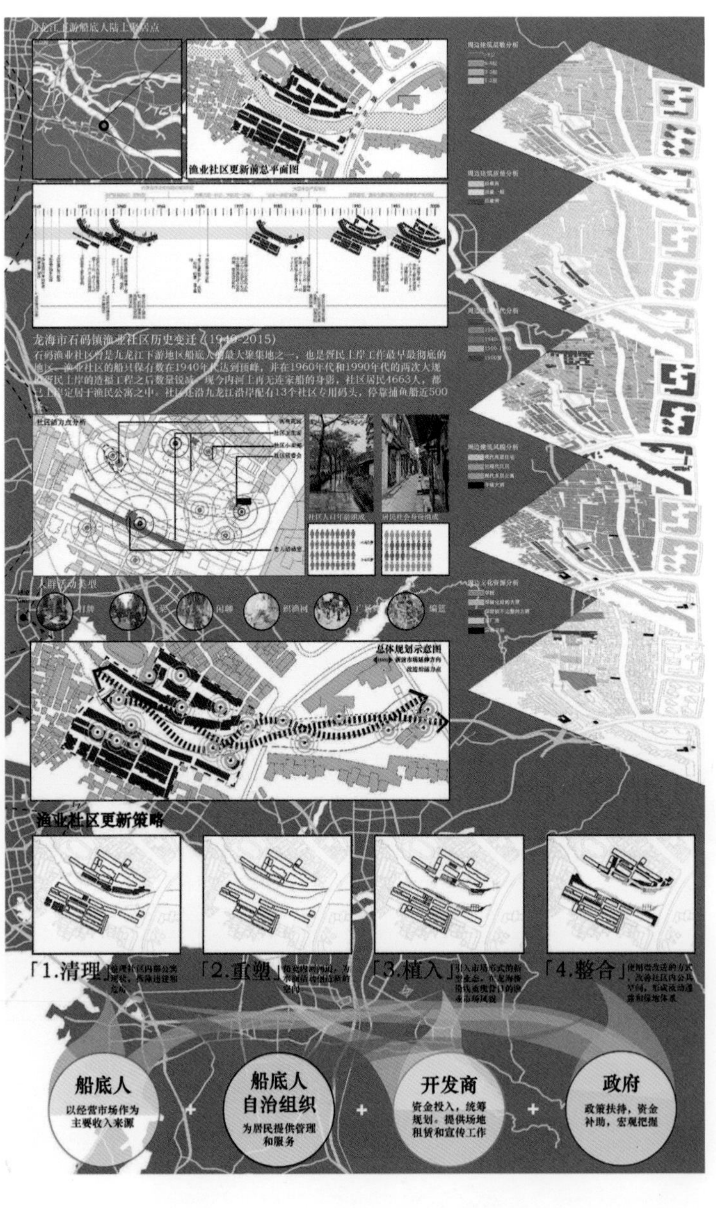

日常语境下的水上民俗再现

Daily Folklore on Water

船底人社区对于信仰生活非常重视，不仅每家每户都有神龛供奉，社区内每月都有不同规模的与风俗信仰相关的节庆活动，而这些活动是激活和凝聚社区活力的重要因素。

这些产生于水上的民俗信仰特色是船底人群的一大特征，也是他们上岸之后保留最为完整的生活方式。

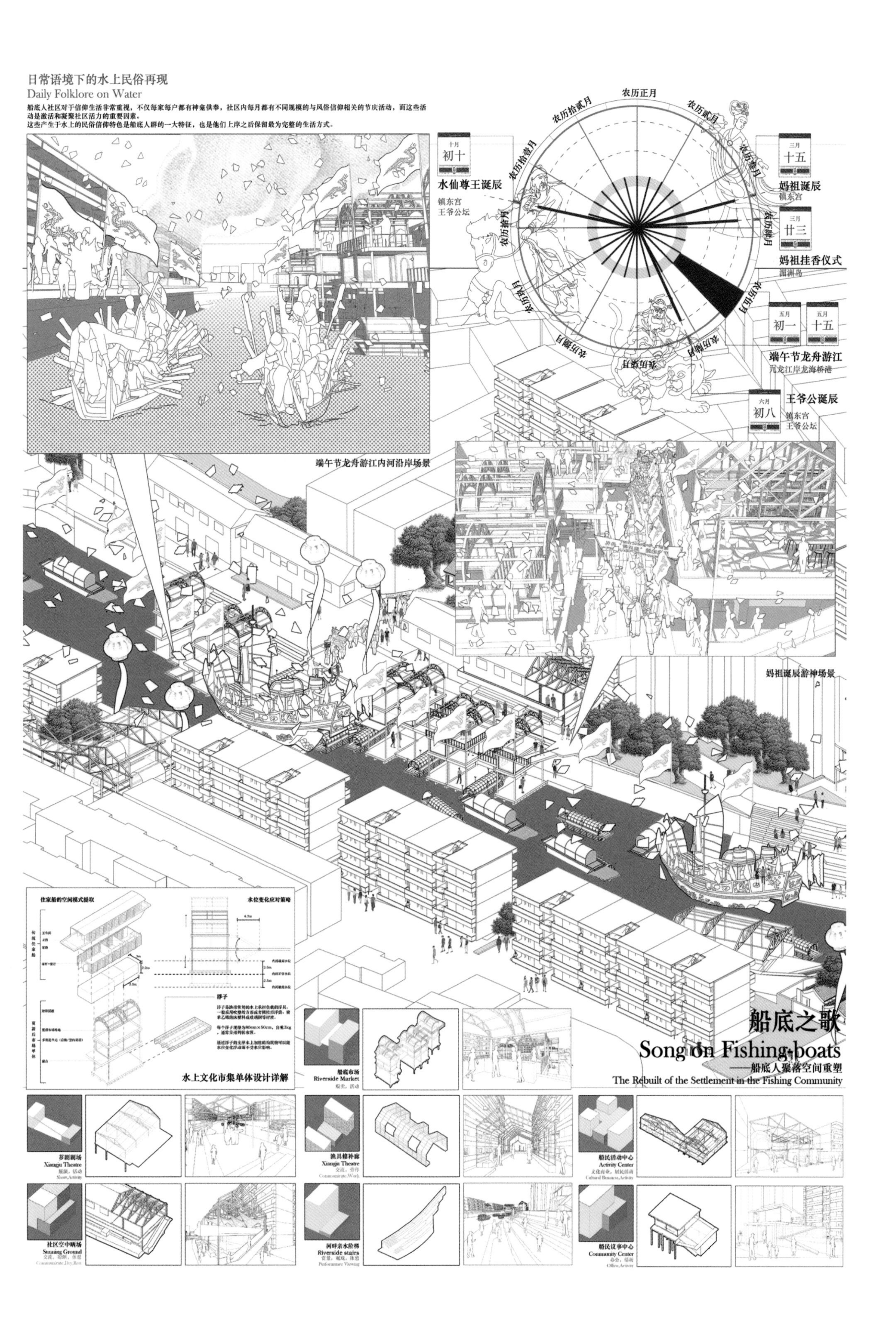

设计思路

根据前期调研分析，渔业社区最大的特点是九龙江的支流内河穿越其中，在月港时兴时期，龙海桥旁沿内河周边有繁荣的河岸市场。通过实地调查和与居民的深入沟通，方案针对渔业社区在社会、经济、环境三个方面的问题提出了解决方案。

作为船底文化的重要场域支点，设计希望在渔业社区再现河岸市场的旧时景观并作为新型产业置入渔业社区，在活跃岸线激活社区的同时，为已退休的上岸船底老人们提供新的收入来源。除了在水上置入市场形态以外，设计针对社区内部现有公共空间进行社区微改造，加入新型公共功能的同时作为触媒点激活社区活动，并联结各个改造点形成整体的社区空间网络。

方案首先拆除违章搭建现象严重的危险建筑，分别是社区北侧沿河的 6 号公寓楼、7 号公寓楼和社区南侧的 6 号公寓楼，并拓宽内河道以营造更多亲水空间；其次，整合社区的绿地资源并统筹进行社区的总体绿地规划；然后选取需求明显的社区公共空间进行微改造，包括：1 号和 9 号公寓楼之间置入藤架休息空间、5 号公寓楼部分改建为社区空中书房、8 号和 9 号公寓楼之间置入社区民俗商业街和活动中心、8 号公寓楼内部一层改建为居民社区中心；此外，活化内河两侧河岸，植入水上市场的同时加入隔岸相望的亲水阶梯和水上社区舞台。

方案亮点

水上文化市集是方案中的设计亮点。设计引入一种新型市场单元模式，三层的空间形式来源于对传统连家船原型的解构，提取了金属框架、拱形棚顶的结构元素，以及上下分层的功能排布方式，形成顶层相互联结的水岸市场，中层连接河岸的个性化多功能单元和底层的临水走廊。

单体中的多功能单元可以实现居住（宿舍、民宿）、交易、交流、议事、生产（晾晒渔获、修补渔具）、休闲、学习等功能与“模块”结合，形成不同功能“单元”。整体水上文化市集可以形成不同长度的单元，单元间又可以自由沿岸线排布，根据实际需求“生长”或“收缩”。每一个单体可以拆解、组合、灵活调整，组合出千变万化的空间形式，形成室内外、半室外、屋顶平台等多样的空间，给使用者丰富的体验，也可以随着时间推移自主调整。同时，统一的模块，又能保持较好的“秩序性”。

建筑单体采用了钢结构做法，优点是自重轻，弹性结构对平衡水平荷载有利，对外部环境的适应性强。灵活的连接方式和简易的节点设计，使得船民参与建造和未来进行灵活的调整变得可行。

对于水位变化，方案也做了应对设想。整个单元由底端的三排浮子提供浮力漂浮于水面，与河岸用可伸缩的步道铰接联系以适应内河不断变化的水位和河岸的高度关系。浮子是渔排上常用的水上承担负载的浮具，一般采用吹塑的方形或圆柱形的浮筒、聚苯乙烯泡沫塑料或玻璃钢材质。通过浮子，水上加建的构筑物可以随水位变化浮动而不受水位影响。

作品解读

Q1 船底人在生活方式上有什么独特之处？在空间上是如何体现的？

A 船底人在风俗信仰和生活方式上都有很强的独特性。他们信仰由闽南多种民间信仰组成的道教，并把供奉神明作为出江出海捕鱼的第一要务。渔民供奉的神像五花八门，有九天玄女、土地公、关圣帝君、王爷公等。“送王船”是船底人参与度最高、最为隆重的全民性祭祀活动，每两年举行一次。船底人会耗费多时打造的精美“王船”，满载着金银财宝和绫罗绸缎等，被“送”入海中，付之一炬，让“王船”带走一切灾难和不详，为当地人民纳福。

郭梦迪

水上人家，一艘船就是一座庙。船舱虽然狭窄但渔民们都要在住舱里辟出一个角落架设“尪公架”。每月农历初一、十五等日子在水上作业，必要在船头摆几碗饭菜，供奉各方神灵。除了风俗信仰之外，船底人的日常生产生活也是这个族群的独特之处。船底人以捕鱼为生，并以捕鱼船为生产工具，主要生产特征体现为合作特征。具体而言，船底人常见的捕鱼方式有手抛网捕鱼、有饵钓捕鱼、无饵钓捕鱼等，分别对应平头捕网船、尖头捕网船和公母虎网船。在生活方面，船底人以船只为主要的生活空间，配合陆地上其他的辅助空间。船底人生活的船只被称作连家船，而连家船主要分为两种类型：住家船和捕鱼船。所以船底人的生活空间特征以船只作为载体，具有组团、聚集、流动和单元性的主要特征。

Q2 整个方案设计的过程中有什么心得可以分享？

A 我从接到题目，到实地调研，再到方案设计的整个过程中，都能体会到非常浓厚的人文主义关怀。也正是这一种对于民众的真切关怀和一种文化的真实关注，激发了我持之以恒不断在设计中注入能量的热情。我和同学在设计初期拜访了数十次渔业社区的居委会、庙堂、市场以及周边各种场所，从一开始的生疏到后来慢慢熟识，与社区党支部书记，甚至是社区内卫生室的阿婆都形成了相当密切的关系。通过这次设计经历，我发现只有在融合基地，亲身体验和理解的过程中，设计才能真正的做到为民而思，为民而做。文明是一个民族立足的根本，而建筑师肩负重任。我认为建筑的在地性和对当地文脉的映现是极其重要的，这也是以后我想要继续探寻的方向。

作品展示 VCR 部分场景

扫码观看完整 VCR

评委点评

韩冬青

- 江苏省设计大师
- 东南大学建筑学院教授
- 东南大学建筑设计研究院有限公司院长、首席总建筑师

基于福建九龙江沿海一带船民生活环境的考察，设计者以船底人文化的传承为切入点，提出了较为系统的环境建构策略，形成了具有本土文化特色的环境设施与品质提升的具体手段。作品呈现形式成功地体现创作内涵，富有感染力。可考虑进一步加强所涉及的相关建造技术的研究，并予以充分表达，使设计的操作性更具说服力。

关怀：积木 + 群租房

设计团队　梁爽 / 李元慧

设计机构　江南大学

奖　　项　紫金奖 · 银奖

　　　　　优秀作品奖 · 一等奖

创作回顾

设计缘起

随着互联网经济的发展，浙江杭州成为国内近十年来流动人口增幅最大的城市。在杭州上城区实习期间，我们所住出租屋地块曾存在一处特大群租房，占地约 2000 平方米的仓库被隔成 160 间，租客超过 300 人。违规改建的狭小空间，带来了各方面隐患，房屋整体质量堪忧，租客的生活环境十分恶劣。被曝光后，相关部门立刻对其进行了整改，但在近期实地调研中，我们发现群租房问题并没有得到实质的解决。

设计思路

该地区的流动人口需要更高的居住空间利用率和更安全健康的生活空间。我们在积木中获得灵感，将传统装修与玩具积木相结合创造了一种概念性室内装配模式。首先将各类积木块转化为基础构件，再根据现有的常用装修工艺拼搭而成，包括由长条模块与矿棉板组合成的天花板，由方砖与木板模块拼搭成的墙体，地台模块与防滑砖组合成的地板，齿轮与传动轴模块拼接成的平开门与平移窗等常用的室内节点。设计将这些节点进行组合后，可形成 6 平方米的居住模块。

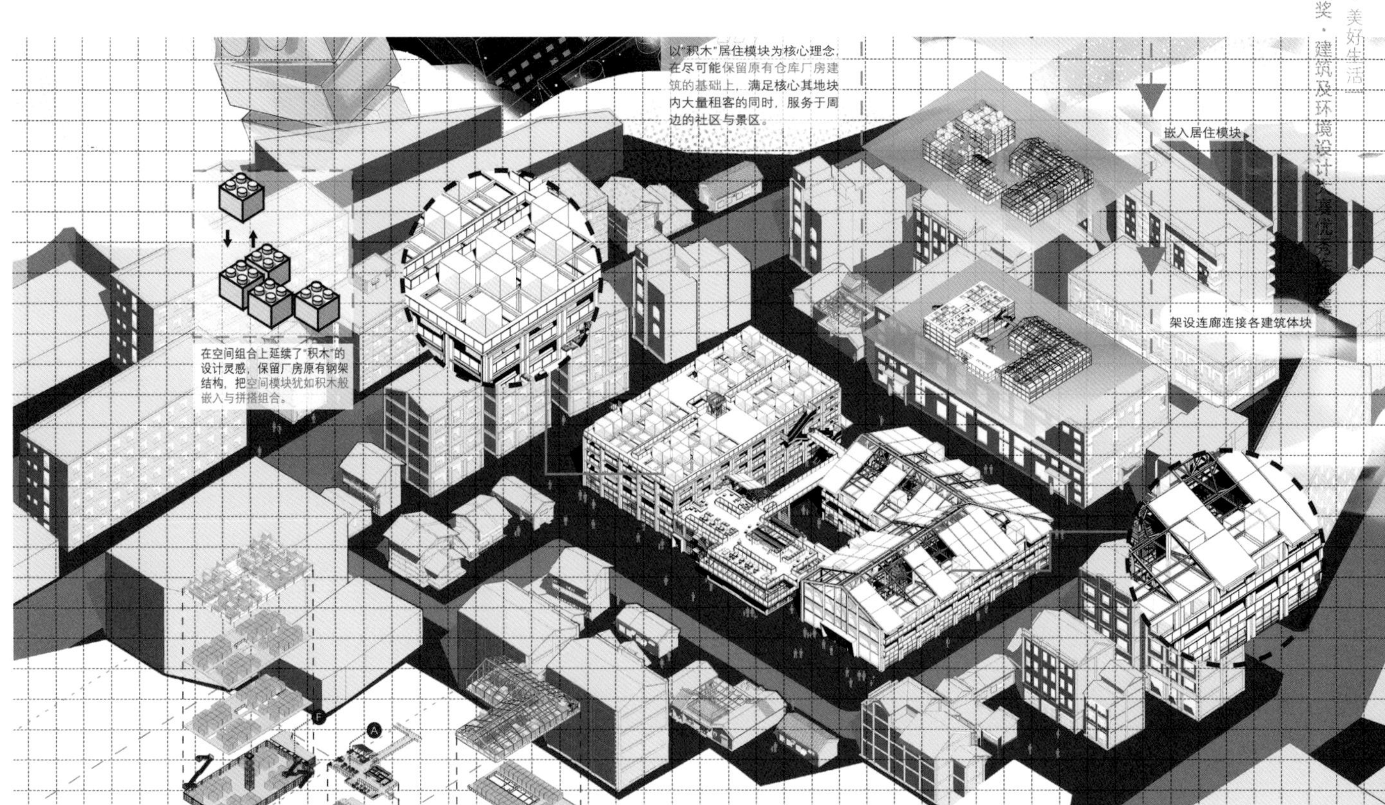

原有地块的炼铜厂建筑群分为三部分，方案把东西两侧的厂房进行整合，保留其现有钢架结构，嵌入积木居住单元，增设外部走廊联系起三个建筑，组成大型的流动人口居住中心。东西两侧厂房改建为居住区，积木单元自由组合形成各种户型，中心原仓库处改建为综合功能区。

方案亮点

本次方案设计旨在让概念性的积木装配模式走向现实，为流动人口提供更好的居住条件，并可应用到中小型商业空间中，为大家提供更环保与健康的生活空间。居住区中的建筑单元可根据租客需求拼合成不同户型，如单个居住模块的基础单人间、情侣双人间、三口家庭房、二胎家庭房、进阶单人间。由于该地块位于杭州火车站三公里生活圈内，人员组成较为复杂，中部功能区需满足除租客生活以外的多方需求，方案增设公共厨房与儿童托管室；楼顶为内部租客专用的阳光活动天台；底层空地为服务于馒头山老社区的绿化活动区；二层为联动景区的青年旅社；新建电动车安全停放棚并保留了部分原有的菜市场。

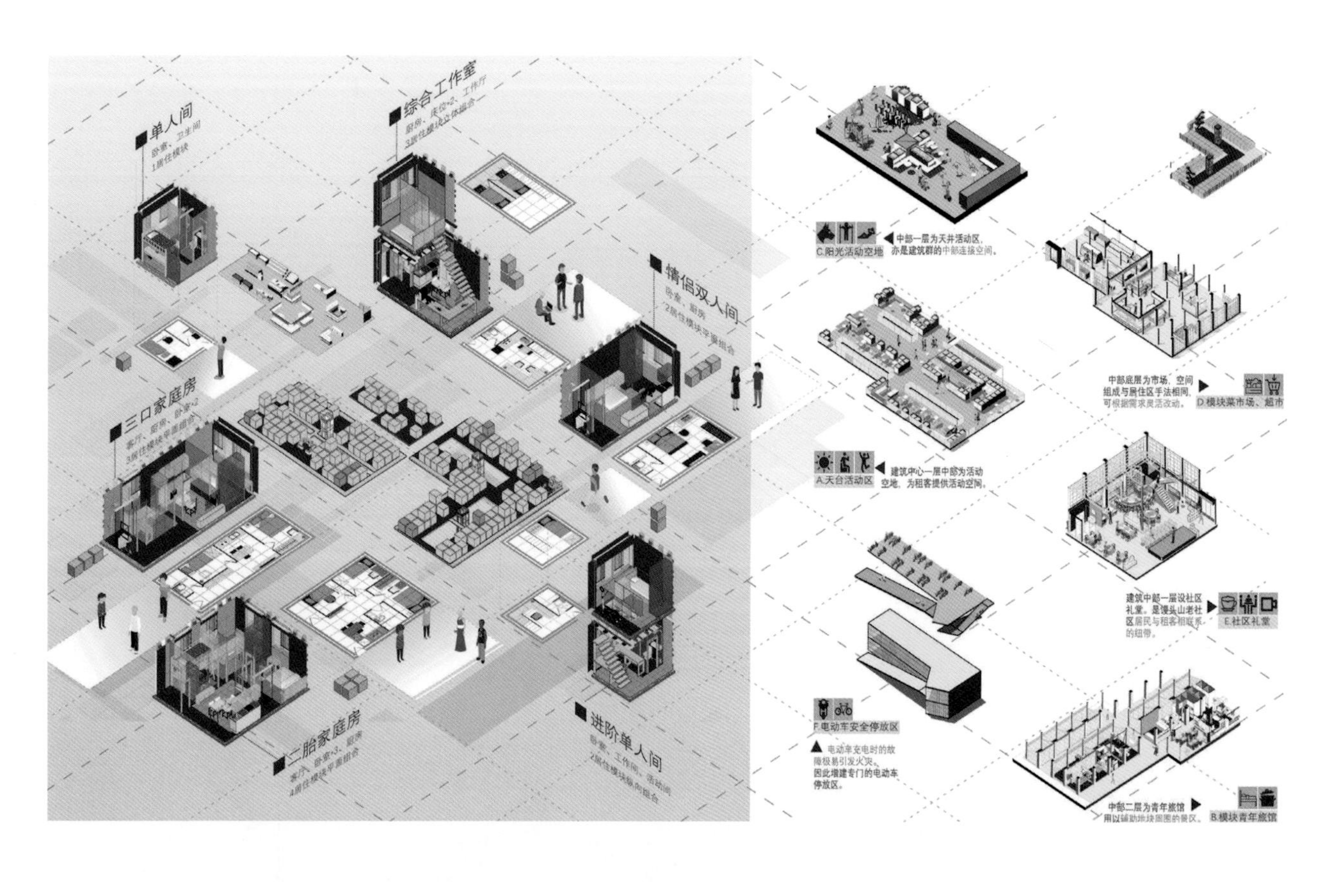

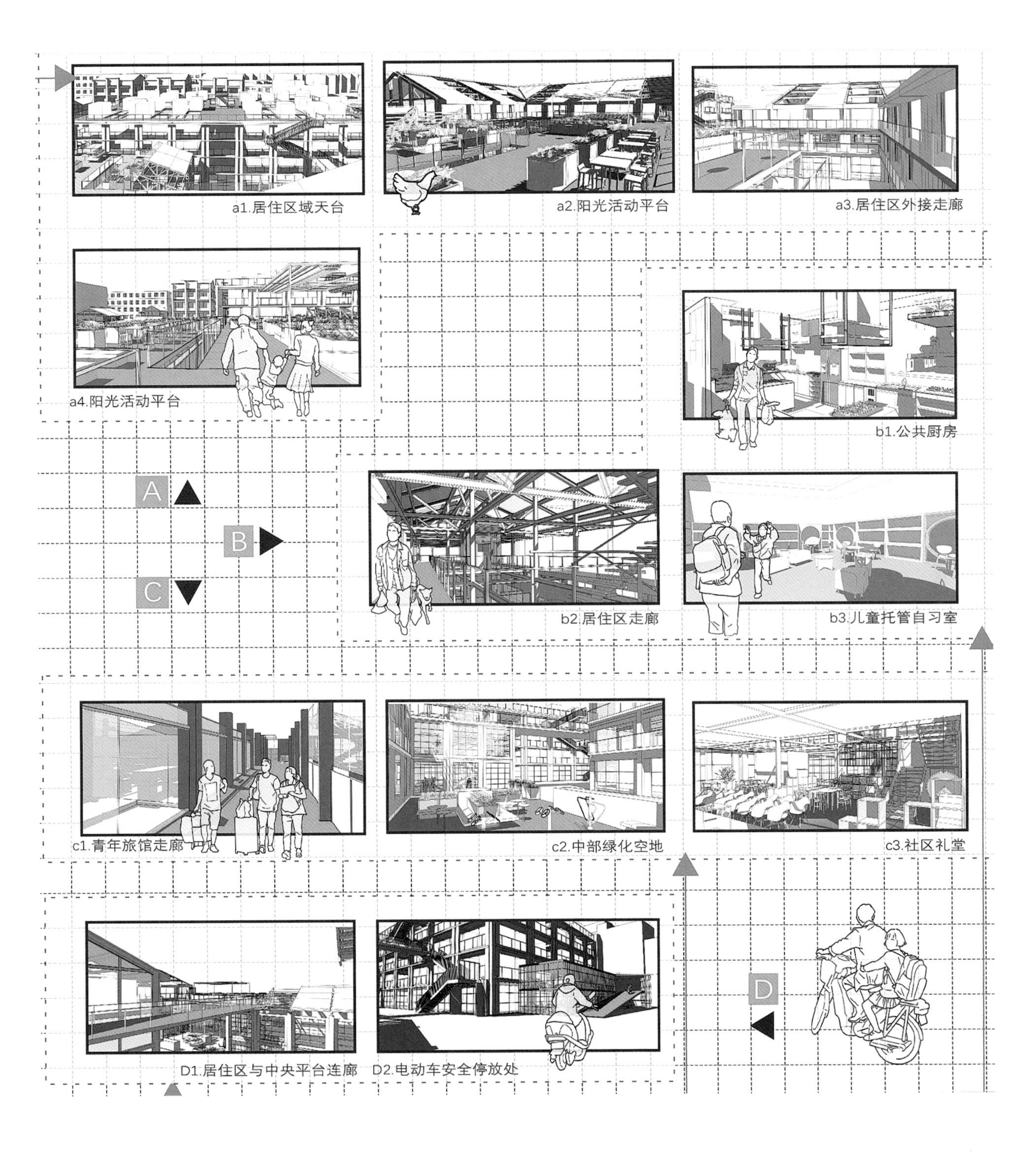
a1.居住区域天台
a2.阳光活动平台
a3.居住区外接走廊
a4.阳光活动平台
b1.公共厨房
A
B
C
b2.居住区走廊
b3.儿童托管自习室
c1.青年旅馆走廊
c2.中部绿化空地
c3.社区礼堂
D
D1.居住区与中央平台连廊
D2.电动车安全停放处

银奖
学生组

作品解读

Q1 作为仓库改造项目，是如何考虑和解决通风与采光问题的？

梁 爽

A 方案在保留原厂房钢架结构的基础上，对居住区隔层楼板的中部挖空，使得各层中部形成长条形的镂空空间，屋顶部分更换透明材质，以引入更多阳光。而积木装配所形成的居住单元能在四个立面上自由开窗，最大限度地保证室内空间的通风与采光。

Q2 方案设计中有哪些得意和遗憾之处？

A 这个方案结合了我们的专业和爱好，带着儿时的玩心思考，跳出旧有思维，是我们颇为自豪的点。同时我们就建筑长期利用做了尝试，居住模块可自由拼装为不同户型，为满足租客在不同阶段的需求提供了可能。遗憾之处是积木装配模式在现有技术下，很难达到成本与质量上的平衡，实现该工艺的大众化需要材料科技的进一步发展。

Q3 方案中对于“蚁族”这一群体的特别关注和关怀，具体体现在何处？又是如何通过“积木”这一方式表达的？

李元慧

A 由于我们是漂泊在外的学生，对流动人口的生活方式有所共鸣，方案中的人文关怀主要体现在两方面：首先是健康，不使用胶水的装配方式能最大限度地减少甲醛等有害物质的污染；其次是使租客的生活更加多元化，积木装配模式所具有的灵活性，并提高空间利用率，可提供多个功能区，从多方面给予租客关怀。

作品展示 VCR 部分场景

扫码观看完整 VCR

评委点评

马晓东

- 江苏省设计大师
- 东南大学建筑设计研究院有限公司总建筑师

针对居住建筑室内装修不可持续性、出租房装修污染严重、城市低收入人群租房供给不足等问题，设计者结合杭州炼铜厂旧仓库厂房改造，采用居住模块嵌入与拼接的方法，提出了“积木”居住模块的装修策略。作品构建了可适应不同租客需求的居住空间和大型蚁族生活中心，营造出丰富的居住社区空间形态，对体现人文关怀，提升低收入群体的人居环境品质具有重要意义。

落脚 · 墙尾巷戏

设计团队 蒋晓涵 / 吴伊曼
设计机构 苏州大学
奖　　项 紫金奖 · 银奖
优秀作品奖 · 一等奖

创作回顾

设计缘起

“紫金奖· 建筑及环境设计大赛”今年主题是“宜居家园· 美好生活”。对于在苏州生活了四年的我们来说，首先想到的是那片小桥流水、烟朦雨巷、诗和远方，但现实中，苏州老城区矛盾重重、缺失活力，我们想要通过新概念、新技术、新设计激活老城区活力，改善老城区生活质量。经过多次调研，我们发现地块的硬件问题、软件矛盾远超预期。于是，我们针对不同时间及空间的需求，加入街道可变装置，打造意念社区。

设计思路

本方案针对老城区居民人口构成中的外来人口、原住民、儿童之间的关系与矛盾，通过空间结构形态的设计，引导人们的社会活动，并增强人与空间的互动，改善空间的使用效益，促成积极的空间环境。

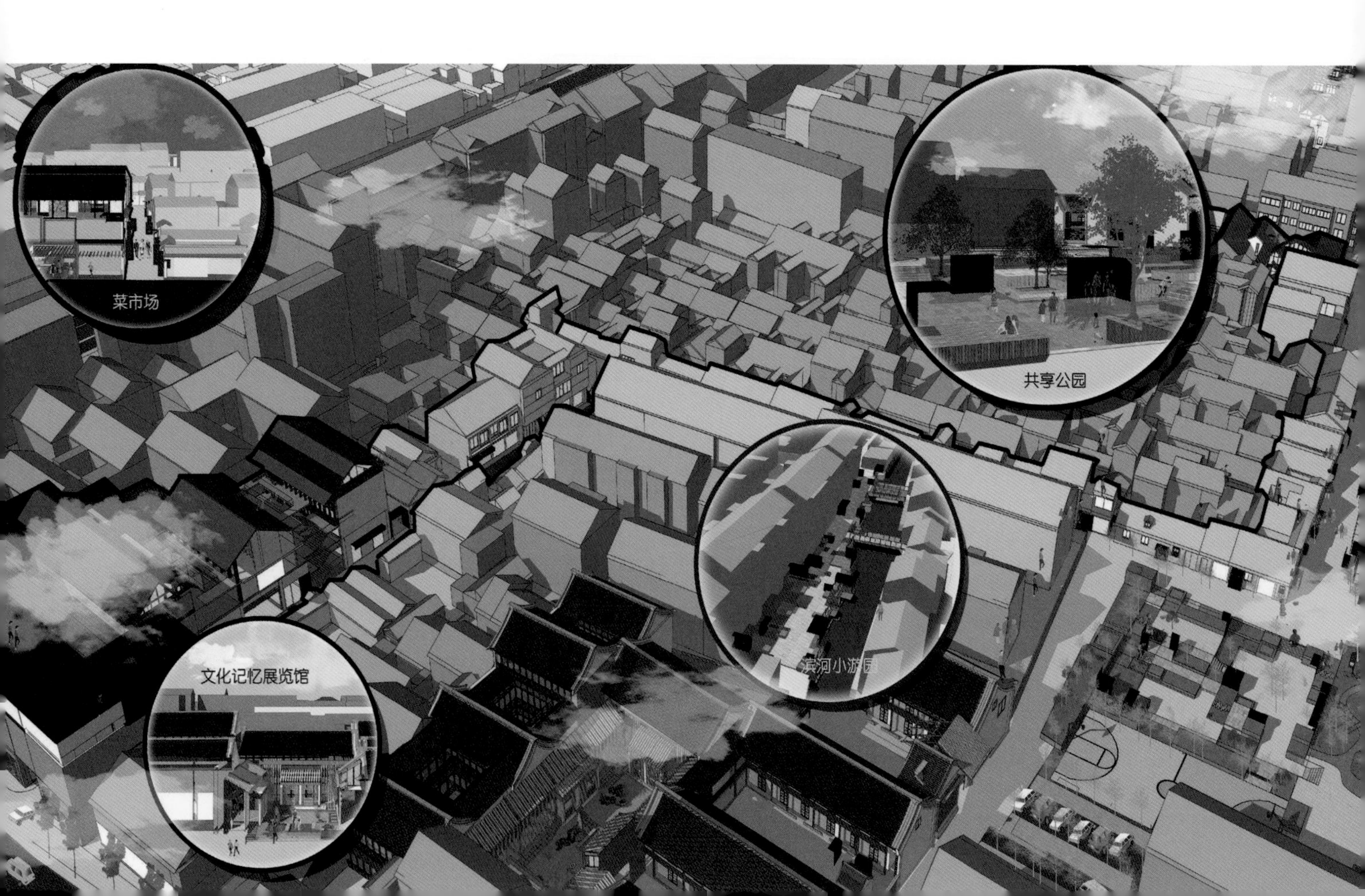

创作选址地块存在环境恶劣、人口老龄化严重、活力缺失、社会特征冲突等突出问题。经 SWOT 分析，提出更新策略：

第一步，止溃。调研发现，人们的生活环境大多老化破损，公共环境拥堵脏乱，于是设计通过保留部分单元楼、修缮传统民居建筑和控保建筑进行功能置换、小区植入绿地、菜市场更新改造、改建商业无序的空间、荒地植入公共空间、集中停车空间等，进行一系列环境改造，停止恶性循环。

第二步，塑造交往场所。由于传统的房屋墙体空间隔阂，我们破除墙体，营造交往空间，同时根据人流特征和需求，打造混龄中心、文化展览馆、记忆博物馆、复合菜市场、老年大学等公共场所，增设公共节点、打造口袋公园，打通主动脉的脉细血管。

第三步，激活场地，构建可变交通道路网络。早上六点、晚上八点利用环状结构构建街道可变装置，聚集人流；早上八点、下午四点利用树状结构构建街道可变装置，分散人流，街道可变装置利用“L”形模数，打造不同空间以适应不同需求，最后根据四个时间的特征，可变装置可自动调整以适应空间要求。

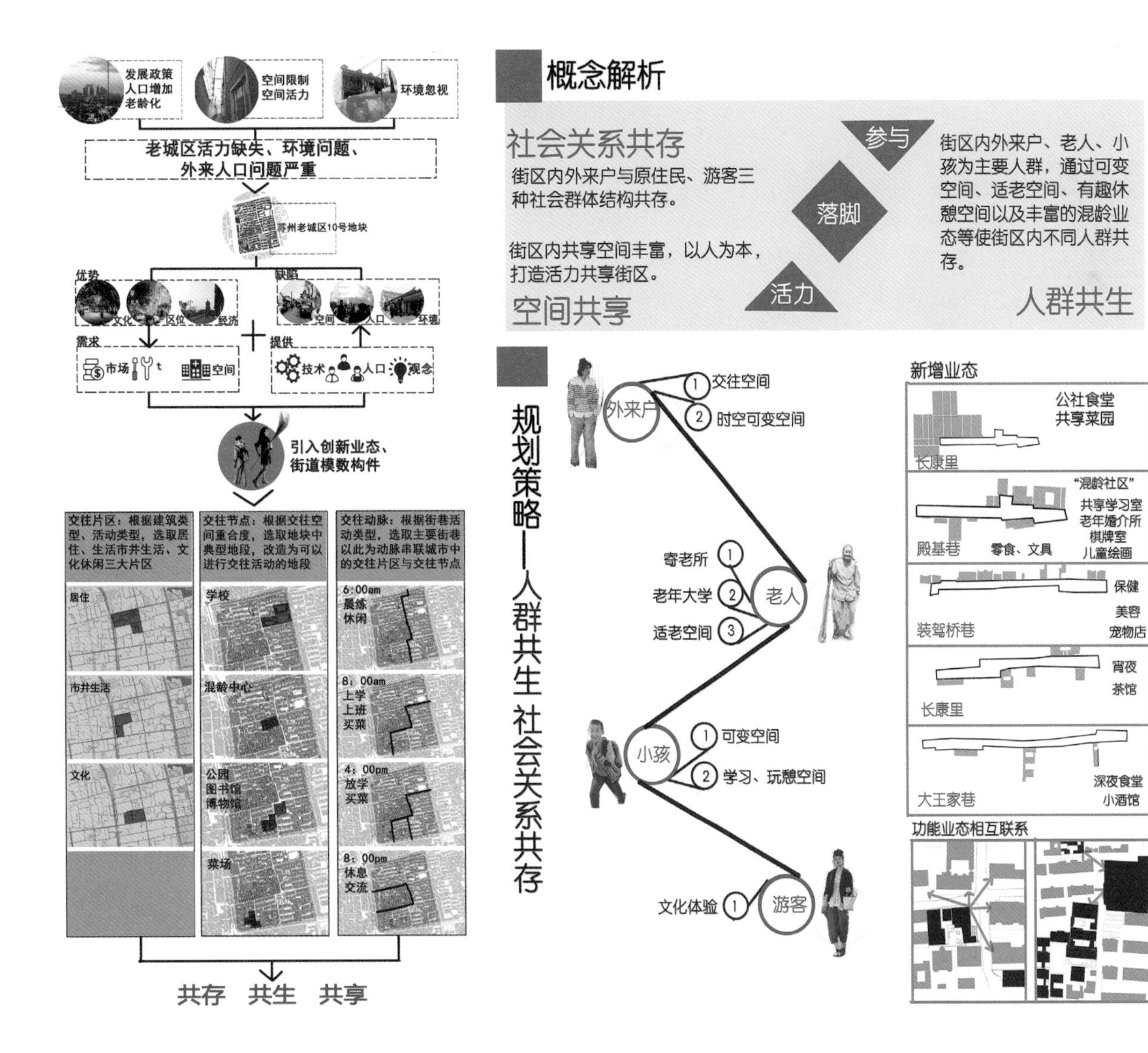

方案亮点

时空可变的街道设计是本次方案设计的亮点。通过多次实际调研，观察不同时间及空间中居民的需求，设计可变街道，从实际出发打造宜居家园。通过社区网络及空间特征的重构，在承载居民生活诉求的基础上，引导并激发居民相应的社会行为及自发行为，将街区本身变为一个可参与式的活体博物馆，达到可持续开发利用的目的，从而带动此类地区的空间活力，给予老年人更多接触城市的机会。

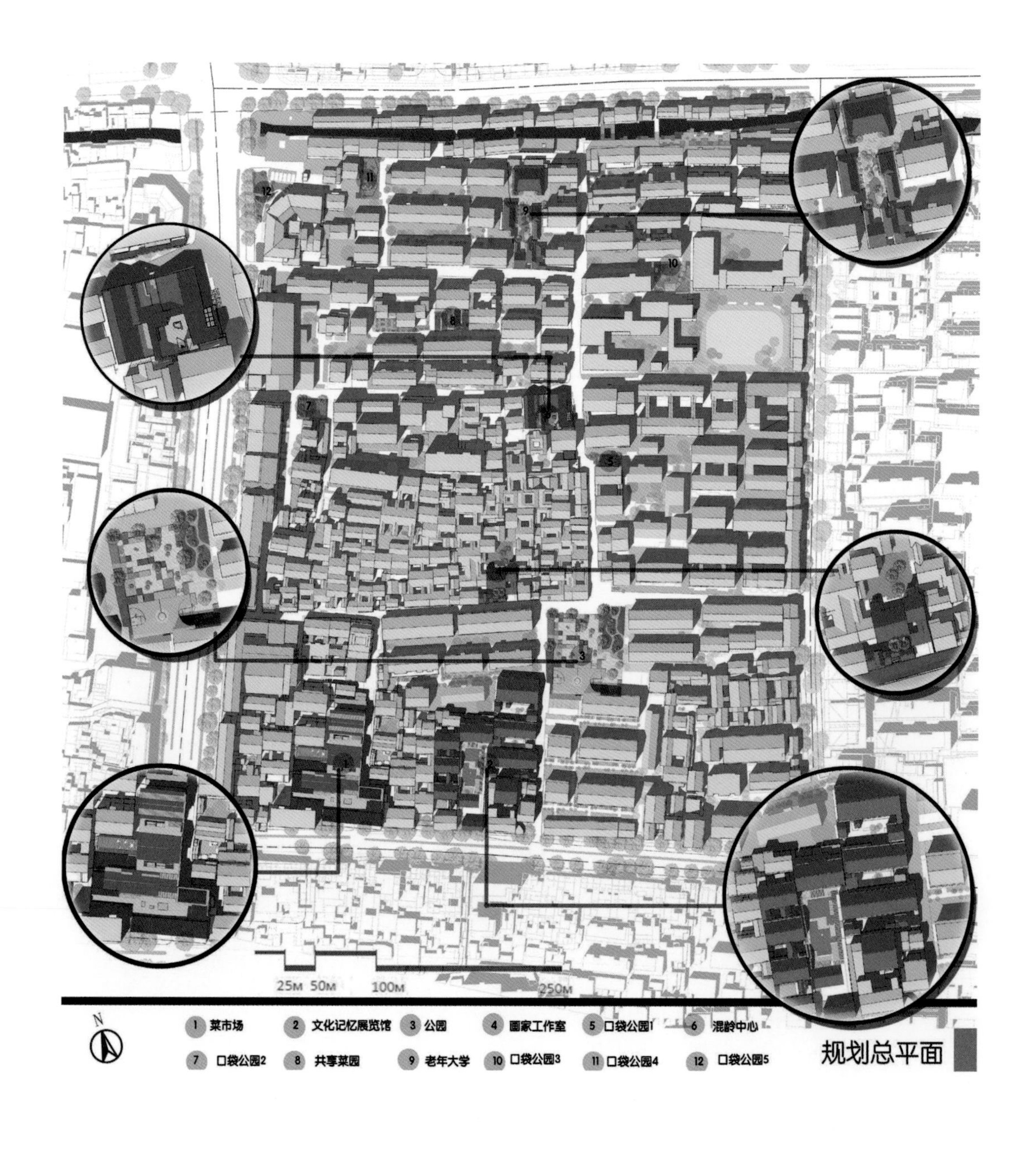

规划总平面

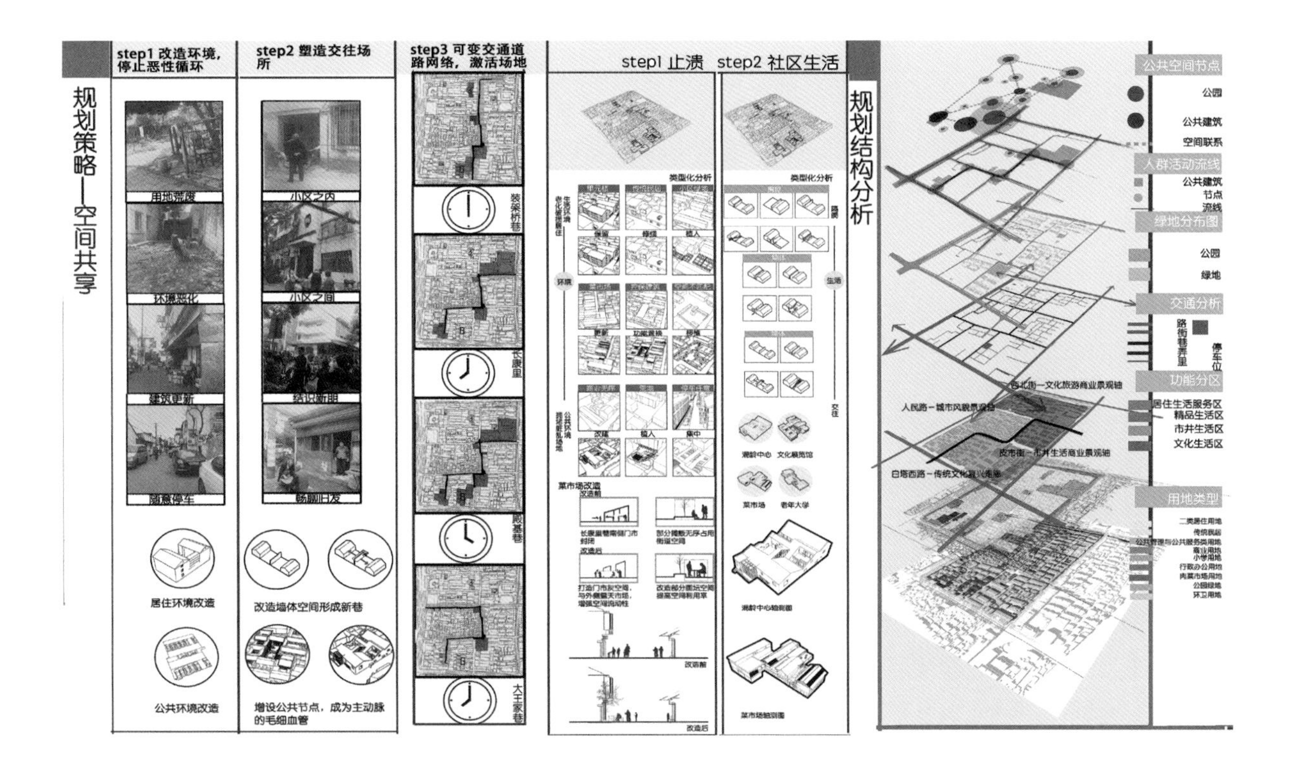

作品解读

Q1 方案通过空间多变的街巷方式实现对城市活力提升中“不确定性”的预期思考。在街巷的时空复合利用中，方案针对不同人群的诉求是如何考虑时间上的错位和使用意向的交集？

A 根据我们的调研观察，不同时间的人群结构和活动都是不一样的，早上六点老人晨练，晚上八点下班回流都需要休憩空间，此时我们利用环状结构聚集人流，增加人群间的交流。早上八点上班上学，下午四点放学人流拥堵，这时我们利用树状结构可以分散人流，缓解交通压力，根据每个时间的特征，装置会自动变化以满足大多数人的空间需求。考虑到特定人群可能会有时间上的错位和使用意向上的不同，街坊管理人员与市民一同管理构件，比如零食店利用窗口构件展示自己的商品，这时他们有自行调节构件的权利，使构件更加高效地发挥作用。

吴伊曼

Q2 设计可变街道，将街区本身变为一个可参与式的“活体博物馆”是你们的设计亮点。为什么说这是“活体博物馆”？

A “活体博物馆”不是对现实物质的展示，而是学校门口的早餐摊，是大家记忆中的裁缝店、磨剪子店、10 块钱一个人的理发等能唤起人们记忆深处共鸣的居民自发行为和社会行为。方案通过空间特征的重构，利用可变构件承载这些行为活动，引导空间规划和社会秩序，将街区本身变为一个活体博物馆。保存市井记忆，激活街坊文化，甚至作为一种文化输出，为老城区的更新寻找新的出路。

Q3 方案中的节点改造是怎样营造公共空间的？

蒋晓涵

A 方案对宝善堂顾宅进行修缮，改造庭院空间，将其作为老年大学，为老人学习、娱乐和生活提供场所，为社区老龄化提供保障；选取年龄交叉最为丰富频繁的大王家巷与殿基巷交叉点，作为混龄中心，提供英语学习角、绘画、棋牌、老年婚介等功能，加强不同人群、不同年龄的交流；将原有公园进行拓展，增加娱乐设施，用高度不一的花台座椅、活动平台以及街道可变设施分隔不同空间；将历史建筑功能置换，打造记忆博物馆加复合图书馆，记忆博物馆唤醒街坊记忆，外部空间设置街道可变设施形成微展览空间，共同构成社区的时间银行；对原有朝阳菜市场一楼进行整治，二楼和三楼功能置换为微办公、酒店和社区食堂，将荒废屋顶平台加以利用，作为酒店花园屋顶微菜园和露天餐厅。

Q4 整个方案设计的过程中有什么心得可以分享？

A 什么是旧城改造？是一种对过去的纪念与传承？还是一种对新生活的想象与憧憬？除了保护历史，活化园区，如何让场地能长久地传承，在环境及精神上永续，是另一项很重要的工作。基于这样的考虑，在概念阶段我们提出了很多可能性，最终确定了可参与式的活体博物馆的概念，即建筑的两种社会性功能：一是作为我们居住和活动的空间结构，以此来构成日常生活中的社会组织；二是以人们可见的物质形态结构或元素来重现社会组织。这是对社会组织的充分利用，同时也是一种社会文化的展出，从而让旧城实现可持续的传承。经过多次调研，我们发现地块存在三种主要人群，他们的活动存在一定差异性，在调研中观察到很多打动我们的地方，看到了不同人群之间微妙而又有趣的关系。这触发了我们为不同的人群考虑，为老人、小孩、外来户打造属于他们的公共空间，从而实现我们的概念。

扫码观看完整 VCR

评委点评

张雷

- 江苏省设计大师
- 南京大学建筑与城市规划学院教授
- 张雷联合建筑事务所创始人

作品针对老城区社区活力缺失、生活环境质量下降等问题，根据现状不同时段的人群活力分布情况，提出了社会关系共存、人群共生、空间共享的弹性共享街区设计理念，并通过引入创新业态，增加街道可变空间模块，对片区不同现状条件的街道空间进行了有针对性的改造更新，期望达到激发社区活力的目的。

舟车不劳顿
——装配式服务区构想

设计团队　郭斯琦

设计机构　苏州大学

奖　　项　紫金奖 · 银奖

　　　　　优秀作品奖 · 一等奖

创作回顾

设计缘起

近年来，中国正处于高速发展的阶段，发达的道路系统联系了全国各地，跨海大桥的出现完善了道路系统，创下了一个个世界纪录。随着桥梁长度的进一步增加，疲劳驾驶的问题逐渐突显。陆地上的服务区能满足人们的休息需求，越来越长的海上大桥却缺乏停车休憩空间。于是，我将目光转向出行过程中的必经站点——服务区，希望通过在海上配置服务区提高行驶过程中的安全系数。

1. 环境差
在短时间内客流量较大，工作人员清洁不及时导致环境质量的下降。

2. 场地不足
建设时未考虑到未来需求的增长，没有预留可以扩张的余地，造成面积紧张。

3. 物价高
难以靠基础的服务进行盈利，依赖贩售的商品导致物价过高，消费体验差。

设计思路

“旅行不止起点与终点，更重要的，是在路上的过程。”服务区，除了给车辆加油、提供餐饮之外，还能做些什么？我们怀揣着“让人们的生活更美好”这一朴素的概念去探索一种新型服务区模式。项目定区位于海上，利用海洋这一天然独特的地理条件，依附于道路系统中的现有桥梁，将陆上交通和海洋交通相结合，让服务区成为一个综合性交通枢纽，将其转化为服务区的旅游资源。

方案在服务区中，配置住宿、滨海娱乐场等多种功能，希望探索一种新型服务区模式，结合海上经济的发展与可持续经营的理念，为服务区未来扩张提供可能，进一步保证服务区经济良性发展，使其服务功能得到最充分的体现，以模数化为基本手段，结合使用者需求，利用海上便利的交通运输条件，达到搭建便利、以人为本的目的，为行车途中的人们创设更好的体验，营造更温馨的服务区公共空间。

方案亮点

海上服务区作为综合性服务枢纽，从现代出行人群的需求出发，大胆地对未来的服务区进行展望。结合装配式建筑的理念，将每个部分分解为小的模块，通过批量生产降低生产成本，简化生产流程，降低海上建设对环境的影响。通过不同“部件”的组合产生不同的功能空间，允许每个服务区根据自己的需求来重新组合，创造可应对未来变化发展的服务区建造模式，让人们在路上的时光更加美好。

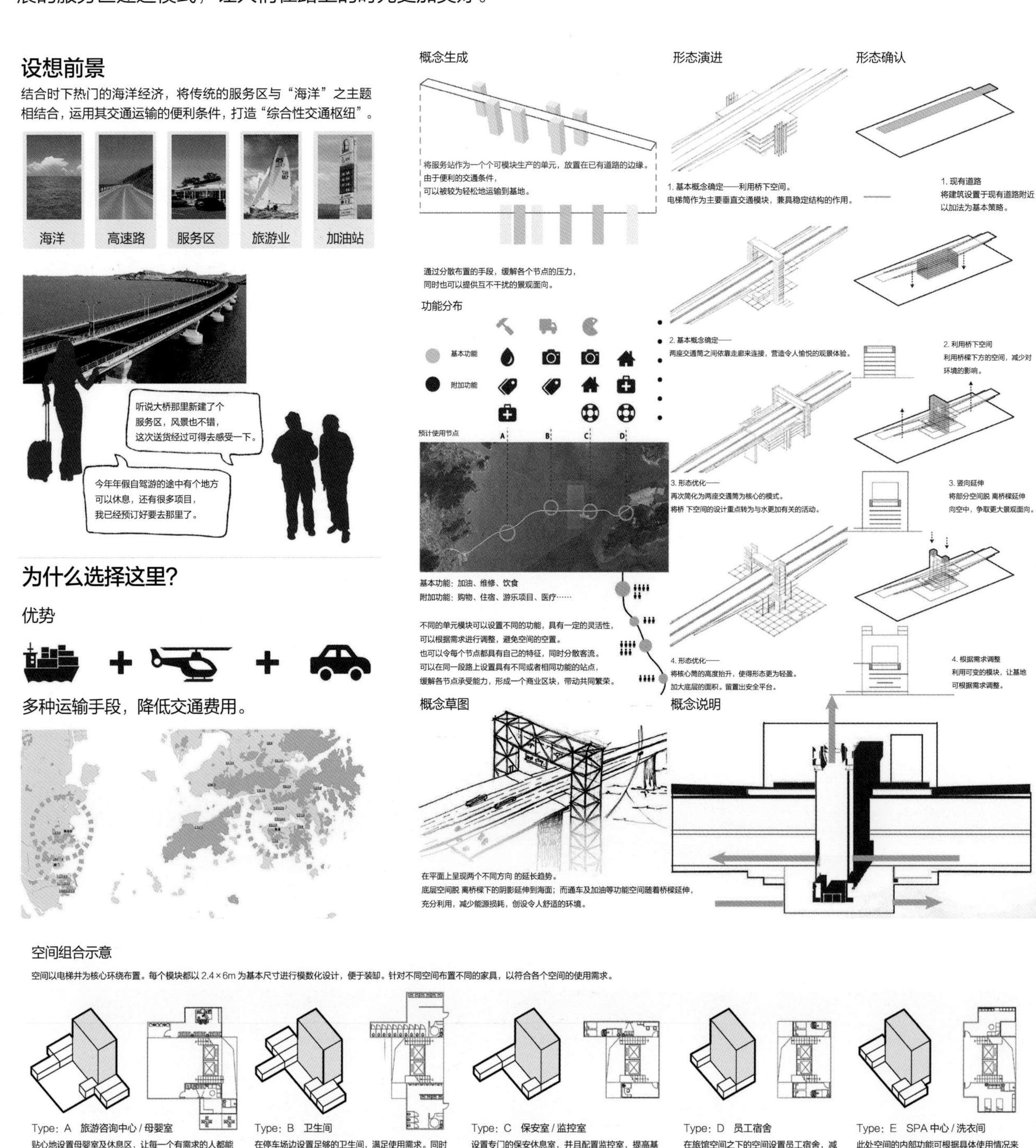

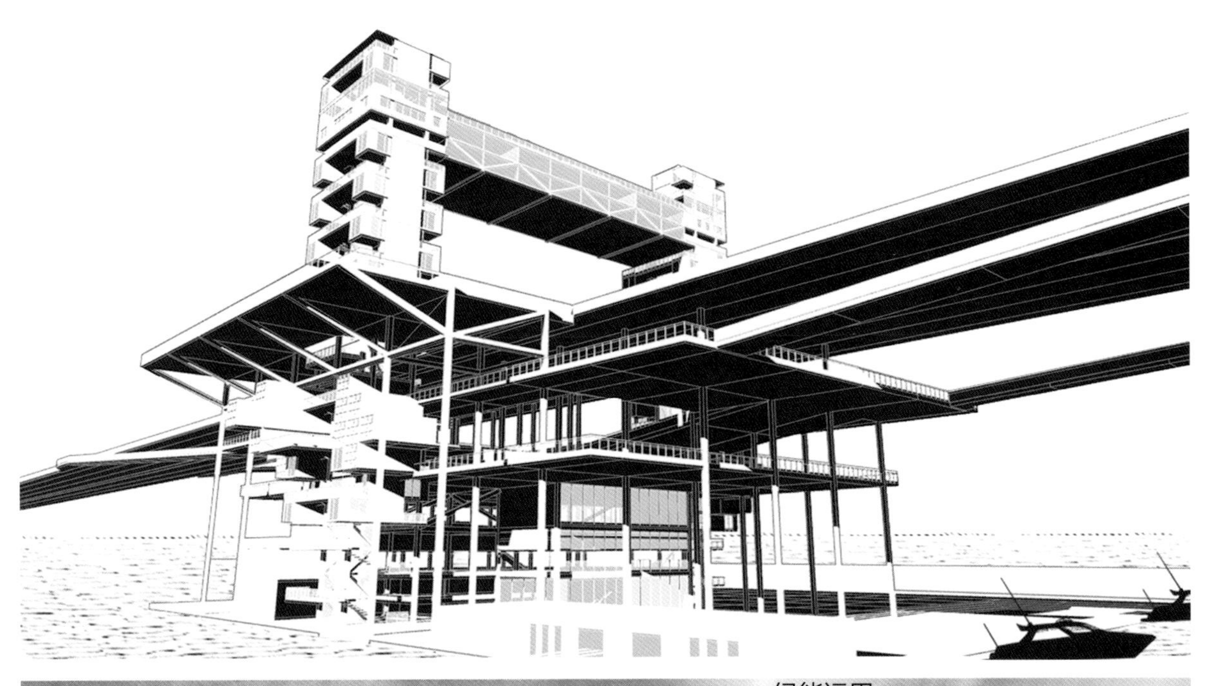

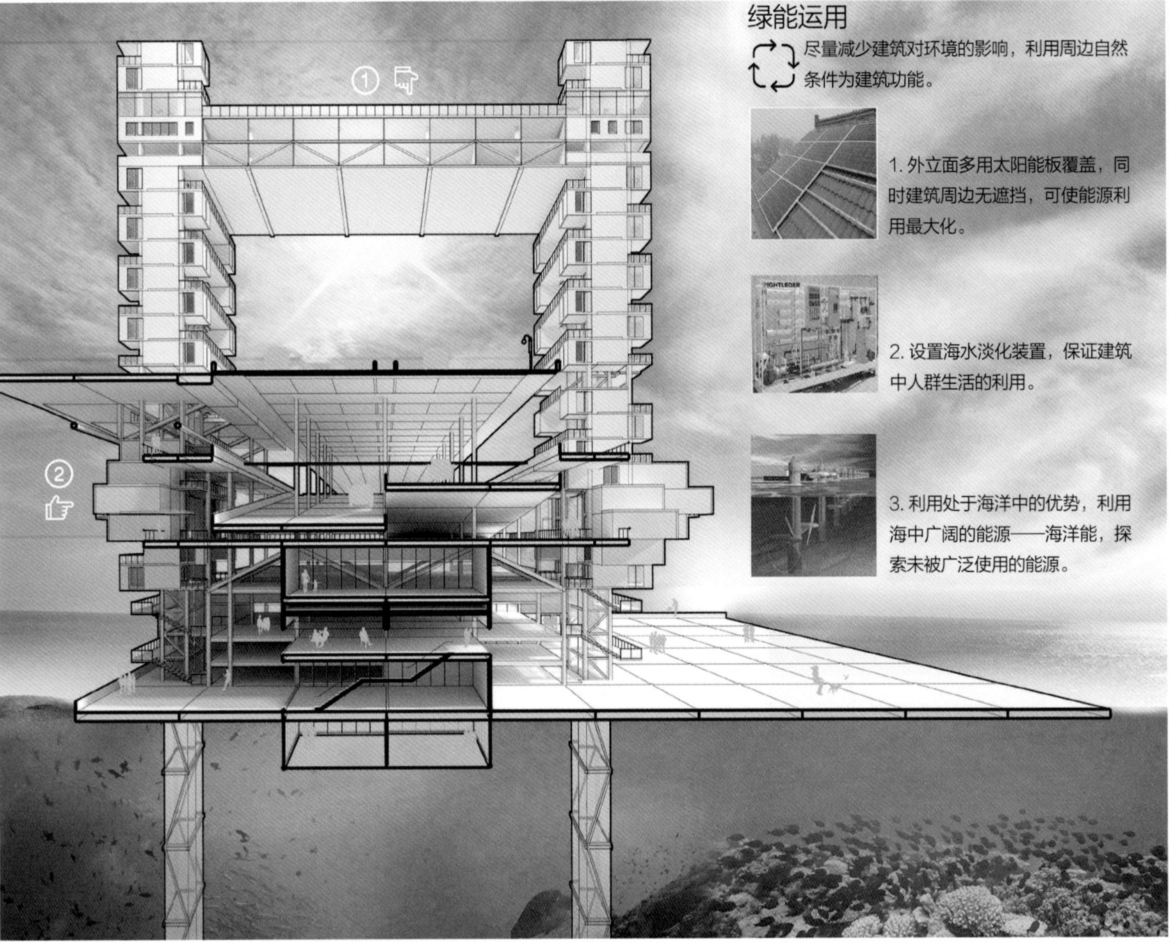
绿能运用
尽量减少建筑对环境的影响，利用周边自然条件为建筑功能。
1. 外立面多用太阳能板覆盖，同时建筑周边无遮挡，可使能源利用最大化。
2. 设置海水淡化装置，保证建筑中人群生活的利用。
3. 利用处于海洋中的优势，利用海中广阔的能源——海洋能，探索未被广泛使用的能源。
①
②

最高点
64,900
62,400
宾馆大堂层
52,800
道路
28,600
首层停车场
21,600
负一层停车场
13,900
底层
±0,000

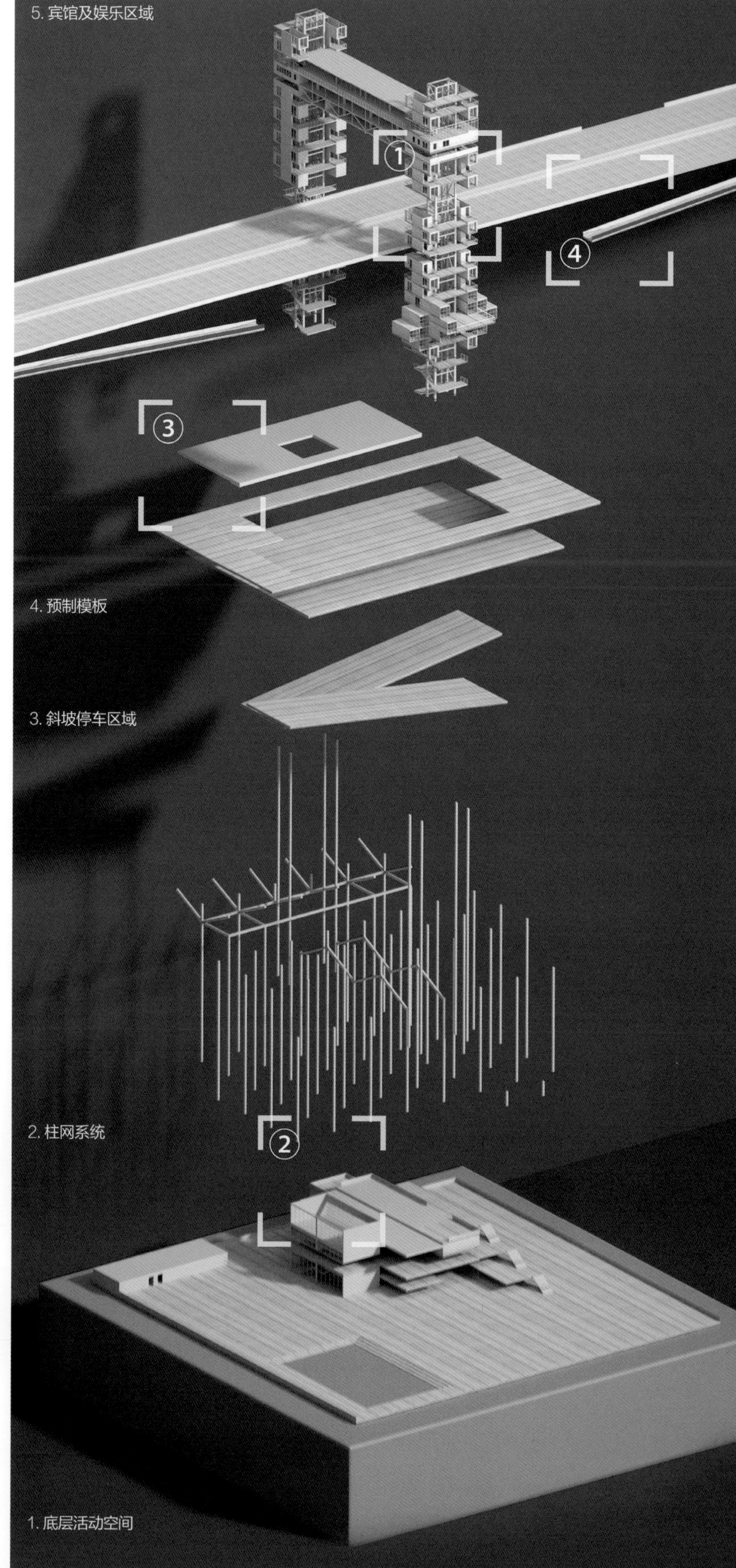
5. 宾馆及娱乐区域
4. 预制模板
3. 斜坡停车区域
2. 柱网系统
1. 底层活动空间
①
②
③
④

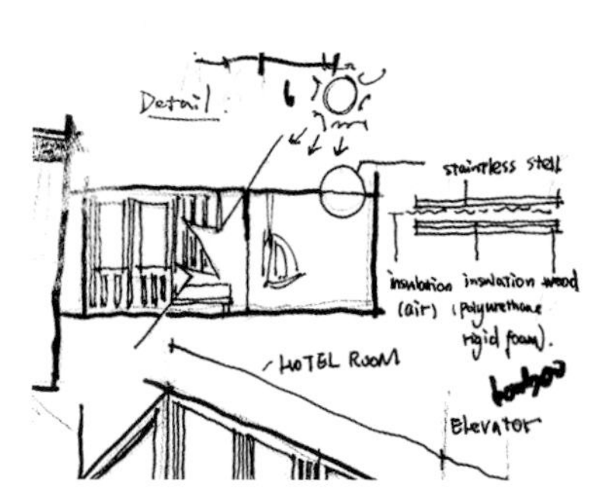
Detail
stainless steel
insulation
(air)
insulation wood
(polyurethane
rigid foam).
HOTEL ROOM
Elevator

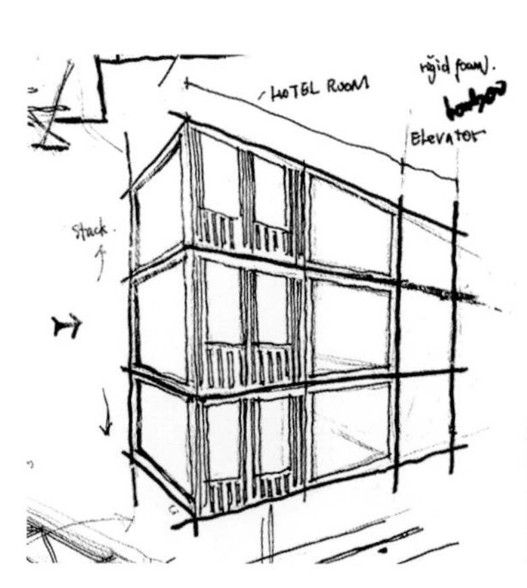
HOTEL ROOM
rigid foam).
Elevator
Stack

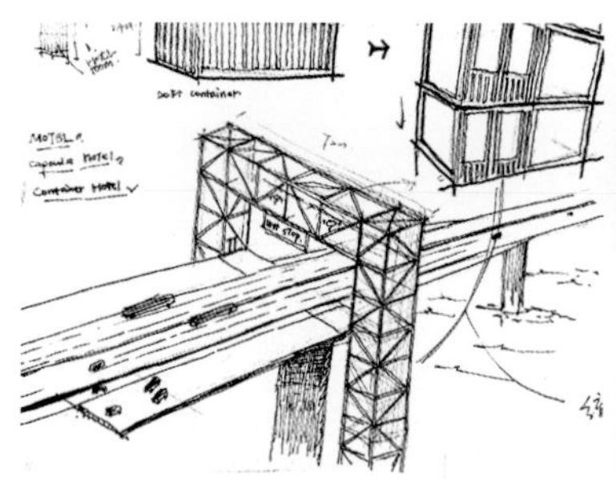

作品解读

Q1 针对服务区常见的人流拥挤问题，设计方案是如何解决的？

郭斯琦

A 这个问题的解决不是一蹴而就的。首先，需要经过一定时间的经营，探索人流规律，结合装配式建筑，对服务区所能提供的服务进行调整。在人流较多的地方，设置更多站点，提供更大的容量。其次，从集合和分散两个维度来解决问题。集合——结合立体停车的体系，节约停车的空间和时间；分散——通过建筑主体的多点分布，分散各个节点压力，结合电子标识系统，让司机进入服务区之前就能知道车位剩余量，提前做好准备，避免过度拥挤。

Q2 方案设计是如何体现环保理念的？

A “十三五”规划强调了对可持续发展的重视，海上服务区也将践行这一理念。随着技术的进步，许多污水处理设施、海水淡化设施可预先生产，再运输到项目所在地。海上服务区也将采用这些设施，尽可能减少对环境的影响。方案采取模数化设计的方法不仅能够节省时间和成本，在可持续性发展方面也具有一定的应用价值。设计将每个部分分解为小的模块。针对旅馆部分，选用 20 尺的标准集装箱作为基本单元，通过批量生产降低生产成本。其他的模块也类似，都分解为尺寸固定的基本单元，所有组件都将在工厂中完成生产，并通过多种运输方式送到服务区所处位置，再进行后续组装，从而将建筑对环境的污染降至最低。同时，利用太阳能、风能、潮汐能等多种清洁能源为建筑供能，体现建筑对于环境的关怀。结合污水处理、海水淡化等的设施，把整个服务区打造成一个新能源、新技术运用的展示区，让人们了解可持续发展的意义，唤起公众的环境保护意识。

Q3 作为海上高速公路服务区，方案是怎样解决停车问题的？

A 方案利用斜坡停车系统，一边停车，一边行车，串联起两层停车体系，兼具交通与停车的功能。在车流较大的区域，结合立体停车系统，增加服务区车辆的容量，进一步解决停车难的问题。

Q4 服务区的桥下和桥上空间功能是如何配置的？

A 桥下空间在提供荫蔽的同时，长期处于桥的阴影下，一定程度影响了空间体验。所以桥下空间的利用重点在于停车、加油，以及人们的亲水活动方面。设计将桥上空间设置为住宿、用餐和观景，利用其无遮挡的视野，为在此处休憩的人们提供更好的体验，充分发挥桥上空间的景观价值，让人们可以全方位拥有海上风景。

作品展示 VCR 部分场景

扫码观看完整 VCR

评委点评

冷红

· 哈尔滨工业大学建筑学院教授

设计者对我国高速公路及跨海桥梁的服务区现状进行了研究分析，充分利用海洋资源特点进行大胆创新，提出了装配式服务区设计概念，并从方案产生、演变及功能等方面进行深入解析。同时，设计作品考虑了服务区模块的组装、运输以及材料选用等生产与运输环节，体现出方案的可行性。作品概念新颖，构思突破常规，具有一定的可行性，可对未来跨海桥梁等建设提供有益的借鉴。

巷世界
——书院门巷景观更新设计

设计团队 沈悦 / 周姝伶 / 肖骊娟 / 张园茜

设计机构 西安美术学院

奖　　项 紫金奖 · 铜奖

优秀作品奖 · 一等奖

创作回顾

设计缘起

街巷是重要的城市公共空间，它们不仅担负着城市的交通功能，还是日常生活、经济行为的重要载体。在中国城市建设早期，街巷是邻里或社区的基本单位。“街”“巷”如同是这座城市里大大小小的树枝，既是一体的，又是不断新生的。街巷演绎着城市的过去与现在，它们各有故事，各有特色，反映着城市的经济、文化和人民生活方式。

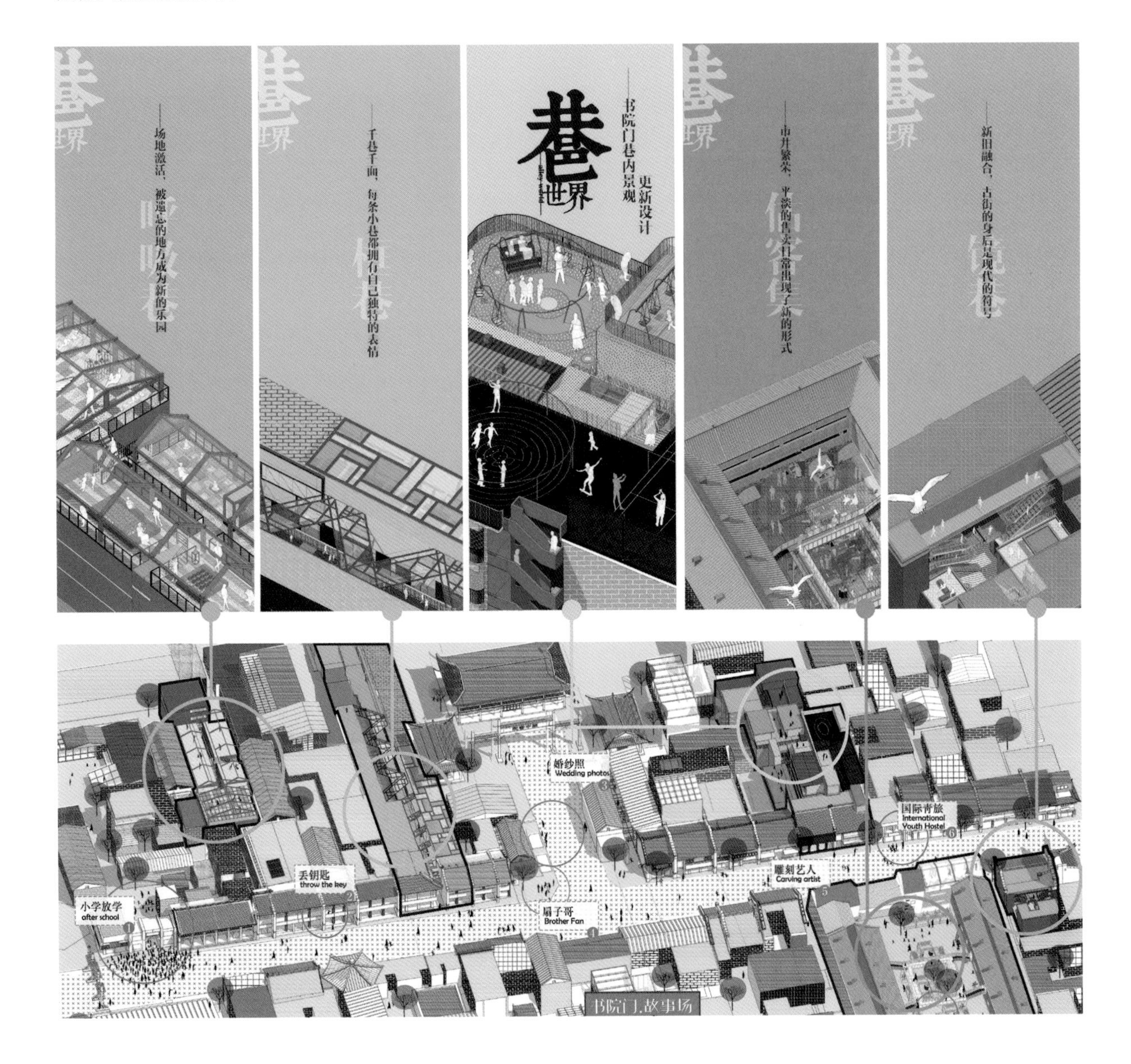

创作选址

西安市书院门街是富有古城文化气息和关中民居风格的商业文化街，有十余条小巷，呈树状分布。近年来，产生了大量不规范自建民居和扩建问题，侵占了公共空间，街巷界面、空间景观杂乱。设计方案以书院门为例，探寻繁华市区中文化老巷的可行更新策略。

设计思路

如今，大规模的城市更新给经济社会文化各方面带来改变，并不适用于很多场地，所以微更新是未来的趋势。《东京制造》一书中，曾提到"滥建筑"这一概念:"这些几乎叫不出名字的建筑并不美观，它们在建筑文化中从未被评价，从这个角度来看它们的确应该是被否定的对象。但是如果你想透过建筑物来观察东京，它们比任何建筑家的作品都好。"我们通过"自下而上"的实地设计，从"小巷子"这个容易忽视的点入手，从居民需求入手，在保留主街道人文气息的同时，做巷子内的微设计。用更贴近生活、低成本的方法把很多微小的空间连成线，线构成面，系统地改造场地，提升居民幸福感。方案从主街道以外的巷内环境问题出发，将场地分为三个层级。以如何改善空间布局、提高公共空间利用率与结合书院门特殊的文化背景等为切入点，深入满足人的心理需求，以人、文化、场所三者之间的关系为核心，将书院门的巷内空间按功能分类，针对不同的巷内大小与类型，总结符合其特性的巷道空间营造策略。通过缓解场地居民对长时间居住于高密度空间的压抑感来实现"以人为本"的人性化景观设计，使这些小巷寻回温馨和谐的市井景象与多元活力的生活氛围。

方案亮点

项目地处书院门，历史文化氛围浓厚，更新方案尊重场地原有街巷肌理，基本延续了场地原有的空间布局，大程度上保有原住民长期以来形成的习惯。在调研中我们发现，这条街巷空间极度有限，却容纳了众多商户与租户的起居生活，居民们为了明确划分各自的空间，在分界处安装上铁栅栏并设计了各式各样的楼梯来满足日常需求，像迷宫一样有趣。所以我们把更新改造的重点也放在了楼梯和屋顶上。方案以公共空间屋顶和楼梯作为设计的切入点，结合前期调研中发现场地楼梯的数量和样式，做了不同的楼梯设计，并给建筑内部增加亮度以此将设计和使用相结合并融入日常生活，增加空间趣味性和视觉美感。设计把功能同屋顶灰色空间结合起来，增加了居民公共空间的利用率，并通过屋顶空间搭建起沟通的桥梁，让对话的方式更多元。此外，方案以色彩的变化在视觉上激活空间，采用大胆的高饱和度色彩，改变生活中原本单调沉闷的颜色，力求用最简洁的设计，为生活带来最大的活力。

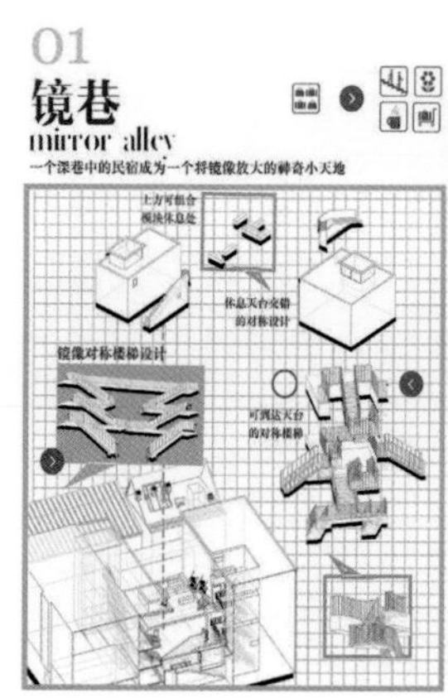

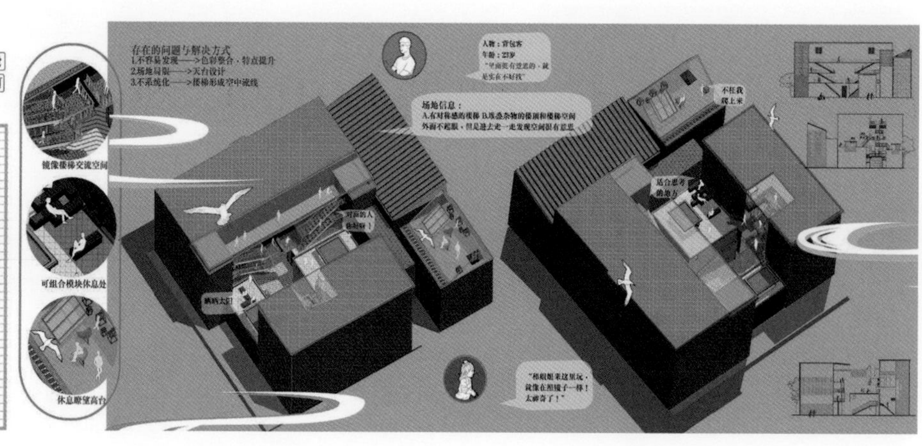

估客集
Painting Market

估客意味商贾，古时人们称贩卖货物的人。书画市场每一天都是相似的，建筑形成大环，货车形成小环，但居民们对于长期居住的此地却颇有微词。我们的设计将从售卖推车开始设计，逐步提升空间的利用，恢复市井繁荣。

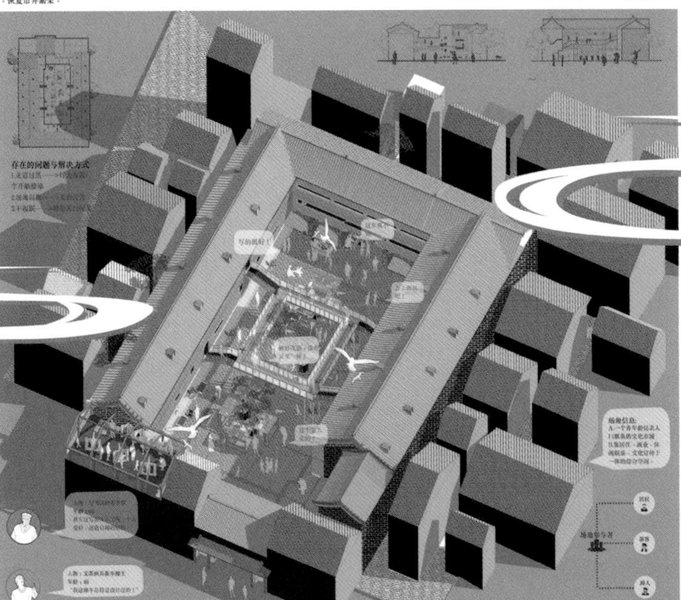

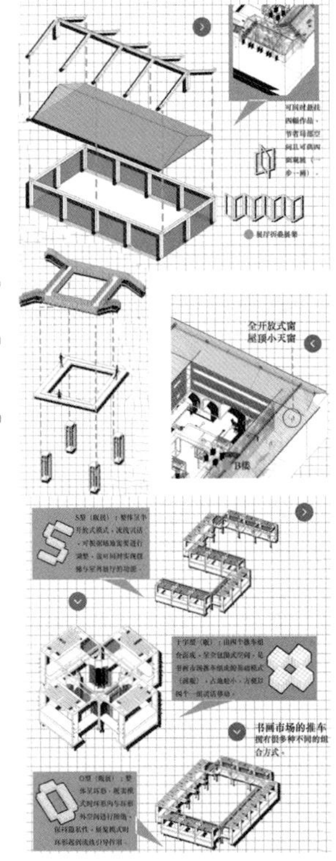

03

昼夜巷是两条紧挨着的巷子，昼巷有光却没杂乱地堆了很多东西，夜巷即使是白天也一片漆黑，天台面积很大，却因为私拉乱建使得其不被利用，巷子内部阴湿，不透风，如何通过更新改造使得这两条巷子焕发新的活力，成为我们设计的出发点。

天空造乐园
Roof Paradise

两条巷子以及不被充分利用的顶部空间形成了居民们的新天地。

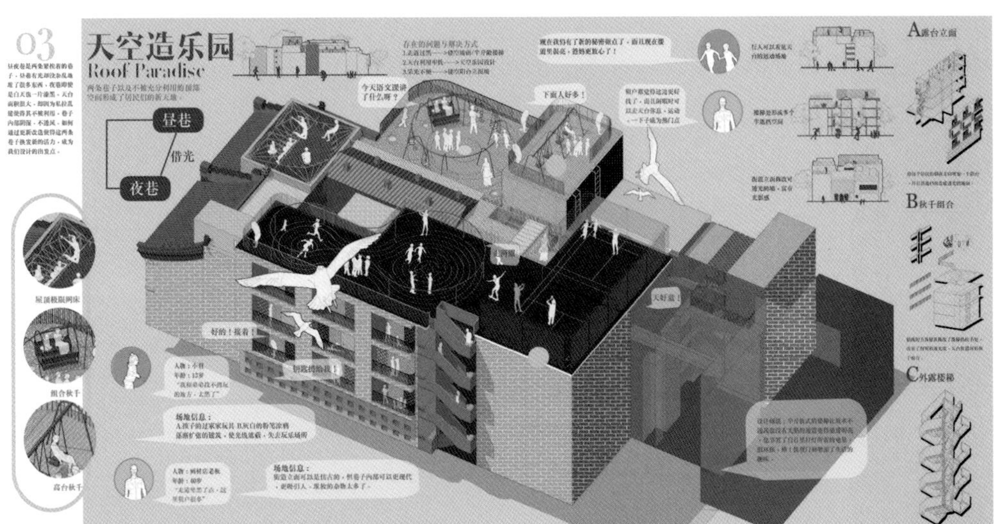

04

呼吸巷
breathing alley

这条不太显眼的，幽深的藏着美味烤肉的巷子拥有了新的生命力

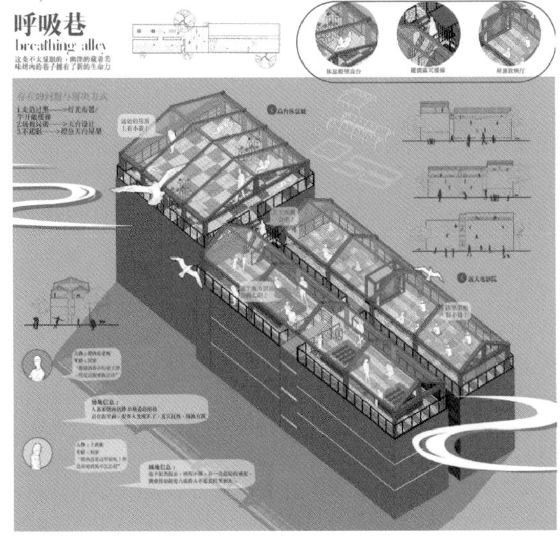

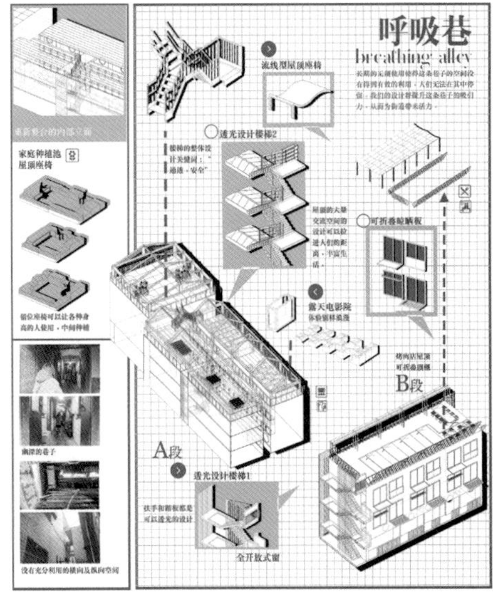

紫金奖 文化创意设计大赛 ZIJIN AWARD CULTURAL CREATIVE DESIGN COMPETITION

铜奖 学生组

作品解读

周姝伶

Q1 在高密度的老城区中，你们是如何适度把握更新功能的介入？

A “自下而上”是我们贯穿于整个设计的原则，它可以帮助我们充分了解场地的每一个角落，与场地居住者进行深入交流。在这样的接触过程中我们始终站在居住者的立场上进行思考与设计，切实把握真正的需求与细节。巷道内的空间极度有限，结合高效利用空间和把握居民生活习惯是我们在这样高密度老城区进行更新设计的核心，坚决杜绝无谓设计与装饰设计，尽量在不破坏原有场地肌理的基础上进行更新介入。

张园茜

Q2 在整个设计过程中你们遇到最大的挑战是什么？如何解决的？

A 在设计中，最大的挑战就是如何合理有效地分配原有的建筑空间，并在其基础上加强与人的互动关系，这也是我们这次微更新主要解决的问题。城市微更新意义在于能降低拆迁和重建的盲目性，符合中国当下正在积极发扬的节约型社会理念。我们深入巷子内部，在场地内居住了一段时间，跟踪住民行动轨迹，并且进行充分调研，与居民面对面，角色互换，通过对内场地的大量走访与测量，还有与巷内居民的交流沟通，总结出了以下问题，也是居民们迫切希望改善的部分。首先是空间狭小，公共空间的不合理利用与浪费；其次是巷内采光极差，通风不佳，行动不便，而且伴有严重的安全隐患，一旦发生火灾等重大灾情将造成不可逆的后果；并且场地缺乏活力，分区刻板，在此基础上我们增加了大量的展示、展览功能，激活层内空间。

肖骊娟

Q3 可以分享一下整个设计方案完成后的心得与体验吗？

A 在整个长达七个月的设计过程中包括后期参赛的两个月我们感触良多，也收获颇丰。这个设计课题是关于书院门巷内的更新改造，也是我们大学四年以来第一次如此充分的调研分析设计，这次的设计是一场真实的在地设计，过程中的每一步都不可以想当然，必须深入感受场地的情感与温度，与当地居民进行探讨交流，把自己当作是设计的使用者才能在改造场地的过程中做到真正的融合，而这也是所有旧城改造所迫切需要的。我们总结发现，老旧居民区的改造和更新首先要与城市的发展和使用者的需求相适配。其次，实地调查找到问题，才能对它们进行新的设计。 最后，后期的更新设计中，在考虑使用者的需求同时，也要超前于使用者的需求，带领场地使用者发展与创新，这样才是更新改造的终极意义。这个方案是我们对旧城改造的一个初步探究，希望我们的尝试可以在老旧居民区建筑公共空间的更新改造研究中起到一定的积极帮助，为宜居家园美好生活做一点努力。

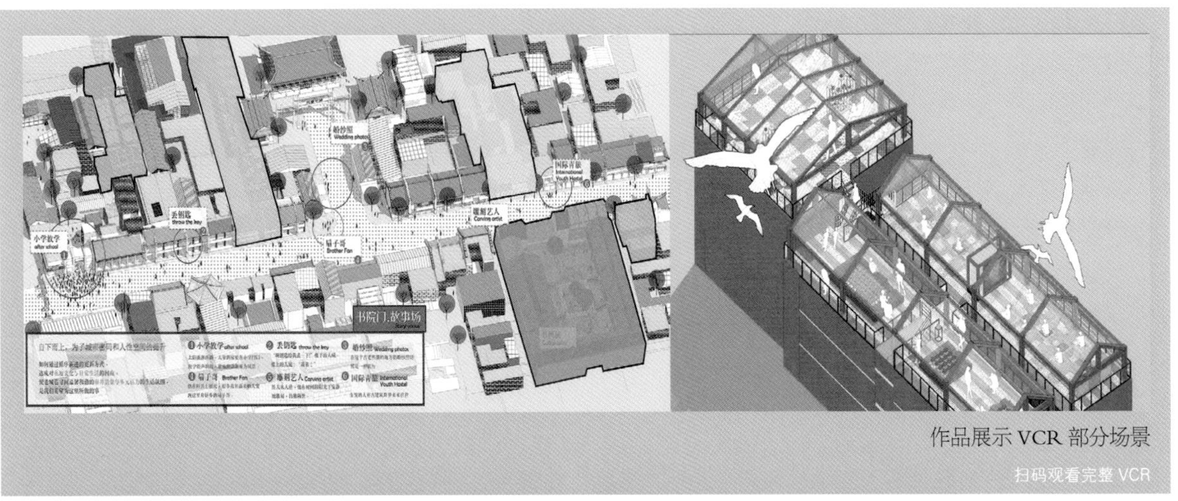

作品展示 VCR 部分场景

扫码观看完整 VCR

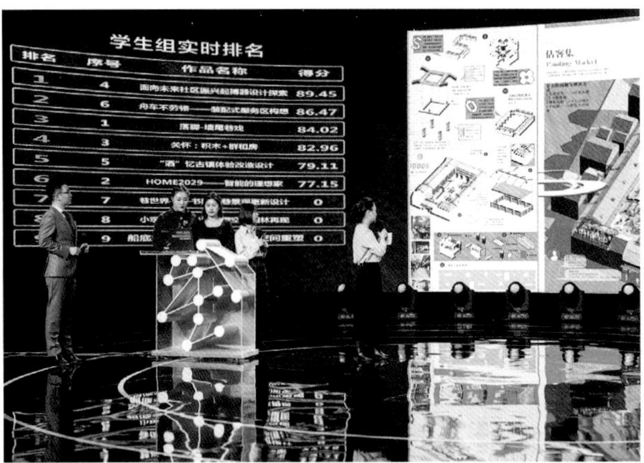

评委点评

支文军

- 《时代建筑》期刊主编
- 同济大学建筑与城市规划学院教授

通过现场考察、数据采集与归纳，从人与物两个层面综合考虑多方需求，提出了景观与环境更新改造的设计原则和思路，旨在自下而上对街区的空间进行改善和提升。作品选题恰当、思路清晰、循序渐进、图文表现力强，提出的设计原则与改善举措，对西安书院门街区的品质提升具有参考价值和现实意义。

小观园
——老城南微空间园林再现

设计团队 张琼 / 李梁 / 陈爽

设计机构 安徽工业大学

奖　　项 紫金奖 · 铜奖

优秀作品奖 · 一等奖

创作回顾

设计缘起

杜甫的诗句“词赋工无益，山林迹未赊”，表达的是诗人不得已才隐遁山林的境遇。而如今，对城市喧嚣的厌倦，对田园生活的向往，让现代人对山林而居有着不一样的憧憬……当下城市人口大量集聚，生活在充斥工作高压与混凝土建筑的城市环境中，是否有一种可能，将城市现有的零碎绿地进行整合。设计从实际角度思考，结合人群群求，解决园林文化、景观作用、明城墙复兴等问题。方案从城市破败空间改善入手，破解城墙带大面积高建成区公共空间难以落地的问题，选取城市关键性发展节点构建波圈空间。

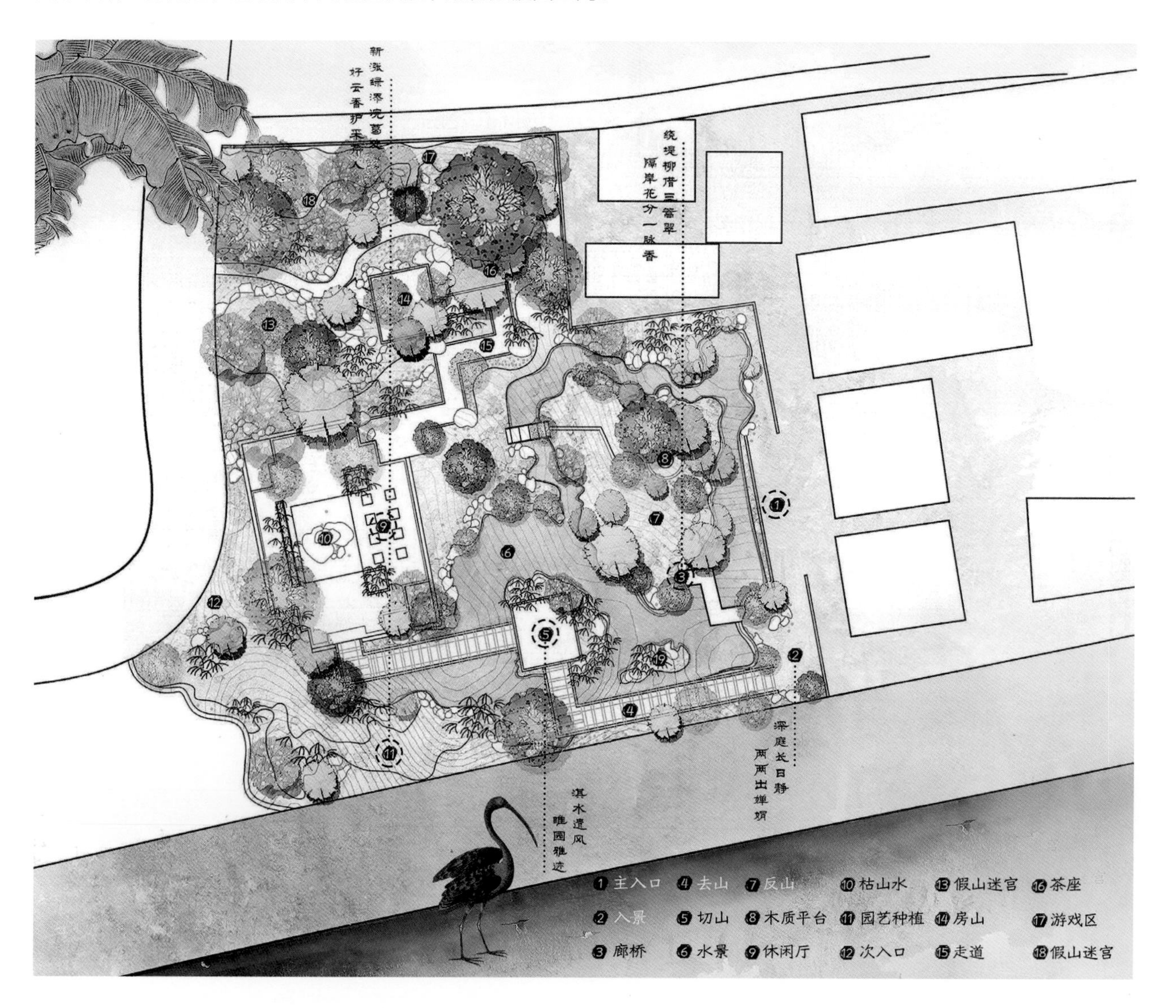

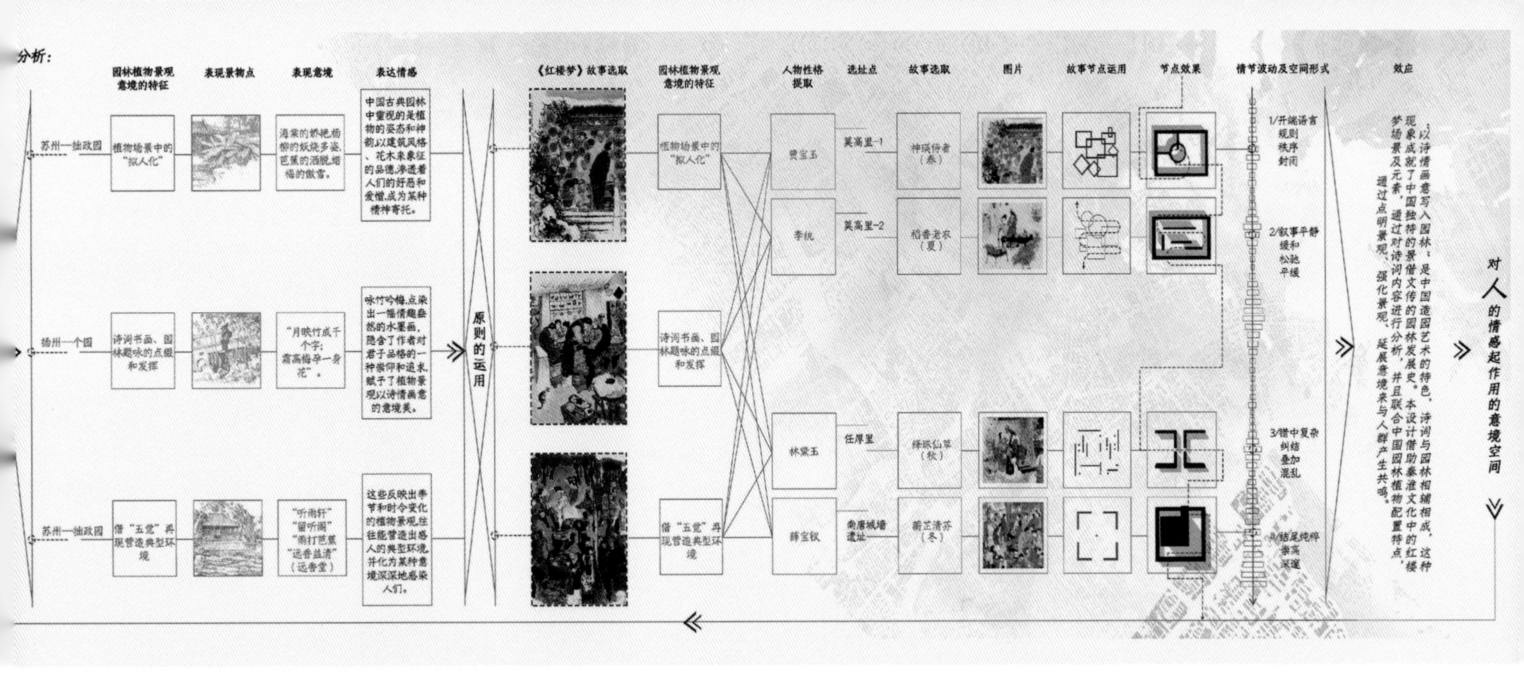

创作选址

本项目位于江苏省南京市秦淮区明城墙遗址与城市老城区粘结段。南京为六朝古都，秦淮区在中国的历史发展中具有十分重要地位，因文物保护规范与城区建设缺乏相应规划引导，在历经数十年的城市扩张与居民自发性建设的野蛮生长后，最终形成大量凝固狭促的城市空间，老城区所特有的历史文化印记并未得到展现，反而在高密度生活环境下显得尤为破落。公共空间的匮乏、蓝绿景观的缺失以及交通系统的低效都是当下亟待改善的问题。针对秦淮区当前的区位特点，方案在保留其资源点的历史文化价值同时，挖掘内涵景观价值，结合公共绿地的建设，使其成为老城区城市景观节点。

设计思路

通过对该片区的区位、物质空间、文化遗产的考察、解读和综合评价，方案在梳理南京地域文化的基础上，以经典名著《红楼梦》为主线，对《红楼梦》著作中贾宝玉、李纨、林黛玉、薛宝钗等人物性格进行提取，选取恰当的凝固狭促的城市空间，通过分空间逐步改造，重塑老城区所特有的历史文化，重新恢复整个片区的活力。方案通过业态重构、归纳融合、整理分类解决集市型社区空间内部结构矛盾；通过景观重塑、多样化体验解决集市型社区空间与水域生态之间的矛盾；通过社区公园更新，增加公共活动空间，重塑公共设施，解决集市型社区空间与人群活动之间的矛盾……从而促进现代城市化背景下对旧城集市空间的活化与景观更新。设计手法结合中国古典园林景观植物配置特点，通过渗透景观、融合景观、提质意境来与人群产生共鸣，同时也对现代园林景观规划设计提出了新的构想。

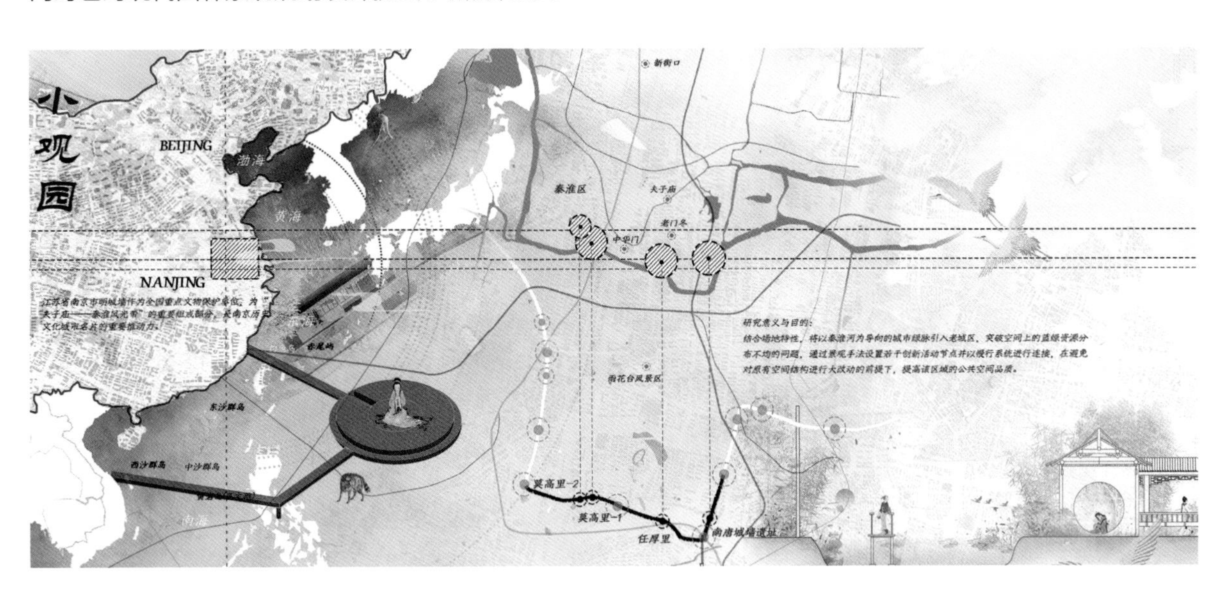

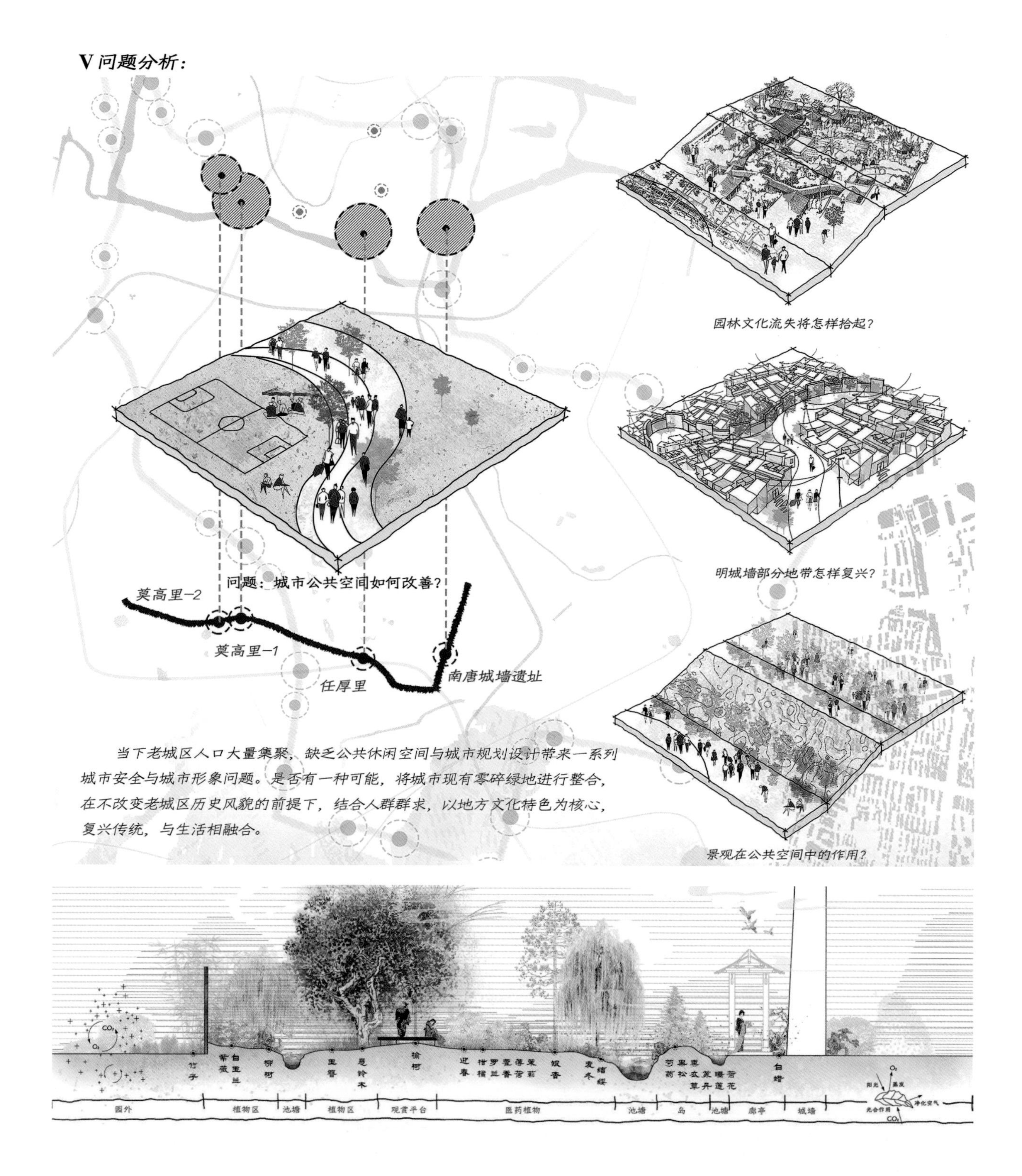

方案亮点

方案采取园林景观表达意境特征方式，分主题逐一展现老城区所特有的历史文化。以贾宝玉、林黛玉为例，在莫高里节点，首先将植物场景“拟人化”：贾宝玉养尊处优、自由逍遥，与之相呼应，园林场景也是轻松欢快的；其次运用诗词书画进行点缀，将人群置入园林，感受园中叠翠、绵嶂之境；最后运用“借五觉”再现典型环境，将五行所代表的不同功能区与五觉所代表的不同器官相对应，以此形成完整的景观辅助疗法体系。通过以上三种方法点出景观、强化景观、延展意境，最终使植物、景观与人群产生共鸣。在任厚里节点，以林黛玉，绛珠仙草为主题。整体建筑景观风格为淡泊、清雅，“手把花锄出绣帘，忍踏落花来复去”，描写潇湘馆秋日百花凋落的孤寂多愁景象。

效果图:

作品解读

Q1 方案试图通过老社区微空间造园方式，体现南京老城南的文化内涵和市井活力，有一定的想象力。设计构想是否有落地的可行性？

张 琼

A 在设计初期我们已经考虑到方案落地的可行性。首先，通过走访多处实地场景以及大量的当地居民发现问题。再通过区位、GRS、业态等数据分析选出真实存在问题且资源优势较强的 4 个地段进行设计。其次，依据现实情况，构建整体设计框架。从诗词文化的角度来探讨园林景观规划设计的设计理念，通过渗透、融合、提质手法，拟达成现代城市化背景下对旧城集市空间的活化与景观更新。最后，通过对文化梳理及项目设计定位，提取红楼梦著作中贾宝玉、李纨、林黛玉、薛宝钗人物性格、特征，选取恰当衰败空间，通过局部的详细设计，实现目标愿景。

Q2 红楼梦中的大观园是私人的空间，城市中的小观园对应的是公共空间，如何才能以小见大，从私密空间向公共空间转换？

A 方案立足于传统文化，实现不同空间的转换。不管是私人空间还是公共空间的设计，我们都秉承着以人为本的设计原则，希望通过设计，给人更好的空间体验效果。城市小观园的设计，我们以景观园林的营造手法为基础，借助相同的设计原则，以小见大，通过景观、小品以及建筑构建当代园林风貌，让现代人体验古人寄情山水的高雅情趣。

古人在造园时，通常将自己的世界观融入私家园林中，而城市小观园的设计，则融入了与当地密切相关的优秀传统文化，二者都在一定意义上极大地激发了人对当下文化的认同感。近些年来，我们也一直强调文化自信，在方案中，我们提出，无论是私密空间还是公共空间，借助文化这一特殊媒介，将人与景观融合起来，建设宜居家园，营造美好生活，同时实现优秀传统文化的传承。

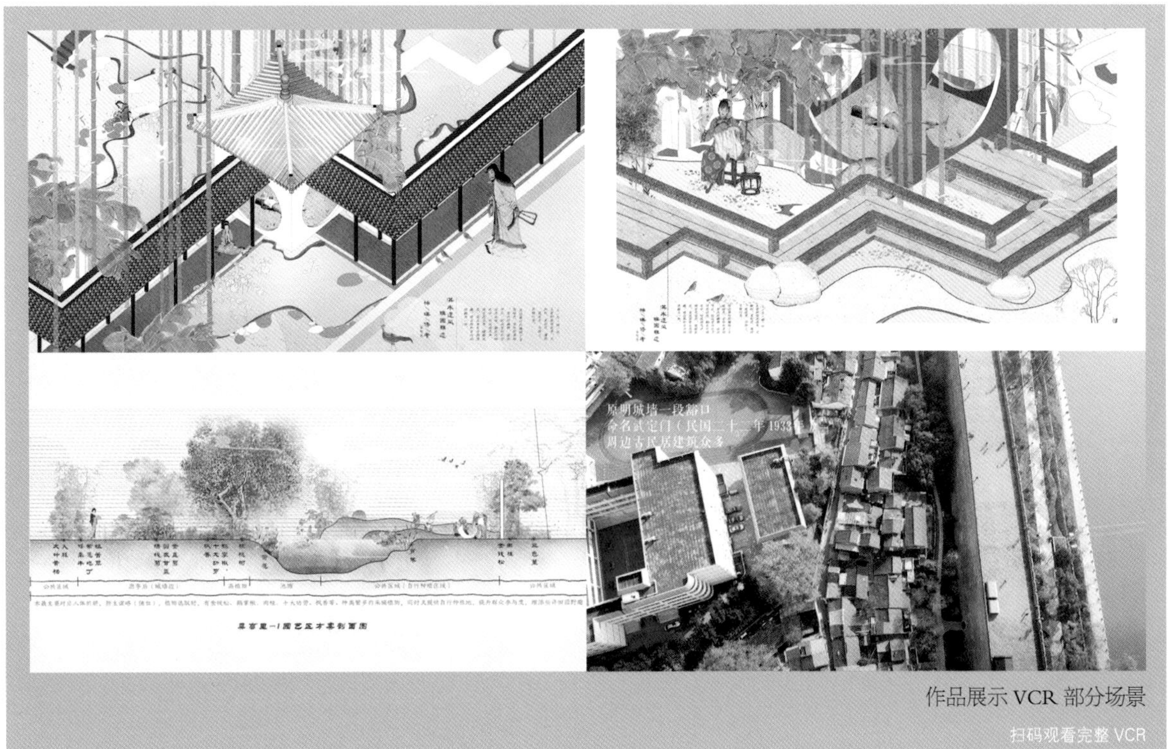

作品展示 VCR 部分场景

扫码观看完整 VCR

评委点评

吉国华

· 南京大学建筑与城市规划学院院长、教授

设计者借鉴江南园林的意境及表现手法进行创作，选取《红楼梦》的故事线索，以植物、山水、亭廊等景观要素构建空间序列，再现故事场景，实现意境创造，意在把南京城南沿明城墙的老城区零星绿地空间打造成一处处“小观园”。

作品选题贴切，设计逻辑清晰缜密，成果表达充分、生动，将传统文艺情景植入当代市民生活场景，十分具有吸引力和感染力。

“酒”忆古镇体验改造设计

设计团队 姚康康
设计机构 湖州师范学院
奖　　项 紫金奖 · 铜奖
优秀作品奖 · 一等奖

创作回顾

设计缘起

《说文》中曾这样记述：“感，动人心也。”人体感官受到外界事物的刺激而引发意识、情绪上的变化，是一种内在的心理活动。知觉现象学认为，人通过体验感知世界、感知场所、感知精神，而“感”的产生依赖于五种感官系统，即视觉、听觉、嗅觉、味觉、触觉。感官的反应是人所具有的自然本能，也是最直接、最容易给人留下深刻印象的方式。人对场所的认同感是通过场所体验来获得的，情感体验对于空间设计来说非常重要。

人们对于古镇传统文脉保护以及如何在现代化设计中传承的研究早已展开，但很多改造的案例都停留在表面的视觉符号运用，或者对传统建筑构造的照搬。目前，大部分古镇的更新改造都着眼于视觉外观、功能流线合理化等方面，这些研究往往源于理性，忽略了最为复杂的人文感性因素，例如当地居民生活日常、传统文化风俗……正是这些被忽略的细节，体现出古镇区别于城市的独特韵味。如何找寻和体现古镇的独特魅力，居住者和来访者关注什么？ 除了“看到什么”，还希望有怎样的“感受”和“体验”？古镇所带来的精神启发和情景相融，应是设计关注的重点。

古镇改造设计不能仅关注视觉需求，还要兼顾听觉、嗅觉、味觉、触觉多感官的综合作用。所以本次设计以五种感观角度对古镇改造设计提出新的思考，结合实际设计说明五感在景观设计中的运用。

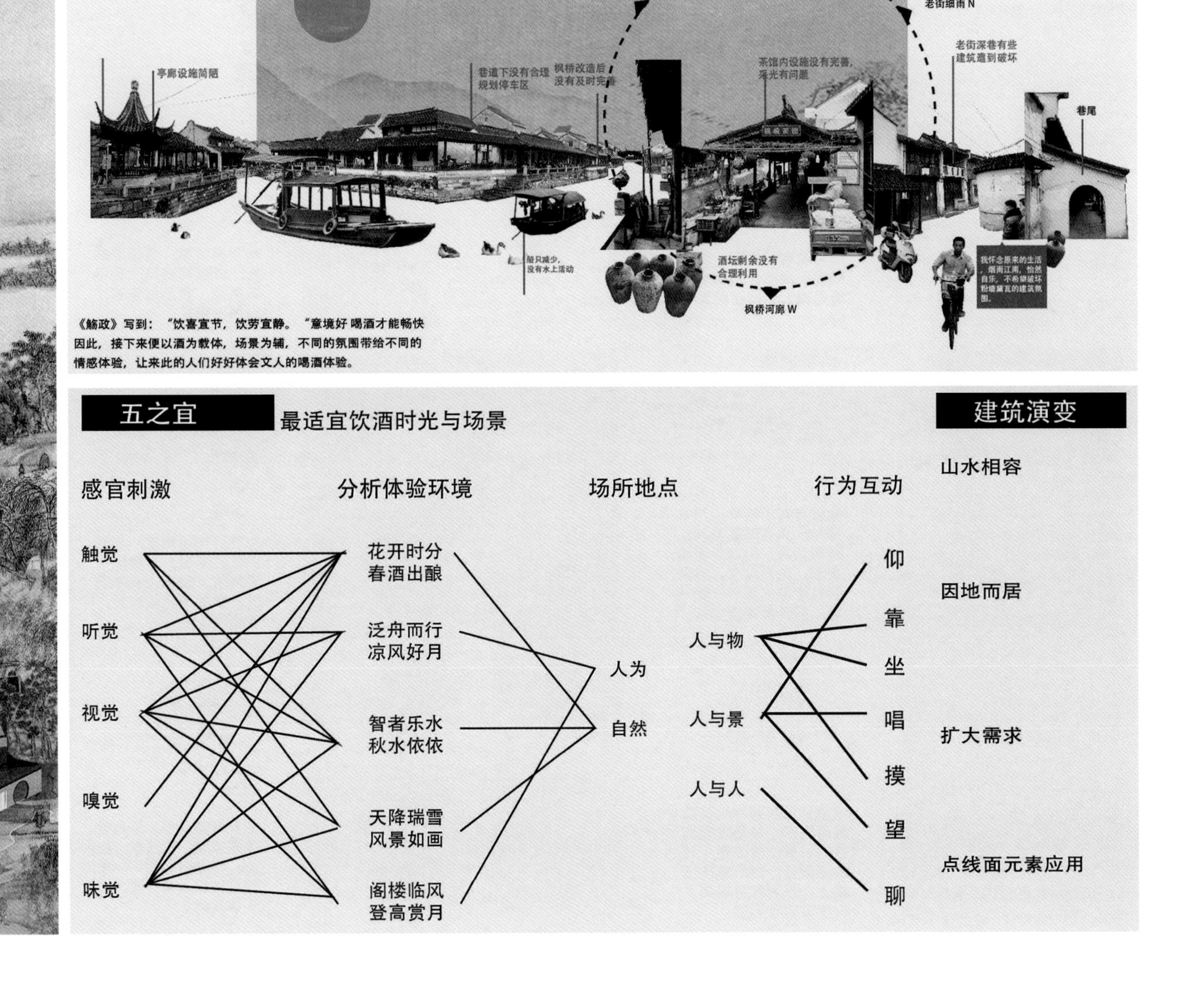

设计思路

酒不仅可以满足口腹之欲，更是营造趣味与文化并存的生活媒介。江南士人素来喜欢借酒抒情、谈文论道，品味着酒中的生活美学。方案对古画中一些人物喝酒的场景进行分析，发现人们喜爱在树下、湖边、花园、露台等公共空间饮酒。此外，袁宏道在《觞政》曾描述“饮有五合，有十乖”，五合就是可以愉快饮酒的五种条件。情感与感官体验是互为一体的，因此，方案对五合中所提示的条件、场景进行分析，依据铜罗古镇的现状进行合理的感官体验的场景营造，通过人与人、人与物、人与景之间的互动行为，让身处古镇的人能与古时江南士人产生情感上的共鸣，感受他们的生活趣味和古镇的传统意境之美。

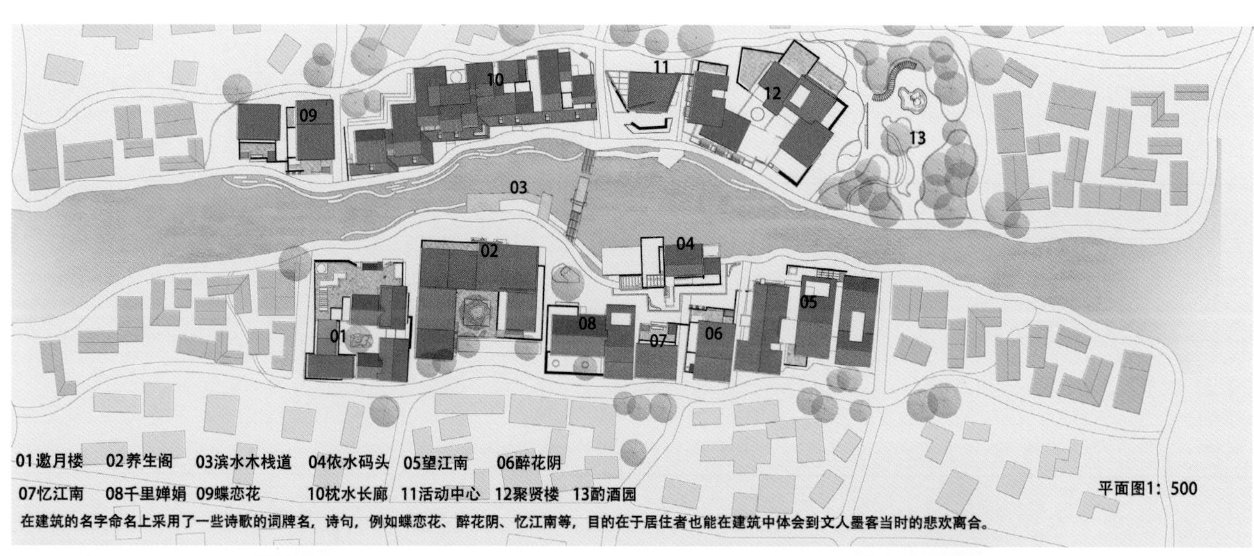

在建筑的名字命名上采用了一些诗歌的词牌名，诗句，例如蝶恋花、醉花阴、忆江南等，目的在于居住者也能在建筑中体会到文人墨客当时的悲欢离合。

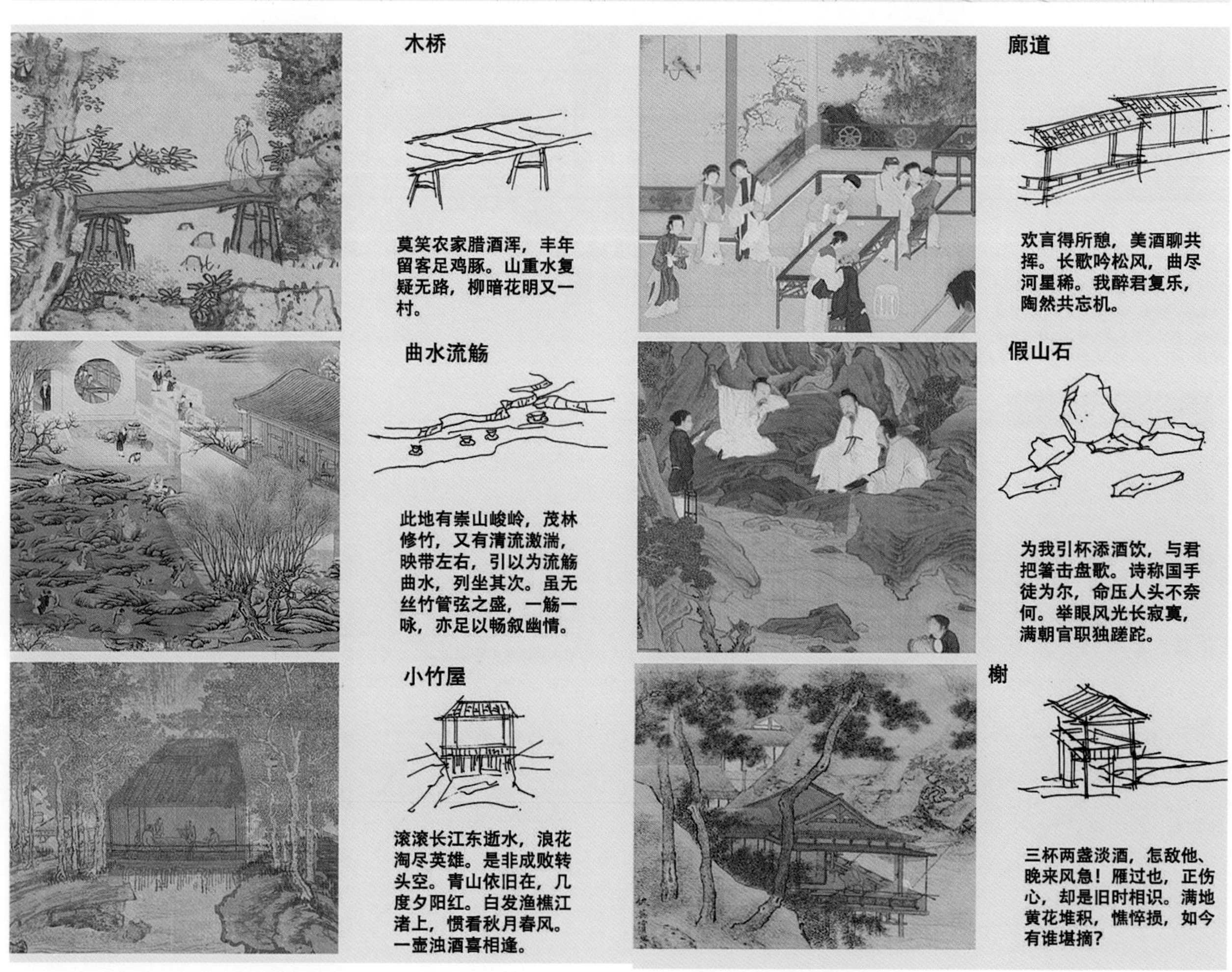

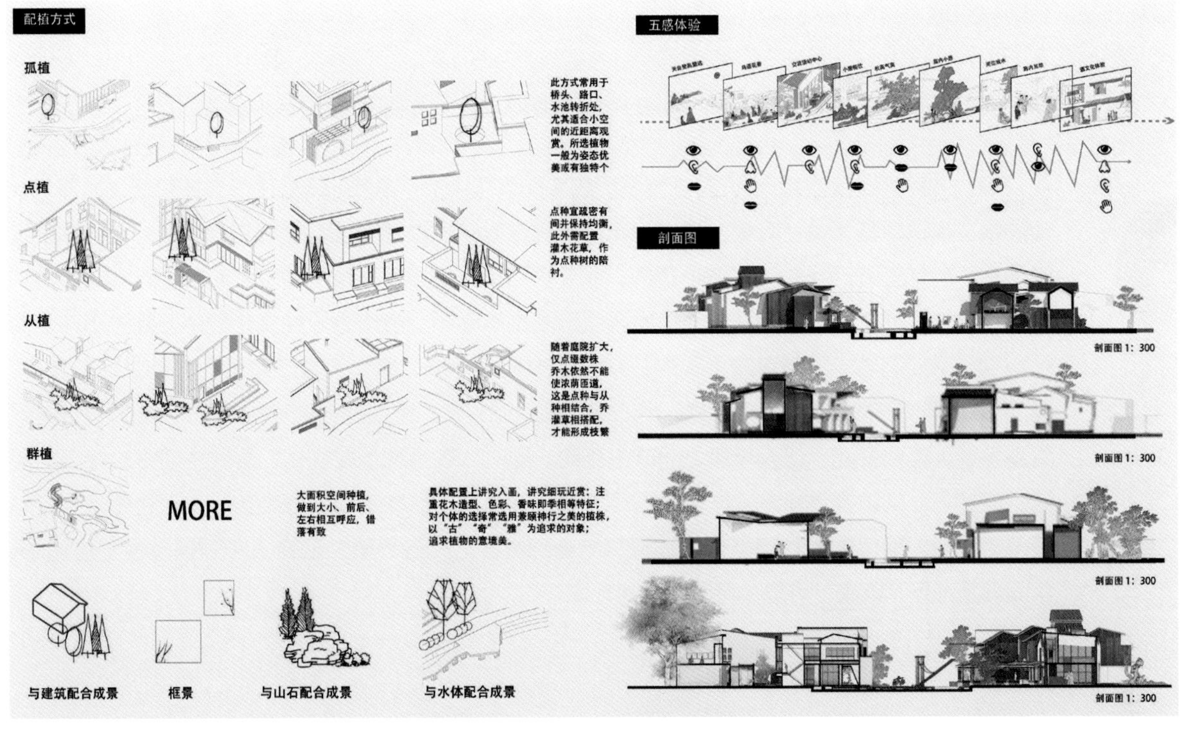

方案亮点

方案以古镇改造更新为例，通过研究古镇中蕴含的感官体验要素，分析游客感官体验需求，不仅强调古镇的视觉旅游与景观体验，更将非视觉景观特别是方言、手工等非物质文化要素也纳入设计范围，应用五感设计方法，解决当前古镇设计多注重视觉感知而忽视其他感官的问题，从而增强古镇的空间体验性、互动性，为古镇长远发展提供可能。

铜罗镇改造设计以突出酒文化为主要线索，设置了休闲、娱乐、消费等多样功能活动场所，增加了民宿、活动中心、酒文化主题公园等，丰富古镇的商业形态。对于游客而言，打破单一的感官体验方式，充分调其感知器官，形成复合型感知体验，使游客能品味到古镇的独特韵味。

古镇拥有丰富的自然环境和文化背景，凭借单一的感官视角进行改造更新，往往会忽视很多重要但却不引人注意的细节。景观设计师所做的不是简单的场景重现，而是情境再生，这需要从物质、文化、精神三个层面再塑古镇景观。五感设计无疑提供了一个更加全面的设计方法，从人的角度出发，注重人的感知，打造一个“多感”的景观体验环境。

作品解读

Q1 方案提出“有情感的设计”手法，有何特别之处？是如何在设计中体现的？

姚康康

A 在对古镇进行改造更新设计时，传统历史文化景区中的“多感”体验往往会被忽略。大部分改造局限于视觉感官体验，听觉、嗅觉、味觉和触觉等感官体验往往会被忽视。因此，该方案尝试运用“多感”的设计手法，由“感”而入，从“心”出发，呈现古镇的独特韵味。铜罗镇以酒闻名，想要充分体现其文化底蕴，仅仅从物质层面出发是不够的。酒作为一种文化载体，催生出许多文化景观，例如酒与诗，两者在士人的日常生活中相生相伴，酒代表着江南士人对待生活的态度。喝酒最重要的就是环境及身心体验，因此本方案以酒为媒，意图充分调动人对于环境的感官体验，营造景观人格化空间，让人与景之间产生互动。同时，在当地地域文化、居民生活方式等人文因素的加持下，来访者更能充分体验周围环境带来的情感，品味景观的意境美。为了让建筑与自然环境相联系，尽可能地消除居住者在建筑与自然世界之间的界限，迎合人类对自然世界的追求，从而满足可行、可望、可居、可游的空间环境。

Q2 方案是如何体现古镇的精神文化内核的？

A 当地特有的文化底蕴和风土人情内在属性造就了古镇的独特面貌。假如仅仅注重外在形态，古镇只会是没有灵魂的躯壳。实现古镇可持续发展，传承地域文脉，要改善环境，提高居民生活水平；还要提高居民对于传统文化的价值认知意识，保护传统文化本身，包括传统戏曲、传说故事、传统手工技艺、民俗活动等。相比物质文化遗产，这些非物质文化遗产是不可再生的，更容易消逝。我们需要通过提供展示空间、居民参与性项目等方式传承非物质文化遗产，为非物质文化遗产提供适合长期展演及活动的空间场所。

作品展示 VCR 部分场景

扫码观看完整 VCR

评委点评

张玉坤

· 天津大学建筑学院教授

作品以江苏苏州市吴江区铜罗（严墓）古镇为例，以其酒文化为核心，进行文化体验改造设计，构思新颖，反映了参赛者力图在传承与创新之间寻求突破的新思维。

HOME2029
——智能的理想家

设计团队　陈嘉耕 / 唐萌
设计机构　哈尔滨工业大学　南京大学
奖　　项　紫金奖　铜奖
　　　　　优秀作品奖　一等奖

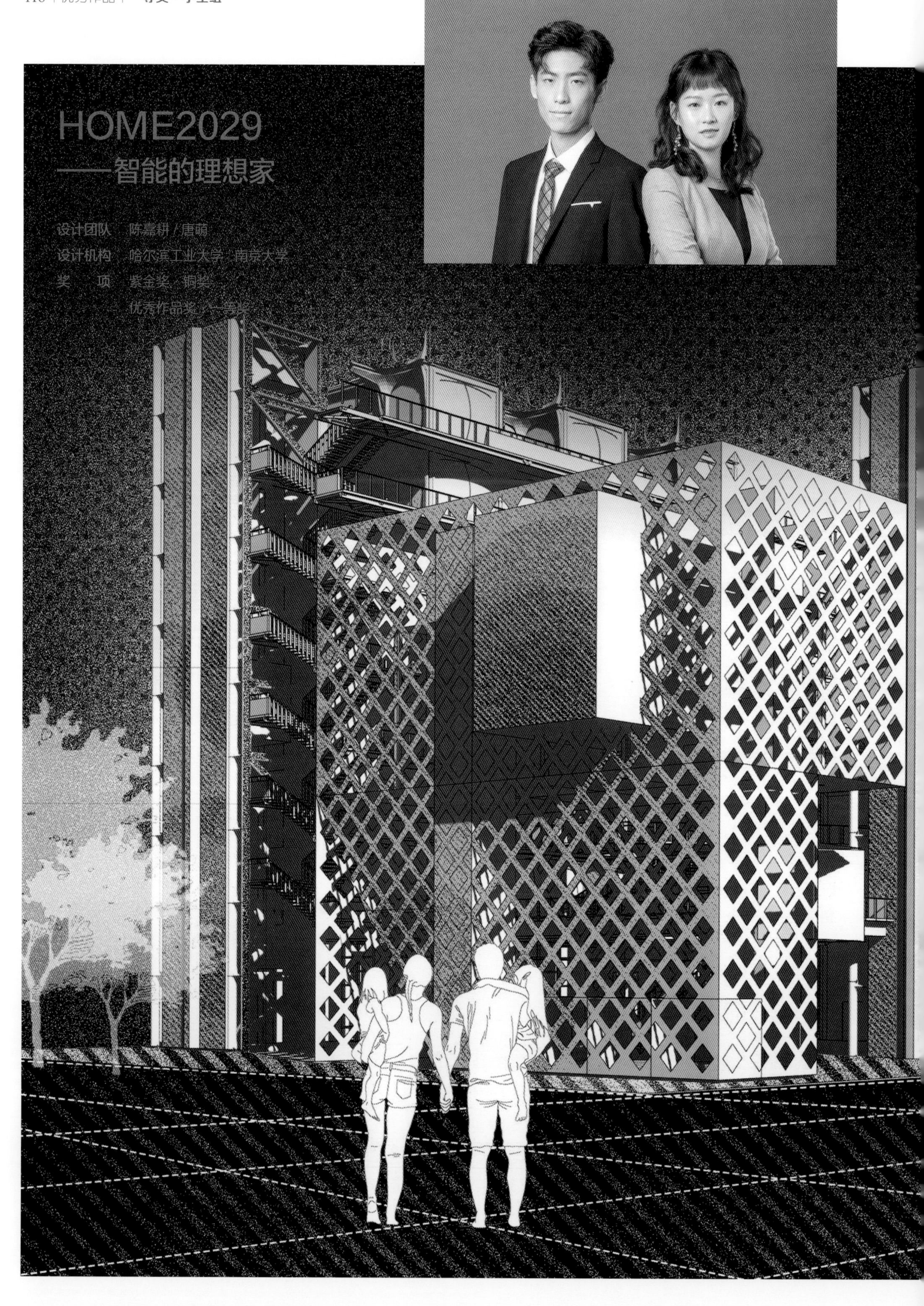

创作回顾

设计缘起

当前，中国进入老龄化社会，以南京市为例，据有关研究，2029 年，南京市老龄人口预计将达到 200 万。建设适老便捷、全龄友好、宜居颐养的宜居家园变得尤为重要。

我们面向未来城市提出设问：

假设现在是 2029 年，与当下相比，未来城市是否有何不同？如果有，这些不同之处是否会让城市变得更宜居？

当既有城市无法适应新事物，现有的城市基础设施与城市环境已经无法适应未来的宜居生活，需要一种新的建筑模式适应新的生活模式时，便引出设计所要探讨的核心问题：

在未来的居住模式下，针对不同人群，特别是老龄群体，什么样的建筑才是宜居的智能建筑？

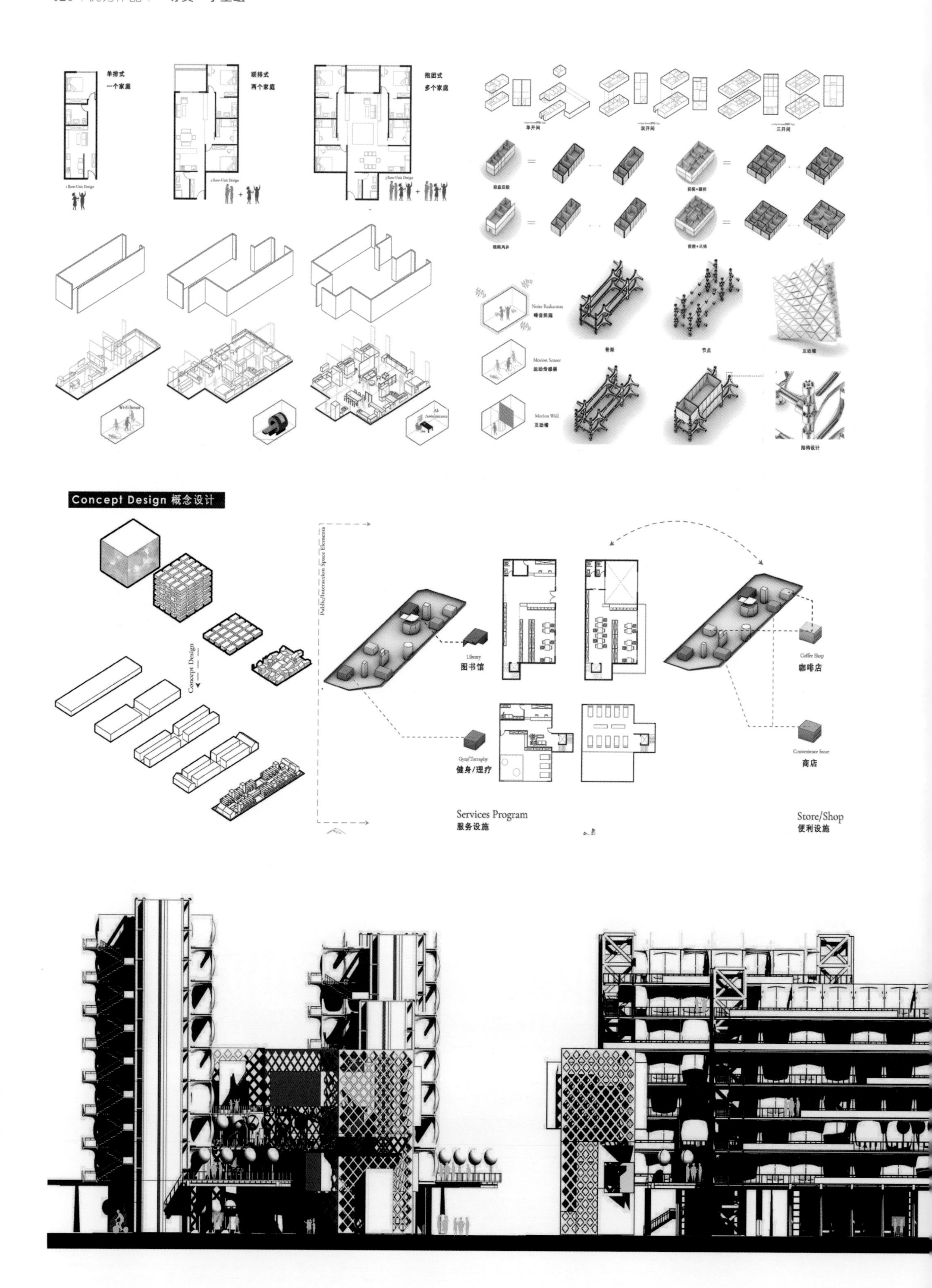
单排式
一个家庭
联排式
两个家庭
抱团式
多个家庭
单开间
双开间
三开间
Noise Reduction
噪音屏蔽
Motion Sensor
运动传感器
Motion Wall
互动墙
骨架
节点
互动墙
结构设计
Concept Design 概念设计
Concept Design
Public/Interaction Space Elements
Library
图书馆
Coffee Shop
咖啡店
Gym/Therapy
健身/理疗
Convenience Store
商店
Services Program
服务设施
Store/Shop
便利设施

基于以上，我们选择了老龄群体作为设计关注对象，希望用设计为他们提供应有的关注：

· 针对老年人的健康状况，在社区中设置互联医疗，为老年人提供健康生活的保障。

· 充分借助 5G 技术，部署社区内药品物联网与货品物联网。

· 建筑架构采用组装式建筑构件，可以根据居民自主意愿进行建筑单元的拼接。

· 建筑单元内部墙体可以与人体进行互动，形成建筑与人之间的交流，成为智能建筑。

· 建筑单元结合 AR/VR/MR 技术，为老年人提供远程医疗服务及娱乐空间。

· 建筑底部架空，增加公共设施，实现老年人自由活动的空间最大化。

设计思路

【居住空间单元设计】

方案结合传统家居空间结构类型，提出单排式（老伴或孤寡老人居住），联排式（老人和子女共同居住）和抱团式（多个老人抱团养老居住）三种类型的居住单元。这三种居住空间结构类型灵感来自于传统的南方街坊院落式住宅，在前期调研工作中，我们走访了大量的传统住宅，并进行了建筑测绘，利用实地数据进行 RHINO 模型的模拟。以这些模型为基础，提取房间空间大小、房间与院落之间的组织模式，在现有住宅社区单元中因地制宜，设置开放式公共合院，使三种不同大小的单元能够满足不同数量家庭成员的住宅居住需求。

【社区建造与结构设计】

针对社区建造，建筑架构采用组装式建筑构件，通过节点连接不同骨架单元，实现建筑单元的灵活性和可变性。建筑的单元本身采用框架式的连接构件，能够让不同的单元之间保持统一的模数尺度，这样有利于整个社区的模块化建造，也是在这样统一的尺度之下，能够产生不同的空间大小变化。同时在框架结构的设计当中，我们考虑到建筑框架本身的结构合理性，在框架的节点处做出特殊处理，在 4 种基本骨架单元的组合之下，使之形成住宅单元建筑本身的整个结构。这种模块化的设计是基于现有人口基数大、城市人口密度高的现状所采取的相对合理化的解决方式。

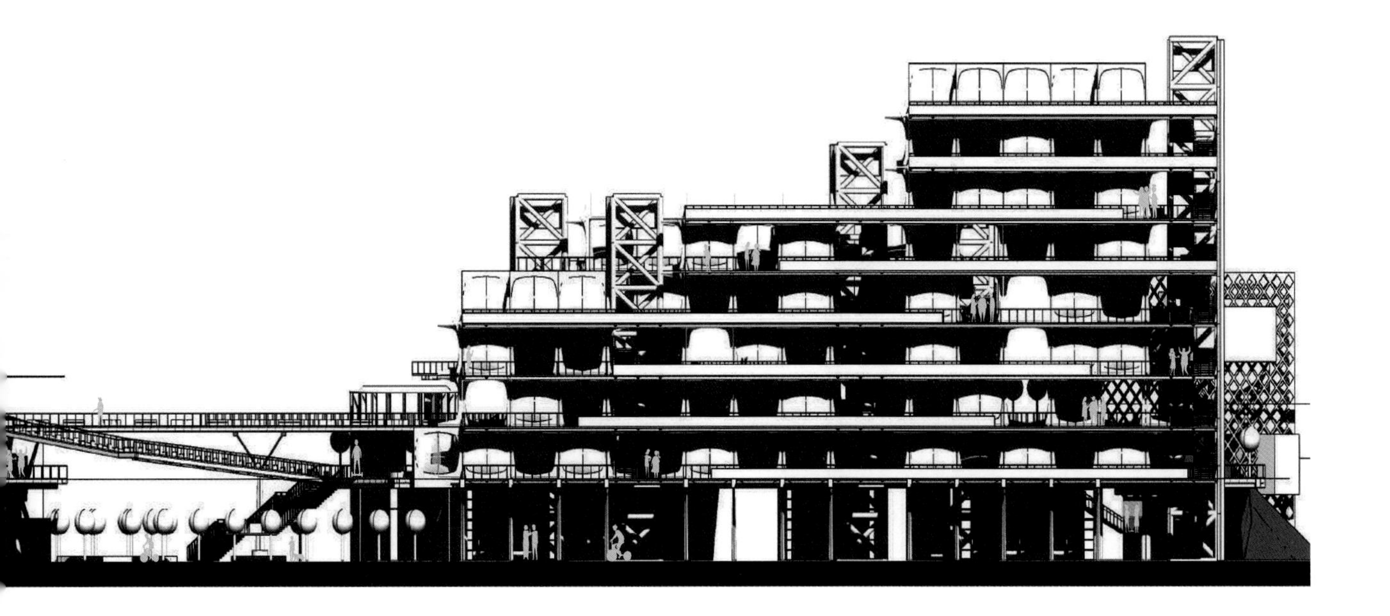

方案亮点

【空间与结构单体的结合】

方案将社区同一模块演变成建筑结构，这是设计当中最具突破性的一点。在结构单体的形式设计当中，方案参考了太空舱的内部设计，在多处的转角部分做出曲线圆滑处理，同时墙面设计成为可以拆卸的模块化墙，墙体本身也可以嵌入到结构单元当中。

【空间与新型技术的结合】

方案通过运用当下最新的医疗物联网技术，在老人的家中设置感应装置，利用这些感应装置检测老人身体的变化，并将检测到的数据上传社区数据中心，针对性地提供进一步个性化医疗服务。社区设置老人健康防护中心和治疗中心，两大医疗设施的置入能够让老人近距离享受医疗服务，同时针对老年人行动不便的问题，社区也可以在老年人的家中安装远程医疗设施，让老人在家中便能够享受远程医疗服务，以此保障老年人的身心健康，同时也是一种对于居住人群的人文关怀。

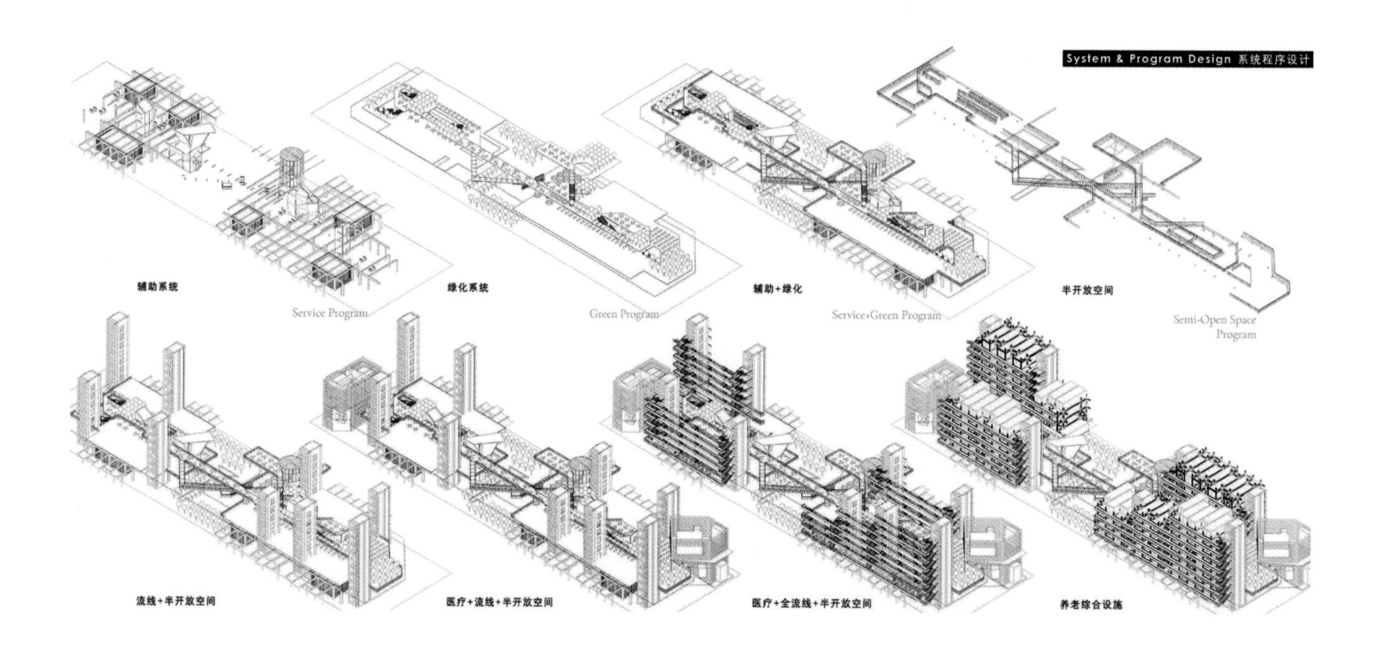

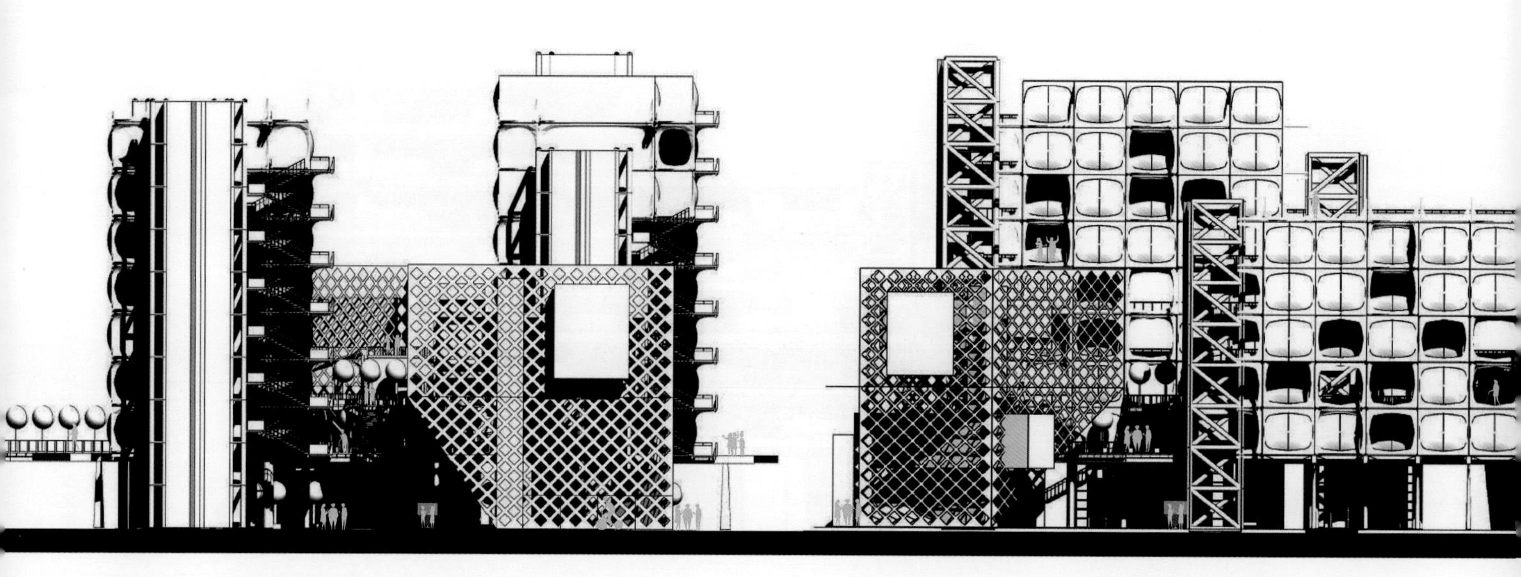

作品解读

Q1 方案在建筑的功能设置方面是如何考虑的？

A 建筑一层是架空层，我们将其设置成公共空间，包括健身房、小型影院、餐厅、便利店、茶室等。这些公共空间为老年人的日常生活提供着必要的生活补充，也为整个社区生活提供更多的便利性。

在上层的居住空间当中，穿插小型活动空间，提高公共活动的可达性。服务配套空间设置了服务设施（图书馆 / 健身理疗），便利设施（休闲咖啡 / 便利商店）和医疗设施（医疗中心 / 卫生救助）三种主要配套空间类型，与开放空间（交流平台 / 交通空间 / 绿地空间）和交通系统形成高效联结。

陈嘉耕

Q2 参赛过程中，有什么心得体会想跟大家分享？

A 第一次参加紫金奖决赛，充满了期待与兴奋。紫金奖是一个非常好的机会，让我们走上舞台，接触社会大众，让建筑从幕后走向台前，在这方面大赛给建筑专业学生提供了展示风采的绝佳机会。

唐 萌

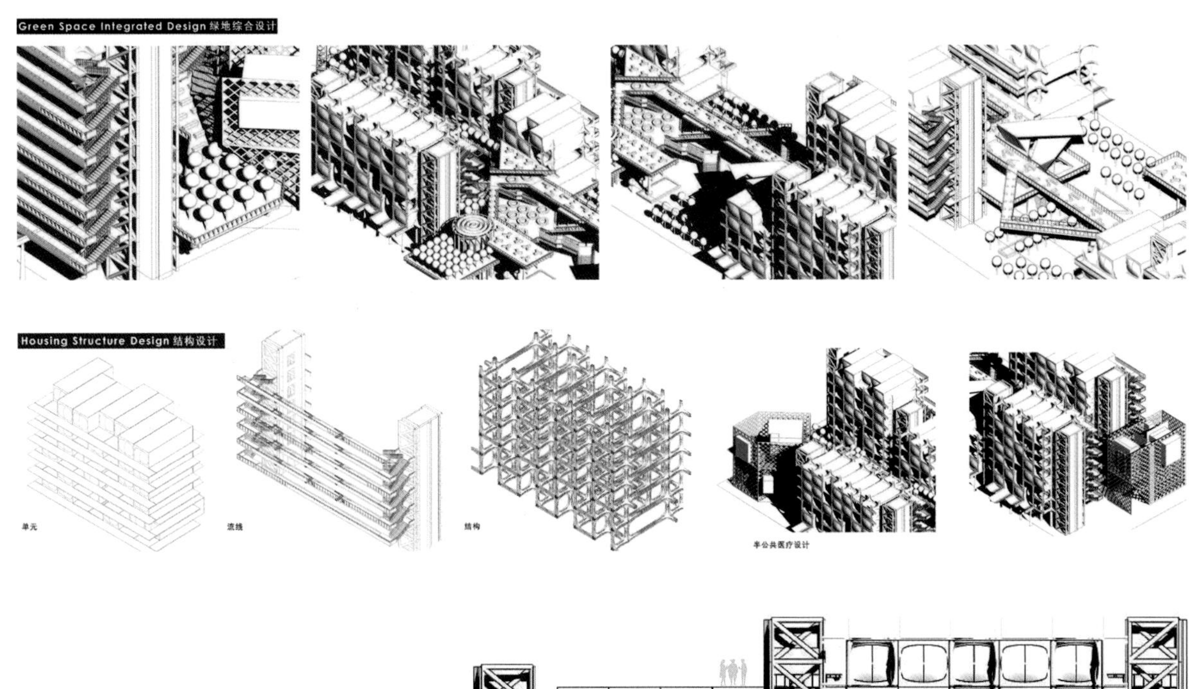

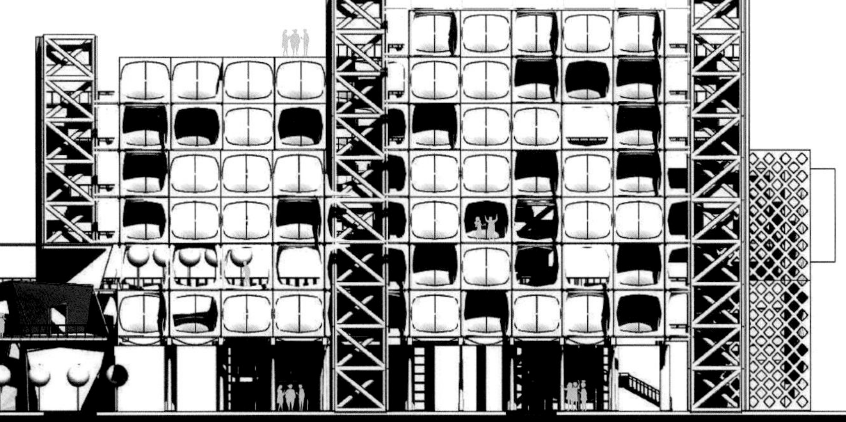

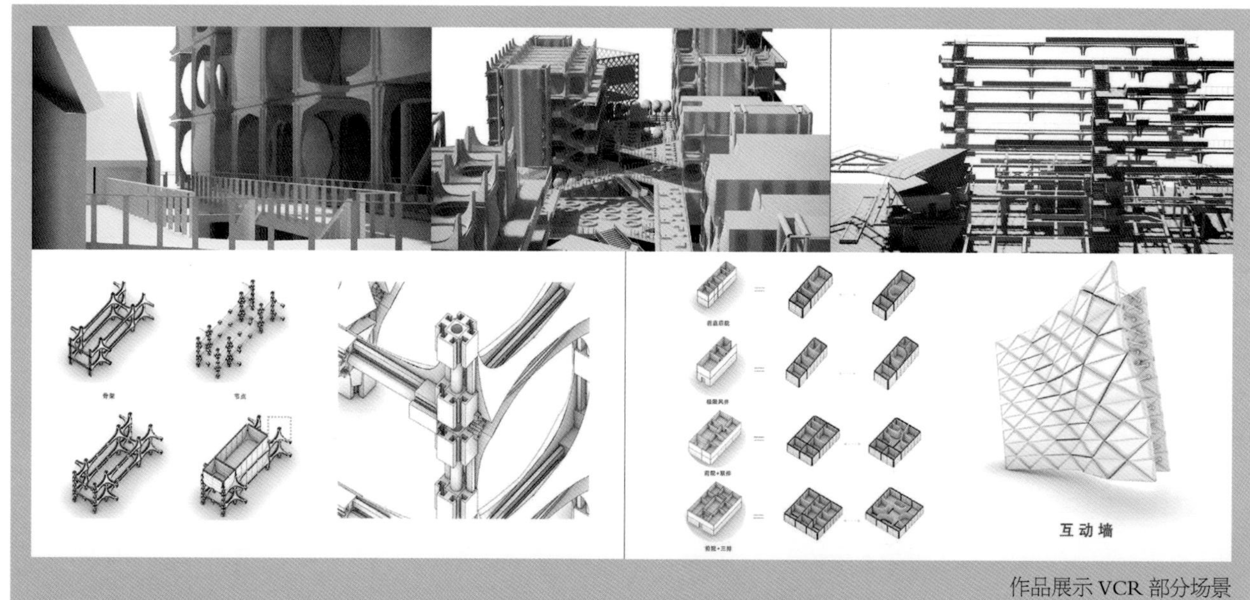

作品展示 VCR 部分场景

扫码观看完整 VCR

评委点评

魏春雨

· 湖南大学建筑学院院长、教授

设计者试图定义一种适于老龄化人群和面向未来的智能建筑模式，将建筑空间设计、结构设计与各种新型的互联网技术以及人工智能系统有机结合，以克服传统模式的不足。作品对户型、各类开放空间、交通体系、服务设施、医疗设施以及它们之间的组合方式有着周详的考虑，并以一个较为合理的结构系统将它们融合在一起。如作品对老龄人群生理状况进行更为深入的分析，进一步强化建筑整体与环境的互动关系，针对具体情况有差异的配置相应空间，将会更具深度和说服力。

2019

第六届 紫金奖·建筑及环境设计大赛

The 6th Architectural and Environmental Design Competition of Zijin Award Cultural Creative Design Competition

优 秀 作 品

二、三等奖

二等奖 · 职业组

断桥新演绎 —— 废弃铁路桥更新设计

程浩、王莹洁、董正邦、葛强、王元林
/ 中蓝连海设计研究院有限公司

走马灯 · 那时景

曹越、刘芳、袁亦尧、张馨文、曲鑫鑫、袁振翔、倪玥瑶、章强
/ 南京市市政设计研究院有限责任公司

自生长共运营

王加伟、陶凌霄、徐文怡、蒋春瑶、樊宇钤、孔令玉
/ 启迪设计集团股份有限公司

阳泉三弄

集永辉、潘龙、陈文霞、邱黎明、刘春燕、陈则刚、齐翎懿、
蒋歆圆、陈佳栋、周秋婷
/ 江苏龙腾工程设计股份有限公司

猫“舍” —— 舍者归其舍

林隆葵、张妍、朱思渊、路志龙、范仲、刘力、张善锋、杨志强、
李光华、袁伟鑫
/ 江苏筑原建筑设计有限公司

院院见塔，世世家传

李少锋、刘一帆、陈树楠 / 启迪设计集团股份有限公司

青岛邮轮母港筒仓设计

惠无央 / 上海加禾建筑设计有限公司

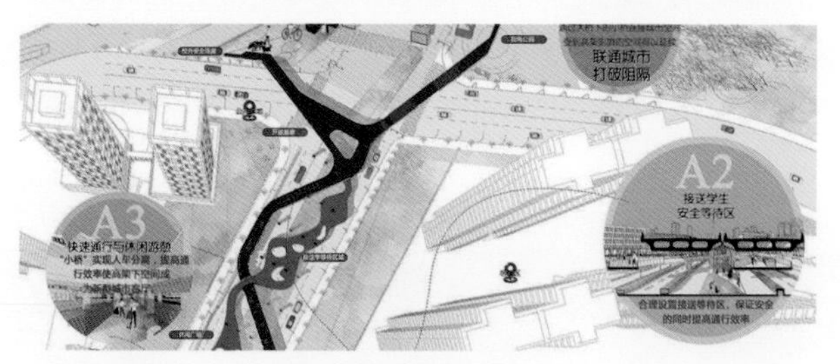

大桥 · 小桥 —— 打破高架的隐形壁垒

蔡天然、王胜、刘刚、曹永青 / 江苏省城市规划设计研究院

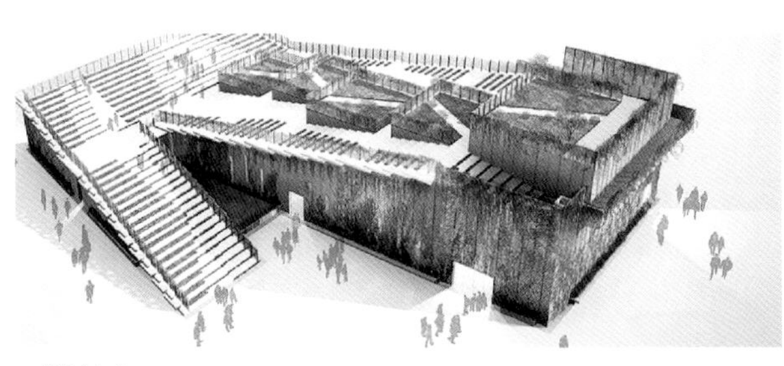

百姓礼堂

戚威、王亮、杨泽宇、李晨星、马海依、邵璇、王丹丹、杨力、刘超成、潘旭
/ 南京张雷建筑设计事务所有限公司

梦里桃源·黔南山水中的理想家园

薛宏伟、肖佳、李文菁、李潇然、孙家腾、赵宗晨、于梦卿、李含、胡玥
/ 苏州园林设计院有限公司

前街上巷

倪韵倩、朱君韬 / 中衡设计集团股份有限公司

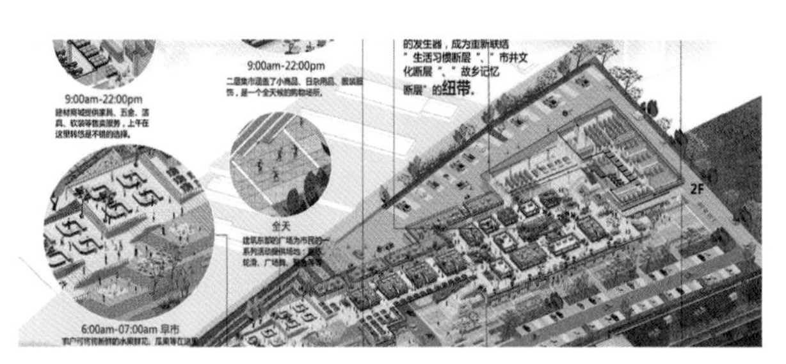

“新移民”的老集市

李竹、殷玥、王嘉峻、杨梓轩、吴威、徐笑、丁园白
/ 东南大学建筑设计研究院有限公司

舌尖上的N次方

张斌 陈君 许迎 叶朦朦 乔楠 李宗键 朱婷怡 张锐敏 蔡姝怡 王芳
/ 启迪设计集团股份有限公司

百变板房——建筑工人的宜居家园

胡旭明、季新亮、罗超、和煦、孙浩
/ 启迪设计集团股份有限公司

九扇门+七件事

查金荣、张筠之、刘阳、张智俊、沈天成、曹曦尹、陆勤、杨柯
/ 启迪设计集团股份有限公司

蜕变

王森、李斐、付蓉、张进、薛燕、纪本源
/ 中核华纬工程设计研究有限公司

宅间空间的再生

张建新、殷加华、刘璐璐、韩卓、王潮、罗智勇、郭晋哲、殷杰
/ 扬州大学、扬州大学工程设计研究院

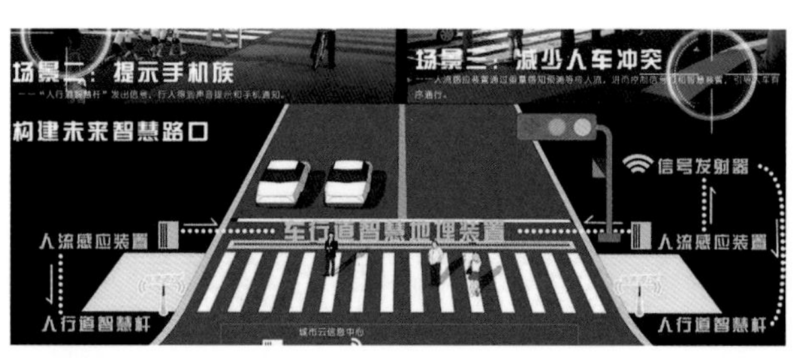

下个路口

闫海、葛大永、宁天阳、朱惠宇、顾萌
/ 江苏省城镇与乡村规划设计院

雨中“莲”

梁泽渊 / 江苏筑森建筑设计有限公司上海分公司

现象东街 —— 安顺古城中华东路改造

马骏华、黄玲玲、刘卉、相睿、常军富、聂水飞、杨大映、肖凡、杨烨、陈业文
/ 东南大学建筑设计研究院有限公司

网巢居 —— 2020 创客孵化园

谢麒、陈哲 / 扬州大学

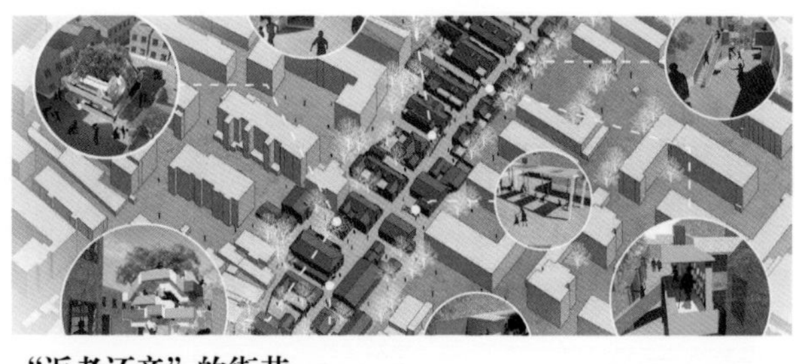

“返老还童”的街巷

马强、窦永佳、张建平、罗菁、房冠豪
/ 南京兴华建筑设计研究院股份有限公司

崖生广厦 —— 重庆青年公寓设计

邹立扬、赵敏、徐俊涛、冯一如、查慧、周伟、张有磊、许志豪、张奕、谢凯骏
/ 江苏筑森建筑设计有限公司

老有所“e” —— 5G 时代智慧社区

段忠诚、姚刚、李国利、韩栋庭、郭炜、华倩倩、郑宇鹏、褚焱、赵呈煌、车洁
/ 中国矿业大学

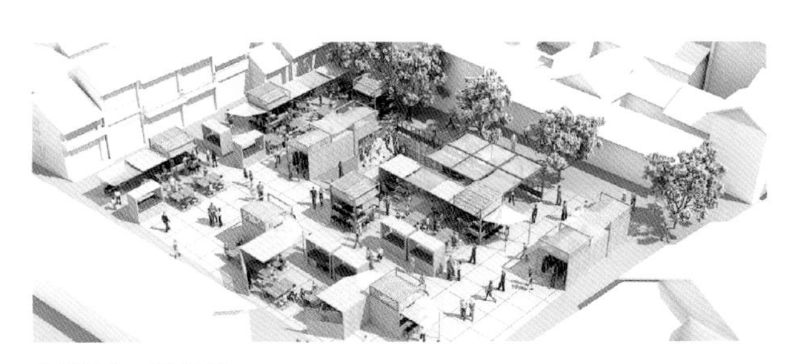

快装置 · 慢生活

周宁、汪衡 / 东南大学建筑设计研究院有限公司

[蜕变] 苏州地铁临顿路站的更新

周卫 / 苏州零点营造设计有限公司

“社区净水器”——净慧雨水花园

张田、陈秋婧、张兵洪、窦婷、施刘怡、谢露、郑豪、王笑丽、贾君兰、汪园
/ 苏州园科生态建设集团有限公司

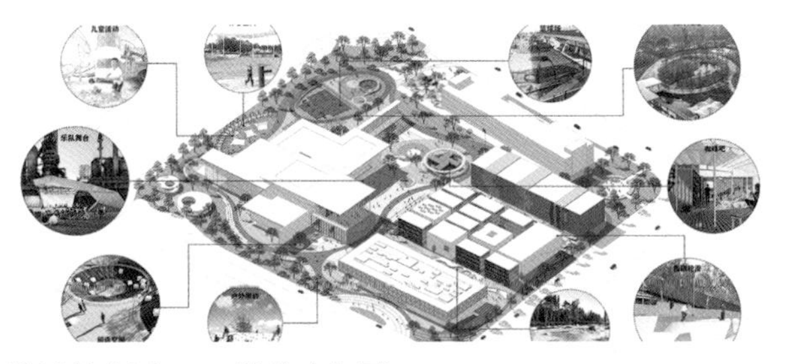

激活第壹区——筑梦青年圈

王超进、张成、侯志翔、郑天乐、钱欣宇、庄依凡、徐延峰、刘志军
/ 江苏省建筑设计研究院有限公司

运河窑 · 运盒谣

吴烨、沈洋、沈琪 / 无锡市规划设计研究院

江南近现代制造业遗存公园设计

刘谯、洪淼、张菲、胡乾
/ 南京艺术学院设计学院、南京交通职业技术学院
南京多义文化传播有限公司、南京拾意空间设计有限公司

二等奖 · 学生组

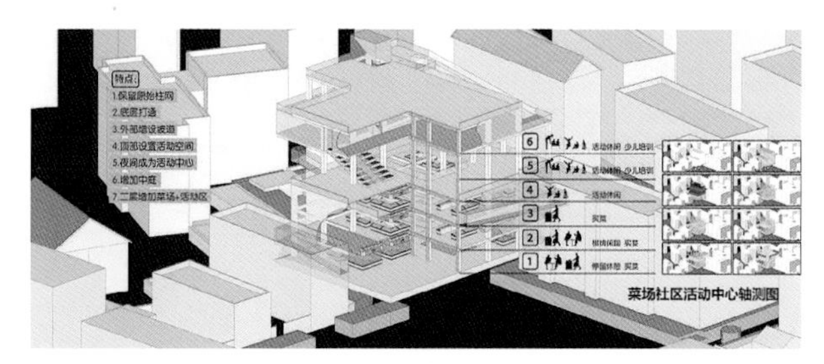

社区激活 —— 菜场及街区重构

邢兆连 / 江南大学

西安市明城区城市空间活力营造

张轩、王瑞琪 / 西安理工大学

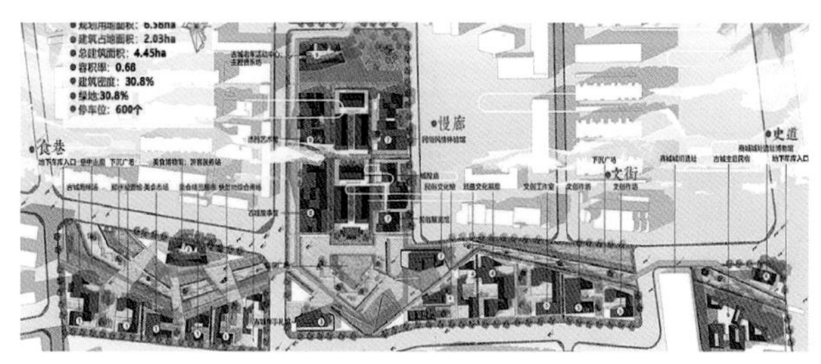

智慧街区下“庙市综合体”再塑造

贺晶 / 郑州大学

月亮湾 · 游子家 · 未来城市青年聚

赵萍萍、郭开慧 / 苏州大学

废墟上的云端

雷震 / 东南大学

石梁河水库采砂场域更新复育设计

黄路遥 / 武汉大学

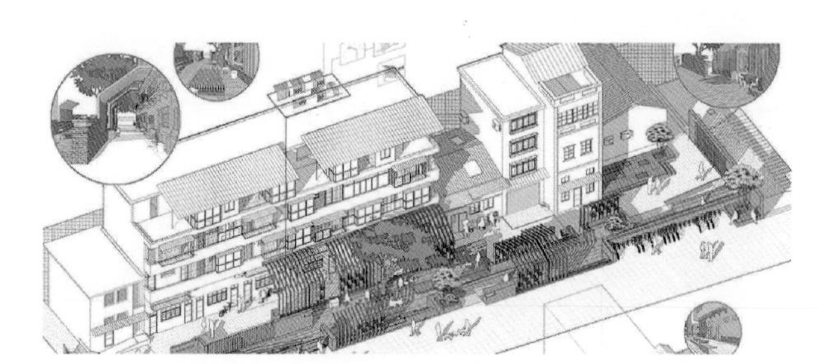

椅子上的文明路

谢振东、李薇、陈桂玲 / 广州美术学院

都市园林 —— 概念商业广场

陈胜蓝 / 英国谢菲尔德大学

锁金菜场见闻录

陈一家、徐倩倩、褚寒洁、孙梅霞 / 同济大学、南京林业大学

聚居共享：青年与老龄住宅设计

冯潇逸、刘阳
/ 意大利米兰理工大学、Politecnico di Milano、青岛理工大学

微城 —— 单位社区更新设计

秦晓丹、唐敏 / 华东交通大学

林夕音乐盒子 —— 青年共享社区设计

黎浩彦 / 南京艺术学院

盛巷十二时辰

黄兆旭、郑玲珺 / 武汉科技大学城市学院

数适承新，乐活京口

凌子涵、何远艳、陆毅涵、贝琰、张艺林、陈诺之 / 苏州科技大学

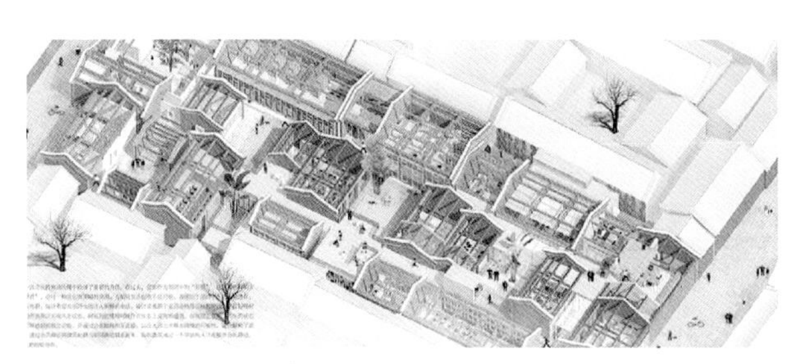

院隙共生 —— 当代会馆更新改造设计

龙云飞、王晴、胡正元、李杏 / 天津大学

重塑姑苏繁华图

桑甜、陈婷 / 东南大学

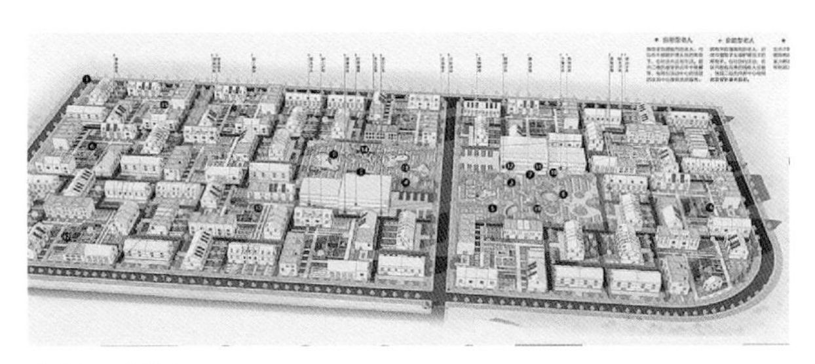

聆居 · 邻居

房欣怡、鲁遥 / 南京林业大学

步 · 叠 · 院

吴长荣、王安、贺川、刘鹏飞、蒋浩、方佑诚、沙莎、严帅 / 南京工业大学

这“碗儿”大

方佑诚、李一波、周韵、董俊峰、王安、蒋浩、刘鹏飞、吴长荣、贺川 / 南京工业大学

社区养老空间住宅改造设计

潘妍、孙浩 / 苏州大学

基于两种居住肌理的可变性探索

邹雨薇 / 郑州大学

竖巷街区 —— 城市住区微空间改造

丁倩文、陈艳 / 西安建筑科技大学

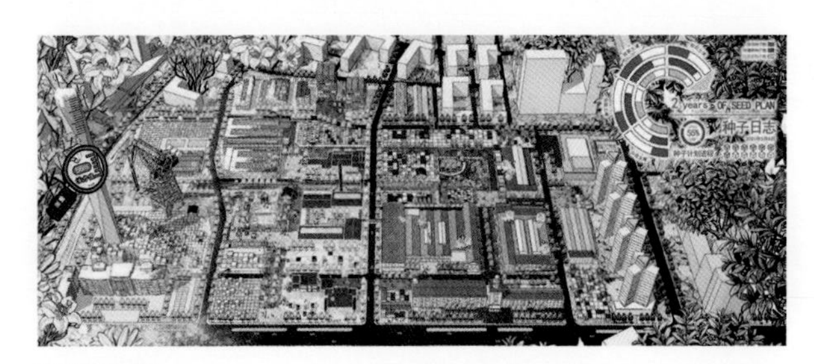

种子计划

陆垠、田壮、邹闻婷、高明宇、李佳宇 / 东南大学

盒间乐享 —— 单位社区活力重塑

王筱璇、王一初、刘艾娜、刘璐凡 / 西南交通大学

一里阳光——城市阴影下的别样童年

鲁青青、张鹏、肖海钰、冯家齐 / 西安建筑科技大学

门之停也——老龄社区门卫室改造

李晓楠、吴慧敏 / 南京大学

菜·园

张淑欣、蒋晗霓、周美艳、冯鸿志、梁美欣 / 南通大学

桥下巴适

刘燕宁、罗振鸿、赵釜剑、李湘铖、李思齐、廖远城 / 华中科技大学

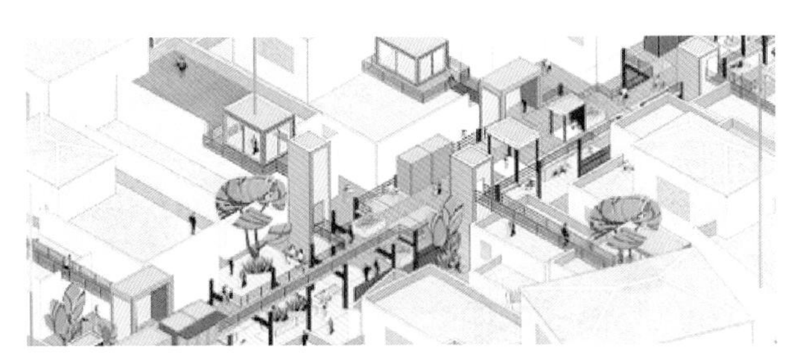

欣欣巷荣

廖一舟、戴聪、唐言、冯婉莹 / 安徽工程大学

回家的路——小区室外楼梯改造

李家祥、孙其 / 南京大学

三等奖 · 职业组

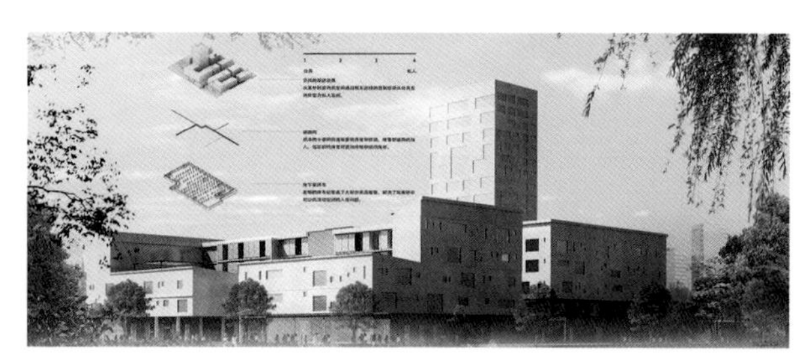

市井 — 串 — 街巷

陈萍、顾炜、康锦润、周潮 / 淮阴工学院建筑工程学院

模块化设计对院落式住宅的破局

谭人殊、邹洲 / 云南艺术学院

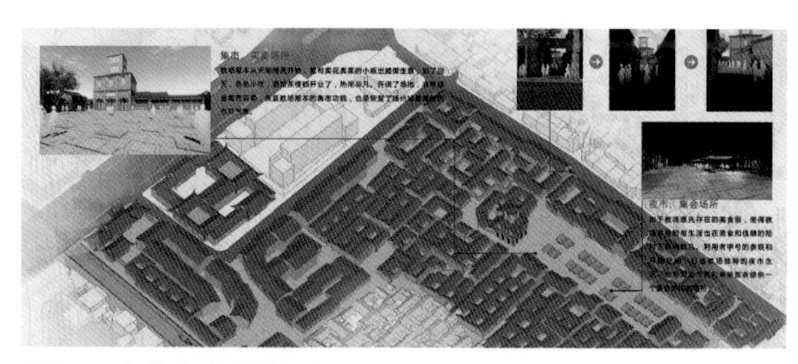

教场 · 市井文化的复兴

庄天时、许可 / 扬州市建筑设计研究院有限公司

爱之旅 —— 庐山西海女神岛景观规划

陈虹宇、陈子昱、吴铃燕、梁雅梅、马嘉悦、郭宏斌
/ 浙江工业大学之江学院、杭州大拙亦美建筑设计工作室、
杭州北斗星色彩研究有限公司

苏州相城区阳澄湖镇大闸蟹文化园

王凡、王苏嘉、黄志强、谢磊、祁文华、尹凡、钱舟、宋如意、
钱宇川
/ 苏州九城都市建筑设计有限公司

溯源 —— 柳堡村旧址综合改造设计

陈福阳、王建立
/ 盐城工学院 盐城市建筑设计研究院有限公司

童行石城 —— 住区儿童交往空间设计

曹心培、孙正、虞昊晟 / 江苏省城市规划设计研究院

旧城新时

陈钉玮、王紫涵、张润宇、程晓理、范秋涛
/ 江苏筑森建筑设计有限公司

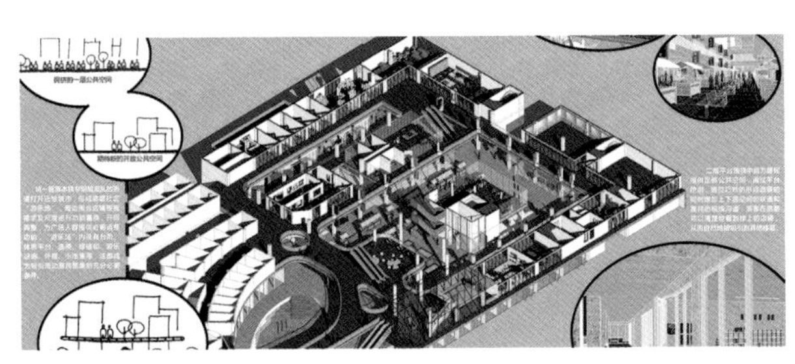

第二地平线

王科旻、祖丰楠、祝靓、郁晶晶、孙杨
/ 启迪设计集团股份有限公司

爱“上”这条街——南湖生活真滋味

曹隽、陈步金、李宁、相西如、徐淳、常晓旭、杨清、吴凡
/ 江苏省城市规划设计研究院

天台若比邻——“破冰”社区计划

彭晓梦、孙欣、李邑喆、王译瑶、孙经纬、林梦楠、佘恩如
/ 江苏省城市规划设计研究院

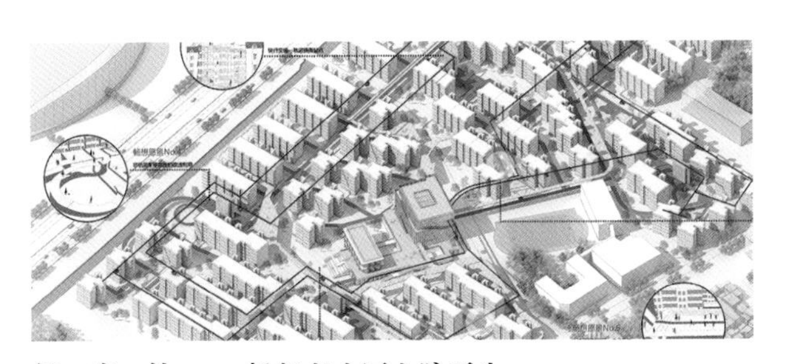

径·廊·轨——畅想老小区血脉再生

许圣奇、顾凯强、刘帅、孙卫、袁启春、朱旻、高宇
/ 江苏博森建筑设计有限公司

归巢·归潮

潘静、杨明、朱敏、邱雪菲、舒婷、王之峥、刘露、孙丽娜、朱震宇、贺智瑶
/ 苏州园林设计院有限公司

传承·更新——青果巷历史街区改造

邵翔 / 中衡设计集团股份有限公司

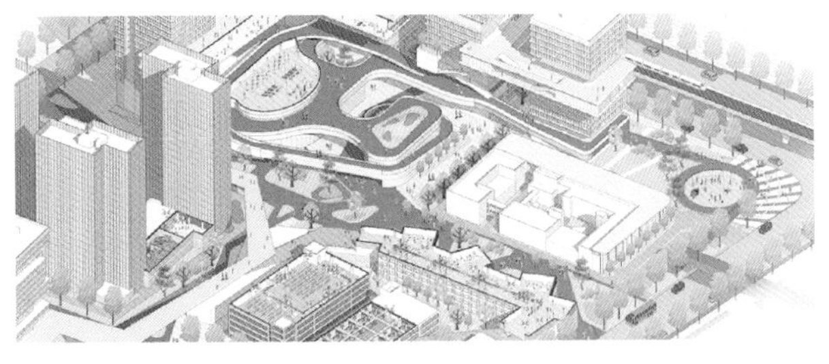

工业 4.0 城市 4.0 宜居 4.0

刘铨、王新宇、袁真、童滋雨、陆枫、杨轶雯、赵牧青、魏江洋、崔洧华、唐桤泽
/ 南京大学建筑与城市规划学院、南京大学建筑规划设计研究院有限公司

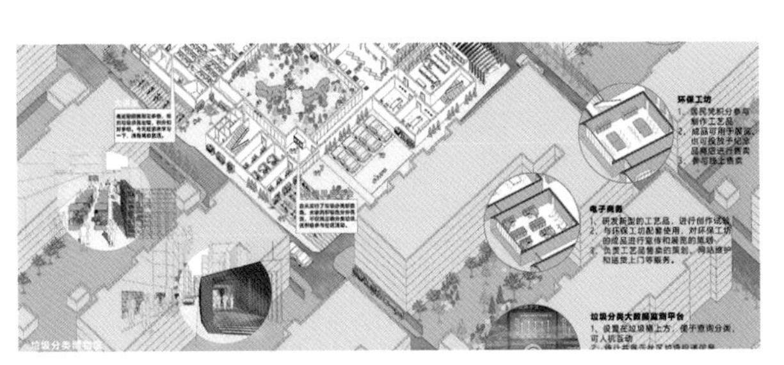

流转·生辉——共建社区改造计划

何朋、刘宁琳、朱镇宇 / 东南大学建筑设计研究院有限公司

旧貌换新颜 —— 三畏堂之传承与突破

李康、周苏宁、吴子夜、钱卫凤、刘庆堂、王洪磊、郭心越、唐涛、彭彬、范健华

/ 水石设计传统建筑研究院 南京米思建筑设计有限公司

很高兴认识你

王畅、汪愫璟、季婷、杜依滢、卞思寒、鲍东波、薛诗寒

/ 南京长江都市建筑设计股份有限公司

宜居大院 —— 停车景观一体化策略

李晓蕾、李仁民、林凌、丁思亮、刘友香、靳湾湾、陈宇峰、孙阳、乔晗、钱思宇

/ 中通服咨询设计研究院有限公司

H 舱

丁作舟、夏天、黄琳、邢明祺、王婕、陈思文

/ 中衡设计集团股份有限公司

工业起"舶"器

仝晓晓、徐孝天、刘佳卉、刘俊妤、黄金涛

/ 中国矿业大学建筑与设计学院建筑与环境设计工作室

社区魔盒

汤淑星、王磊、秦娅、施卫红、陆新亚、李智伟、天宇、张家豪、杨晓天、杨颖

/ 江苏省城市规划设计研究院

大桥小事 · 桥工新村更新与提升

刘瑞义、胡大愚、樊云龙、李斌、戴天序、齐彬、潘静、肖凡、蒋蓓、徐丹

/ 中通服咨询设计研究院有限公司

寺面八坊 —— 南通寺街提升计划

徐进、孙湉、黄清、陈玥亦、曹静、朱蓉蓉、张诗敏、朱佳奇、余逸潇、张祎玮

/ 南通市建筑设计研究院有限公司

“轨迹”

仝晓晓、任秀红、刘姝妩、于洁、毕文姗
/ 中国矿业大学建筑与设计学院建筑与环境工作室

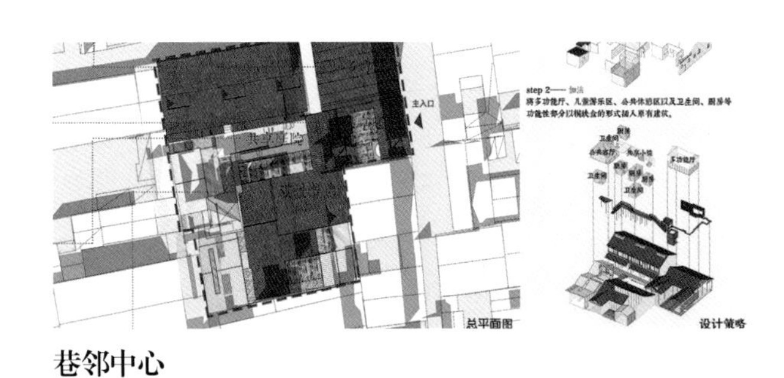

巷邻中心

平家华、陆蔚婷 / 中衡设计集团股份有限公司

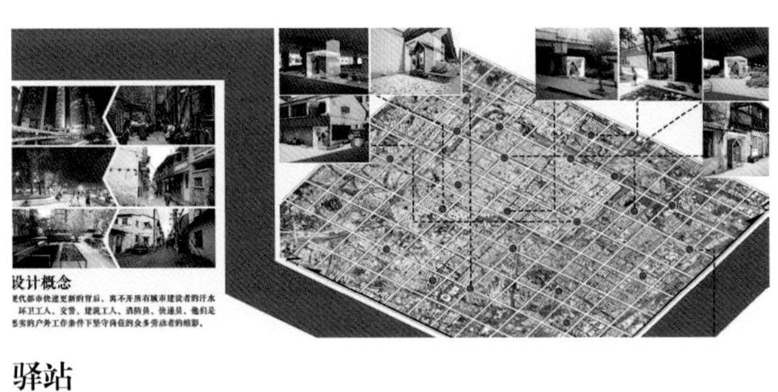

驿站

平家华 / 中衡设计集团股份有限公司

上星其社区服务中心

解永任、晏子、胡敏、宋长春、韩汝金
/ 苏州致朗建筑景观设计有限公司

耕海牧渔　向海而生

郝家顺、吴凯罗、黄稚文、周云龙、刘健誓、郝娜、谢佳洁、
王玮、刘欣、李威
/ 连云港市建筑设计研究院有限责任公司

平江府·半时辰

顾苗龙、潘磊、周逸然、付长赟、王思睿、黄豪、严龙、吴海波、
郭欣雨、沈仕娜
/ 启迪设计集团股份有限公司

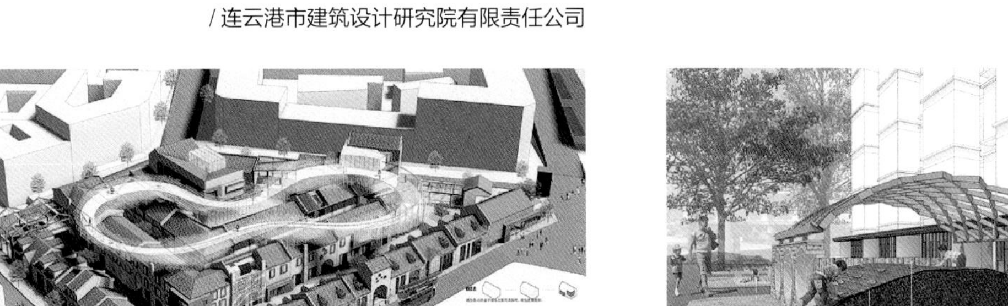

里院漫步

李旭、张德利、李伟杰、苏逸凡、王晓茜
/ 青岛腾远设计事务所有限公司

点亮“灰”空间——小区共享 HUB

袁锦富、刘志超、李琳琳、吴迪、潘之潇、吴泽宇、徐立军、
李子静、姚秀德
/ 江苏省城市规划设计研究院

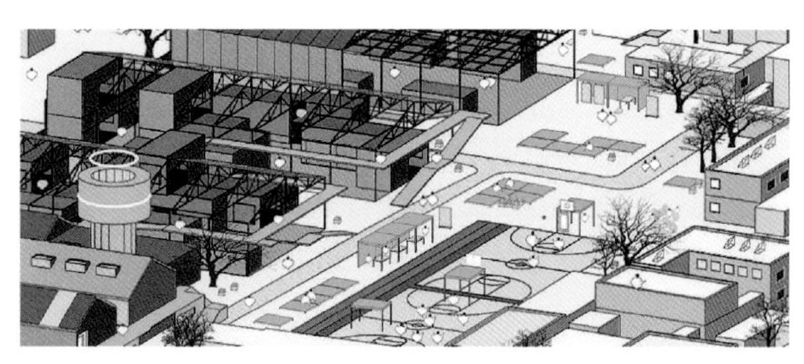

每个人的异托邦

潘鹏程、王玥晗、刘思勇
/ 江苏省城市规划设计研究院

保利工业文化创意产业园

刘欣、唐金波、王文略、封家慧、刘栋、李伟杰、杨国华、王晓茜
/ 青岛腾远设计事务所有限公司

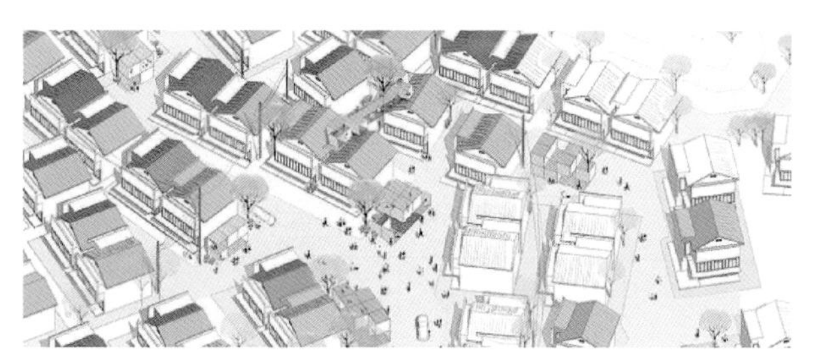

“订制”的美好生活

仝晓晓、马意晨、陈颖、孙悦、袁洋洋
/ 中国矿业大学建筑与设计学院建筑与环境设计工作室

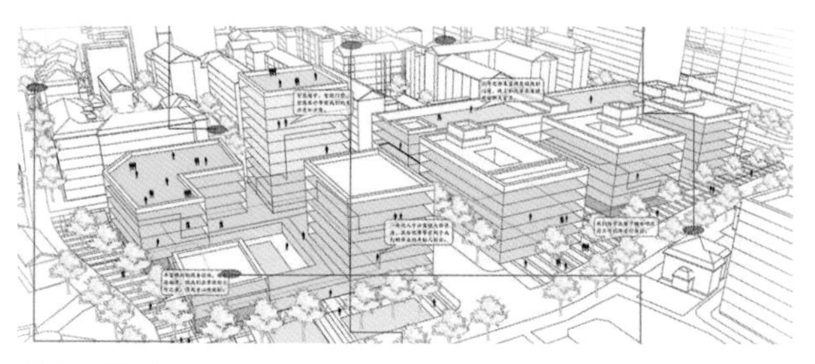

巷由“新”生

房硕、张媛明、陈昭、邓骥中、石娟、李海龙、涂静宇、吴斌、何序君、周佳星
/ 南京大学城市规划设计研究院有限公司

“荣”光——荣巷菜场的前世今“生”

郭登银、谢新星、李星逸、应晓音、李学成、陆天佑、黄加国、石栋、金涛、徐晓春
/ 无锡市天宇民防建筑设计研究院有限公司

从医到宜——老公共配套的原地新生

陈超、李春晓、何姝、陈一纯、苏依、成思齐
/ 江苏省城镇与乡村规划设计院

蜀道“难”——教育遗址活化

罗萍嘉、谢宇堂、江旭雅、谭笑
/ 中国矿业大学建筑与设计学院

都市有点“田” 生活有点“甜”

叶凡、郁正锴、李冰、陈池、吴尚、刘晓旭
/ 启迪设计集团股份有限公司

济城 in 巷

黄若愚、戴秀男、严晓洁、杨培枫、秦薇、张馨月
/ 苏州园林设计院有限公司

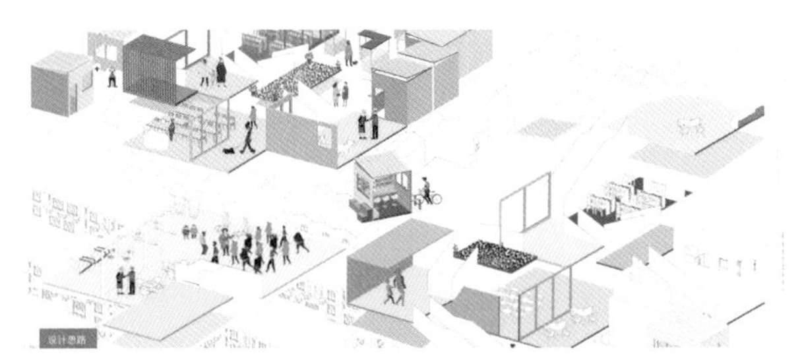

康养魔方 —— 城中村的设计改造

仝晓晓、孙悦、袁洋洋、马意晨、陈颖
/ 中国矿业大学建筑与设计学院建筑与环境设计工作室

零·聚 —— 飞桥下的空间重塑

房鑫鑫、陈礼纲、晏小飞、丁浩宇、翟嘉祥、刘冬慧
/ 江苏筑森建筑设计有限公司苏州分公司

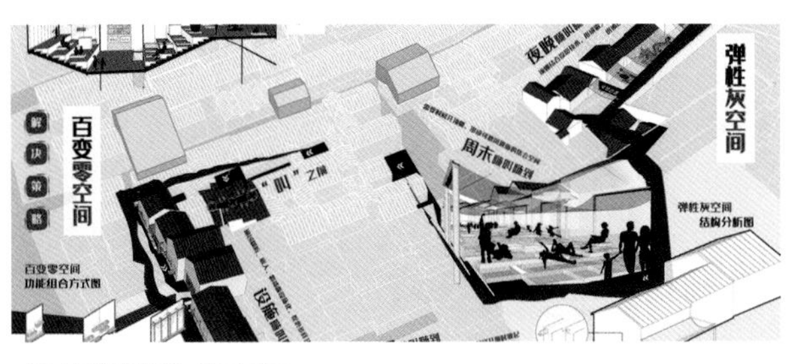

“随叫随到”的空间

赵军、嵇岚、纪越、李民子、刘珊荷、黄珊、路天、徐延峰、
刘志军、王超进
/ 江苏省建筑设计研究院有限公司

窑·想当年

周祺、严玮辰、童刚、李娉婷
/ 江苏天奇工程设计研究院有限公司

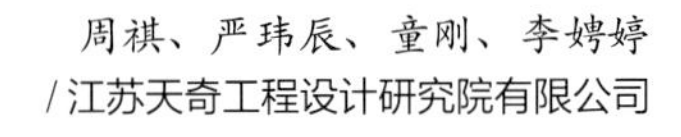

社区心愿廊 +

刘嵘、艾尚宏、何永乐、张濛、吴万畏
/ 东南大学建筑设计研究院有限公司

“家门口”的那点事儿

张洁、徐功庆、谈歆、沈鸣、唐健亮、任道远、华心怡、刘军、
张庭嘉、邵海涛
/ 江苏博森建筑设计有限公司

城市烟火 —— 东箭道农贸市场改造

苗成年、张磊、陈璐、孙伟宇、朱勇、傅韶华、丁艺婷、李鹏、
刘鹏程、柳筱娴
/ 南京美丽乡村建筑规划研究有限公司

梦境之中　想象之外——儿童新社区

许洋、董一鸣、姜航、施雨佳 / 江苏合筑建筑设计股份有限公司

绿轴生“花”

彭伟、卞光华、郑兴宇、马如川、赵雨薇、曹菁菁、商伟、徐延峰、刘志军、王超进
/ 江苏省建筑设计研究院有限公司

三等奖 · 学生组

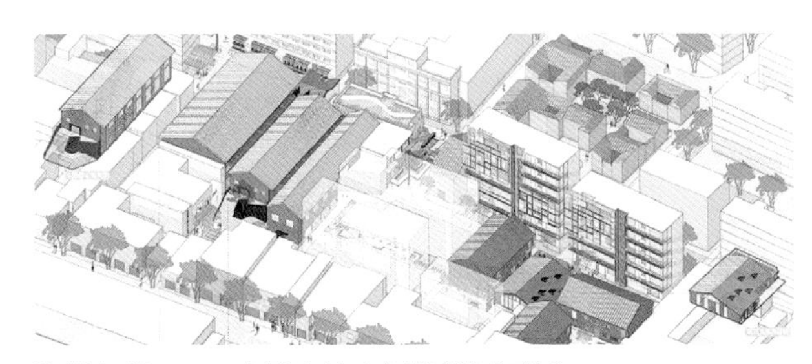

渐微智筑 —— 武昌古城广福坊社区更新

陈步可、赵金 / 华中科技大学

承古织今，乐活江城

刘晨阳、万昶 / 华中科技大学

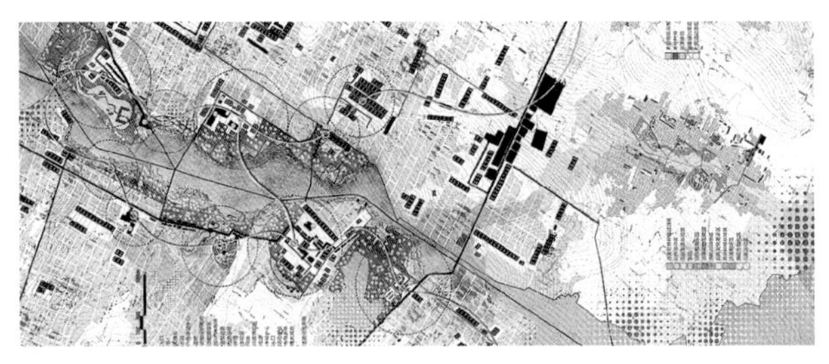

沙洲腾格里沙漠生态景区规划设计

甘小宁 / 西北农林科技大学

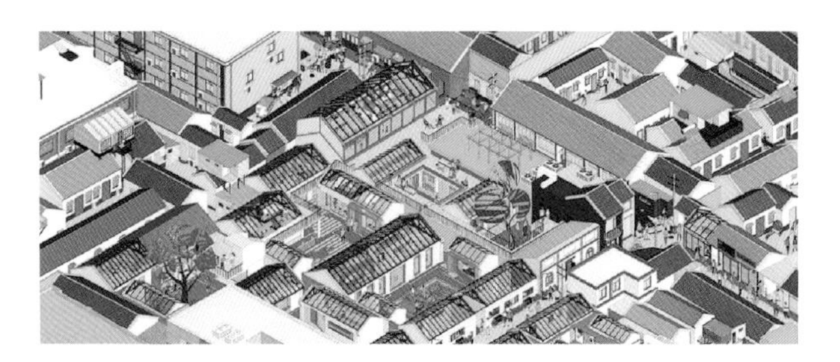

院家 · 家愿

许博文、刘策、刘莹 / 天津美术学院

梭之言

张婧悦 / 天津大学

治愈街道 —— 上海市河间路微更新

袁美伦、夏金鸽、王与纯、李文竹、王舒媛 / 同济大学

晤域晋里 —— 小河村村落更新与改造

李宇璇、张春雷 / 大连工业大学

负熵 · 再生 —— 少数民族社区微更新

丁彦竹、李娜 / 苏州科技大学

家的延伸

邓思莹、陈力哲、黄梦微、薛逸帆 / 苏州科技大学

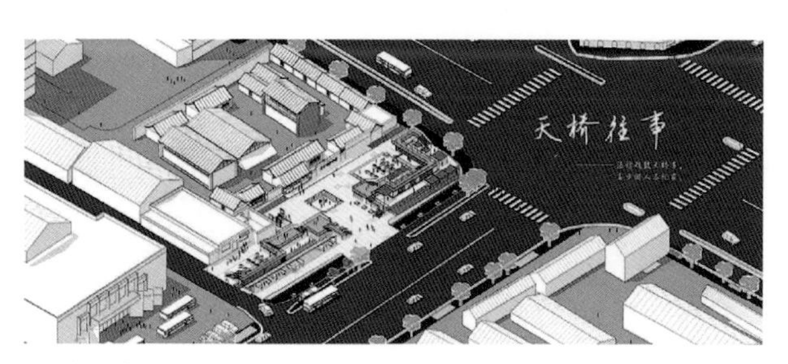

天桥往事

刘淳淳、董明岳、赵浩 / 北京建筑大学

巷由新生 —— 镇江新河街更新设计

吴若禹、孙海烨 / 苏州科技大学

破壁 · 享园 · 颐人

田壮 / 东南大学

居住区河道生态整治新模式探索

赵晓晴、洪宣娇 / 南京林业大学

重生 —— 历史层叠中的新秩序

赵浩 / 西安建筑科技大学

深山微光

何萱贝 / 西安建筑科技大学

全媒体时代大运河乡村宜居家园

张云柯、侯苏珊 / 天津大学仁爱学院

THE DESERT BOAT

孙韬、李玲雅、刘玉臻
/ 中国地质大学（武汉）、北京林业大学、西安建筑科技大学

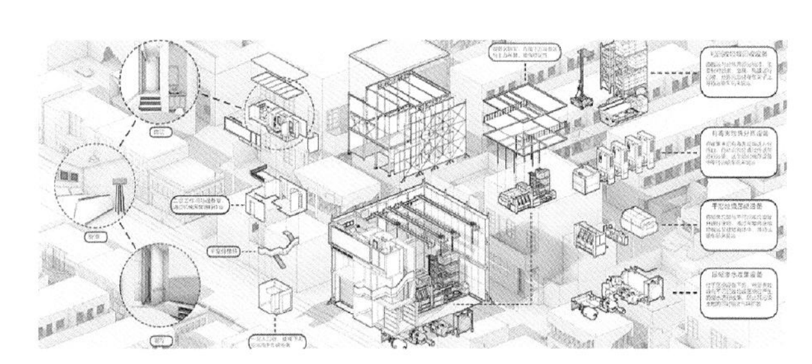

智能时代 —— 垃圾分类引擎重构

沈天辰、樊逸飞 / 东北大学

曲水流熵 —— 历史街区更新设计

朱玥珊、王沛颖 / 苏州科技大学

菜市・敞

胡亚辉、刘可、李琪、汪琦、屈佳慧 / 东南大学

村口生活市集

夏士斐、任珂、华茜茜、姚志豪 / 中国矿业大学

编织碑林・多维重构

胡震宇、程俊杰、于梦涵、钟瑜、庞月婷、傅弈佳、袁敏、
山口裕太郎、勝尾洋介
/ 东南大学、同济大学、东京工业大学

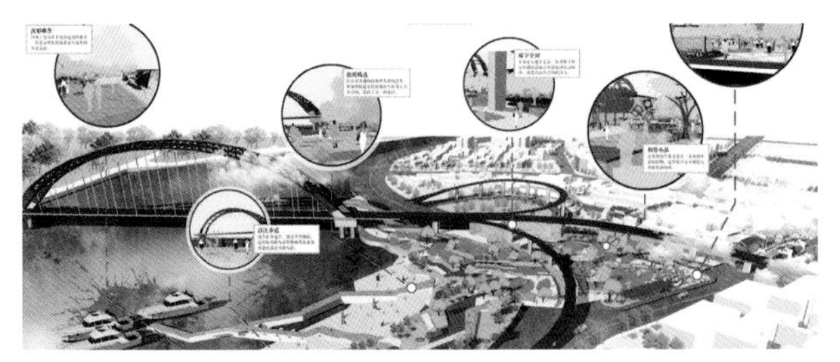

走出家门・走在路上

熊卓成、唐楷 / 华中科技大学

桃花源里小乐惠

张涵、蹇宇珊、宋夷白、刘茂源 / 江南大学

高架之下，城市之上

成凯、吕进、张尚琪 / 西安建筑科技大学

城市催化剂 —— 活力居住区

张馨元、江慧敏 / 苏州大学

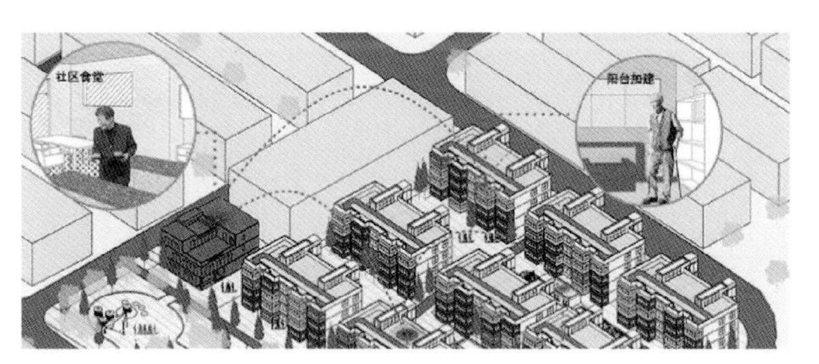

宜居 · 颐养 —— 盐南新村居家养老改造

花晨、王俞君、张玉珏、蔡志鸿 / 盐城工学院

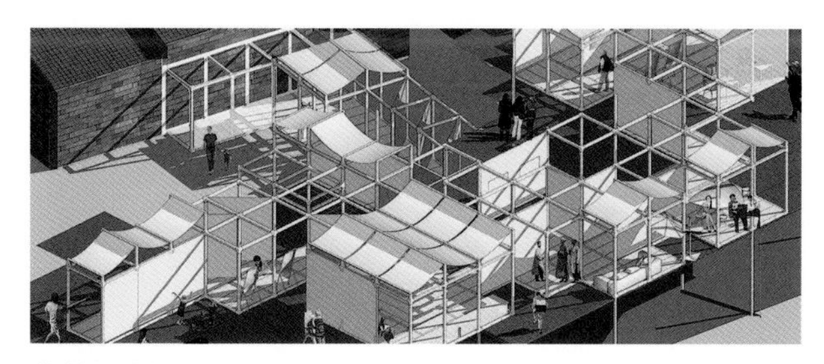

收拾旧山河

曹羽佳、龚宏宇、张丽婷、吴添翼 / 南京工业大学

青山不老

刘洋、李星儿、刘伟、黄瑞安 / 南京大学

“小社会”的欢聚

韩四稳、裴龙、陈昶岑 / 合肥工业大学

城南新事

沈洁、沈祎 / 东南大学

新社区之家

毛继梅、吴家妮 / 苏州大学

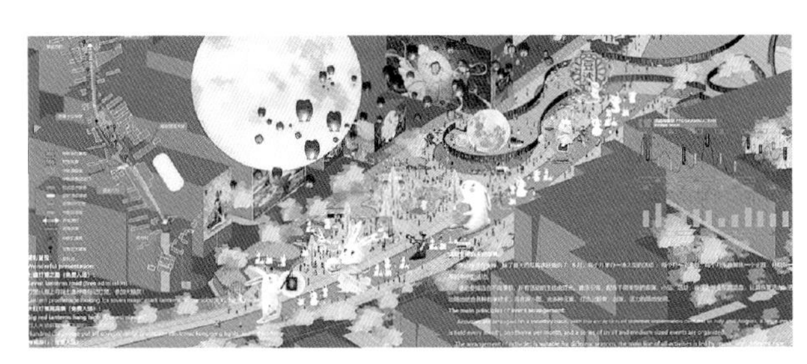

云上集——锁金东路的弹性景观搭建

孙弘毅、梁英、贾宇智、秦天昱、苟丹丹、王晓玉、付容玮
/南京林业大学

水调歌——扬州段运河遗产更新设计

杨雨辰/江南大学

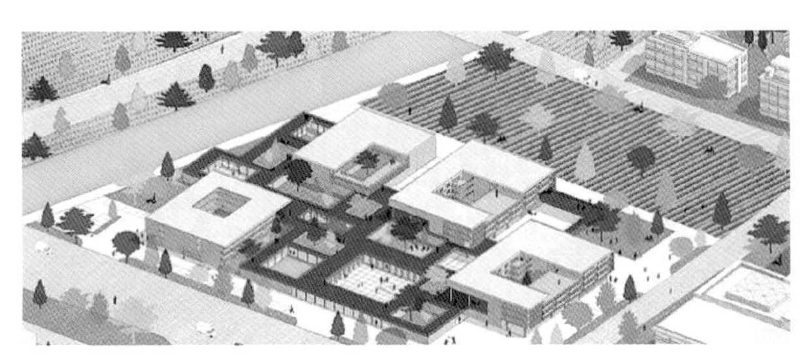

榀——医养结合多样宜居的养老社区

胡峻语、沈梦帆/苏州大学

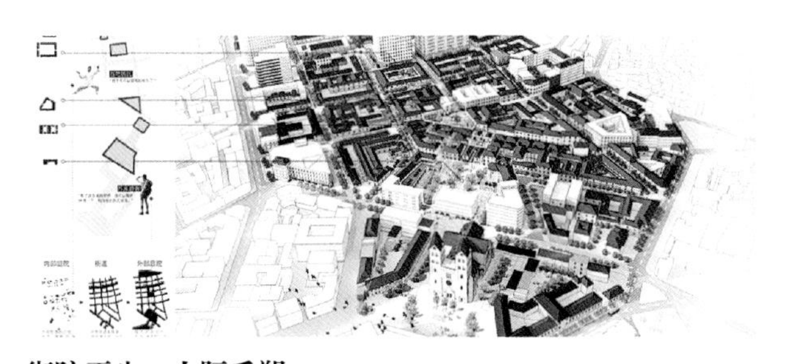

街院再生·人际重塑

刘淳淳/北京建筑大学

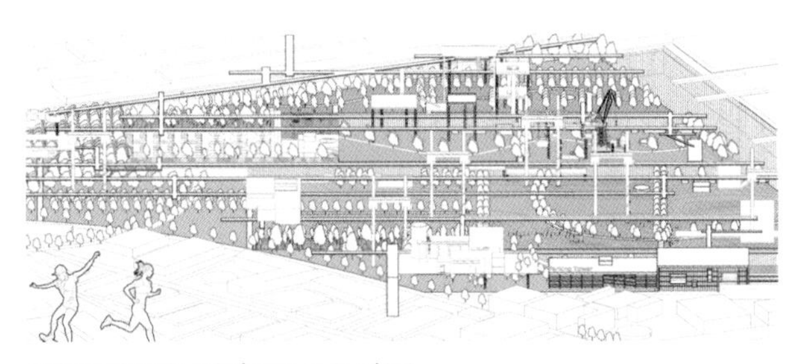

无锡旧船厂城市复兴工业乐园

朱懿璇/苏州大学

活力社区的连续"有机质"

林逸风、邹闻婷、邹立君/东南大学

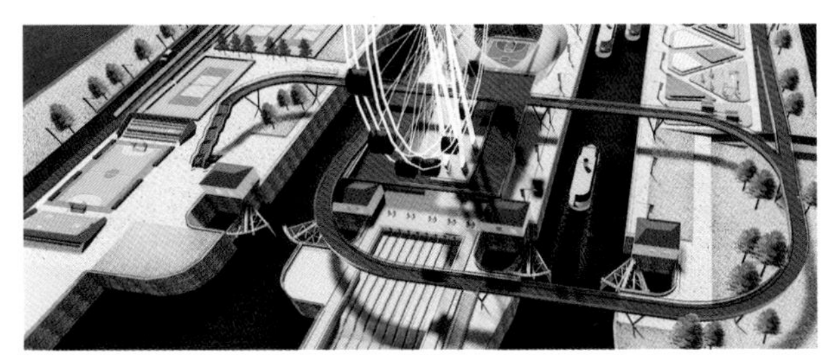

船闸公园——基础设施的活化利用

刘倩茹、宋梦梅、王国庆/东南大学

活力少城　居游共栖

宋楷楠、徐一菲/西南交通大学

毛细系统——慢行系统的理性回归

许浩远、李凯旭、袁瑜、程惠南、谢小丽 / 南京工业大学

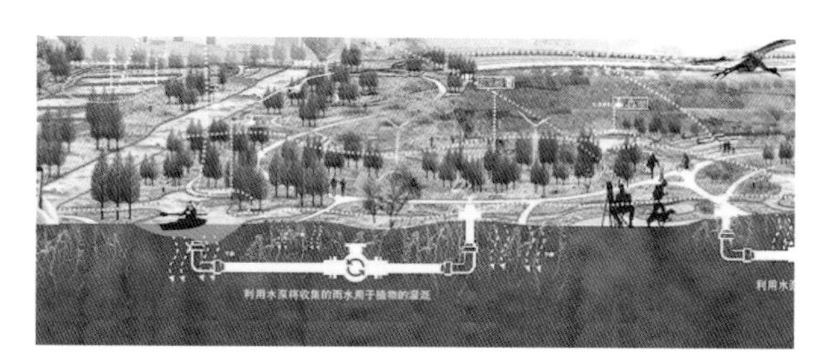

智慧农野——互联网+公园模式探索

张寒韵、张祥、陈丽丽 / 南京林业大学

共生寓

唐萌、张文轩 / 南京大学

艺享天开——青阳港核心区城市设计

徐杜江南、程露 / 南京工业大学

3D-METRO

刘婧、南雅卿 / 苏州大学

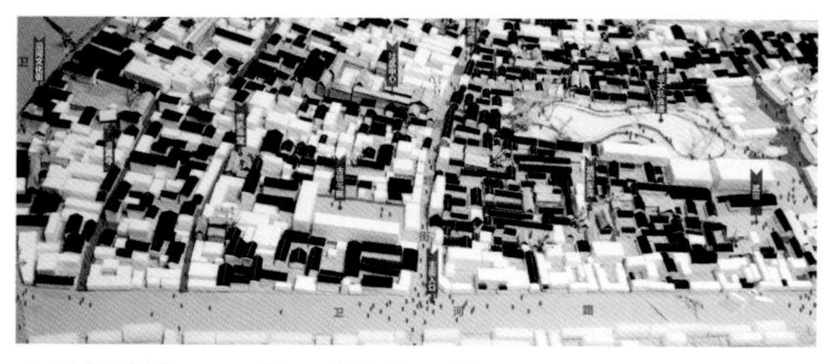

生活的礼赞——道口古镇社区营造

刘贺、张擎天 / 南京大学

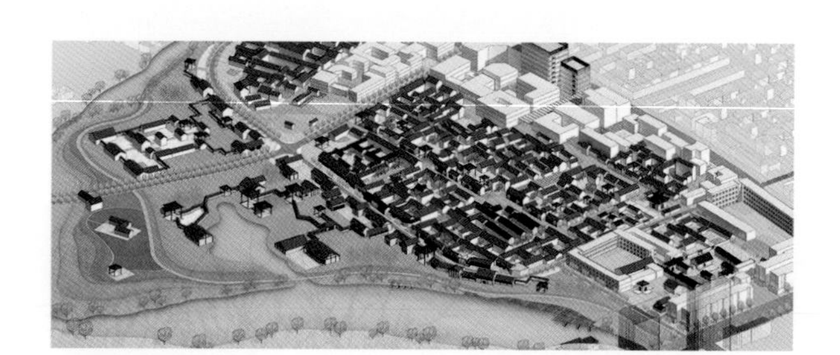

事空间·时空间

张擎天、刘贺 / 南京大学

串联社区——社区公共空间改造

辛萌萌、韩奕晨、王世达 / 重庆大学

红砖游园——园林式校史馆设计

汝文欣、陈剑、袁晨曦 / 合肥工业大学

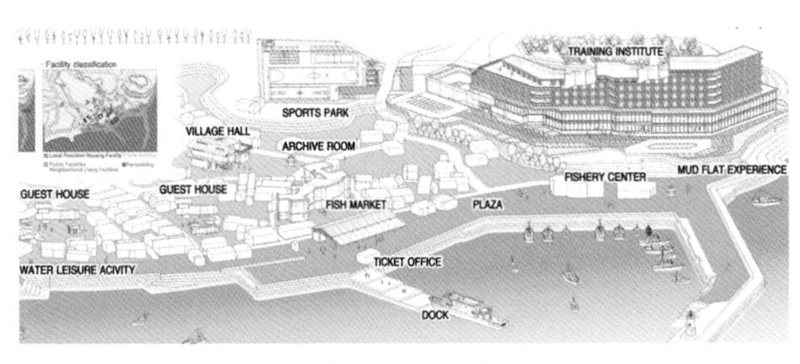

为当地居民创建一个回归的渔村（韩）

Lee Gong Myeong Lee Seung Yeon Park Hyeon Chang
Jo Hyejin

评委声音

“今年大赛的主题‘宜居家园·美好生活’非常好，十分贴近人和建筑的一种关系，强调以人为本、围绕现实生活的宜居性改善，体现了建筑服务于人的思想和理念。在 1400 多个作品当中，一些比较优秀的作品对我们的行业发展有所启发。

希望大赛一届比一届办得好，通过大赛的举办，发挥更大的影响力，对我们的专业有所促进，同时市民的参与感也更加增强。希望参赛选手在总结积累过去几届经验的基础上，专业更加长进，为我们的社会，为我们的城市和建筑做出更大的贡献。”

孟建民
Meng Jianmin

· 中国工程院院士
· 全国工程勘察设计大师
· 深圳市建筑设计研究总院有限公司总建筑师

“今年的作品给我的印象是更加引人注目，作品体现了由小见大，从生活的方方面面切入视角，见微知著。参赛者能用设计师的眼光，敏锐地发现这些生活中的空间和环境问题，并且用独具匠心的一些设计创意来应对和解决这些问题，这是今年大赛给我最大的一个印象。像这样的场所营造和社区环境的改善，正是现在从中央到各级政府都在特别关注的主题。党的十九大以来，社会的主要矛盾已经转变为人民日益增长的美好生活需要与不平衡不充分的发展之间的矛盾。这次大赛的主题很好地回应了这样一个问题和诉求，特别有意义。

很高兴看到比赛的参与者从平常的生活中发现了问题，提出了很多匠心独具的解答方式，从技术的手段表达了他们的激情和梦想，感觉琳琅满目，各有奥妙。希望这些作品或者概念将来能够落实到具体的项目当中。”

王建国
Wang Jianguo

· 中国工程院院士
· 东南大学建筑学院教授

“我们过去的建筑设计，总是在建筑设计的象牙塔里边，如何让设计走向我们的城市生活，让广大的群众更广泛地参与到我们的设计中来，这是大赛给我最深的印象。我们的设计是对身边现有空间的改善，或者是对未来生活的设想，通过全民参与的方式使得大赛成为影响越来越广泛的大型赛事。我一直有一个观点，我们全民的建筑素质可能是决定我们未来生活品质的一个重要方面。紫金奖·建筑及环境设计大赛不仅是一个竞赛，更重要的意义是传播设计理念，在整个赛事过程中，传播什么是好的城市，什么是好的建筑，什么是未来的发展方向，也为未来我们构建一个更精致城市、更宜居的城市，打下好的基础。

大赛涵盖了东西南北的很多青年学生，有建筑院校的、有美术学院的，还有师范大学的，充分体现了全民参与性。作品有关注身边社会生活的、有关注未来技术设想的、有关注历史文化的，还有关注社会问题的，这些都是我们应该关注的，建筑师应该通过设计让我们的城市更美好。城市设计，最终用户应该是广大的人民，人民城市人民建。也是通过大赛这种形式，更广泛的让大众参与设计过程，所以大赛具有专业性和大众性结合的特色。”

赵元超
Zhao Yuanchao

· 全国工程勘察设计大师
· 中国建筑西北设计研究院有限公司总建筑师

“上一次参加紫金奖·建筑及环境设计大赛是第二届，这次感觉整个赛事的阵容规模，无论是参赛团队的阵容，还是评委阵容都有很大的改变和提升。很高兴看到的是学生组的选题角度比以前拓展地更加广泛，有更宏大的构想，也有更深入的居民调查，关注的社会群体也越来越细致。这反映出，紫金奖建筑大赛已经从举办之初逐渐变为更深入、立体、多层次的创意大赛。参赛作品不仅有好的创意，社会公平、关怀、共享等词汇也高频出现。希望选手继续挖掘，用好的创意设计让生活更美好。”

孙一民
Sun Yimin

· 全国工程勘察设计大师
· 华南理工大学建筑学院院长

“很高兴参加紫金奖的评选，一个比较深的感受，就是大赛有一个好的选题。设计作品的好坏固然很重要，更重要的是主题，通过理念传播，让更广泛的人参与到关注生活、改善生活的大主题中来，这是大赛的成功之处。很多作品都很用心，从作品中可以看出，选手们除了关注当前发展背景下的宏大主题、宏大叙事，还注意从身边具体的微空间切入来改善人的生活，这在是大赛的意义所在。”

张鹏举
Zhang Pengju

· 全国工程勘察设计大师
· 内蒙古工业大学建筑设计有限责任公司董事长、总建筑师

“今年的参赛作品，比往届又有了较大的提升。有许多作品针对未来的科技的发展，对未来生活环境的提升提出了有创意的想法；同时也有许多作品真题实作，针对现实生活中实际存在的问题，提出了很好的解决方案。希望大家越来越关注紫金奖，也希望大家能够通过关注紫金奖，更加关注我们现实的生活环境，让大家一起为提升我们的宜居环境，贡献专业技术力量。”

冯正功
Feng Zhenggong

· 全国工程勘察设计大师
· 中衡设计集团股份有限公司董事长、首席总建筑师

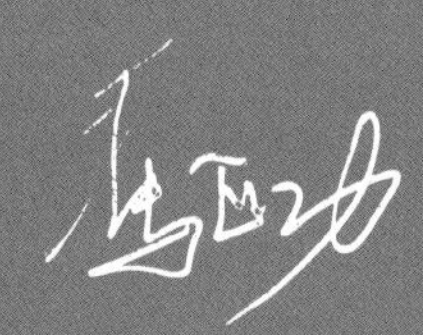

“紫金奖· 建筑及环境设计大赛的主题非常鲜明，非常符合当今时代社会发展的需要。专家评委水平都很高，评选出来的项目都非常具有代表性。希望评选出来的具有示范性、引导性的项目，对于勘察设计行业的高质量发展，能够产生积极的引导作用，也希望紫金奖设计大赛能够越办越好，能够成为一个国际品牌，在更广泛的范围内产生更大的影响作用。”

王子牛
Wang Ziniu

· 中国勘察设计协会副理事长

“紫金奖· 建筑及环境大赛对于推动建筑师走进公众的视野、提升建筑师的社会地位，以此促进整体设计品质的提升，起到非常关键的作用。现在，中国的建设速度是非常快的，每年都有大量的新建筑出现，但很少有公众了解背后的建筑师。通过紫金奖大赛，隐藏在建筑背后的建筑师走进公众的视野，更多公众关注建筑、关注城市空间品质。大赛的举办吸引了更多的人能够讨论建筑，推动提升民众建筑审美意识，感受建筑文化基因，这对中国建筑界的发展是非常有作用的。大赛还关注社会问题，关注要解决什么问题，而不是为了设计而设计，让建筑真正走进我们的生活。”

李存东
Li Cundong

· 中国建筑学会秘书长

“本届大赛的主题是‘宜居家园·美好生活’。我们设计的关键一定要深入生活，在生活中发现问题，这样才能以人为本、以宜居为目标，构思出美好的创意。祝紫金奖· 建筑及环境设计大赛影响越来越大，越办越成功。”

马晓东
Ma Xiaodong

· 江苏省设计大师
· 东南大学建筑设计研究院有限公司总建筑师

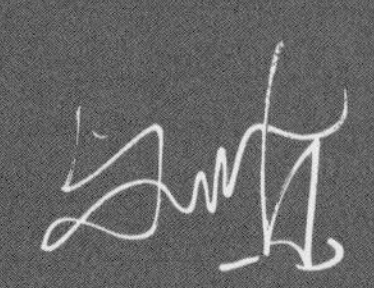

“非常高兴到南京来参加紫金奖·建筑及环境设计大赛，我已经是第三次参加评选。我对今年的主题非常有感慨，中国的发展已经进入到一个新的阶段，大拆大建的时代已经过去了，从战略上讲，新时代的发展更关注品质，更关注一些微小的变化。今年学生组绝大部分的设计都是从我们身边的空间入手，思考怎样提升我们的生活品质和环境；从身边的事情关注怎样提升我们的美好生活，符合我国当前的整体发展导向，我特别的赞赏。希望紫金奖的活动能够一届一届办得更好。”

支文军
Zhi Wenjun

·《时代建筑》期刊主编
·同济大学建筑与城市规划学院教授

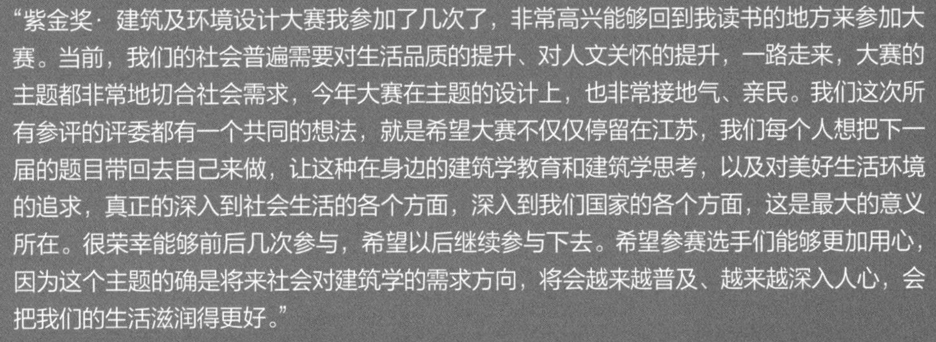

“紫金奖·建筑及环境设计大赛我参加了几次了，非常高兴能够回到我读书的地方来参加大赛。当前，我们的社会普遍需要对生活品质的提升、对人文关怀的提升，一路走来，大赛的主题都非常地切合社会需求，今年大赛在主题的设计上，也非常接地气、亲民。我们这次所有参评的评委都有一个共同的想法，就是希望大赛不仅仅停留在江苏，我们每个人想把下一届的题目带回去自己来做，让这种在身边的建筑学教育和建筑学思考，以及对美好生活环境的追求，真正的深入到社会生活的各个方面，深入到我们国家的各个方面，这是最大的意义所在。很荣幸能够前后几次参与，希望以后继续参与下去。希望参赛选手们能够更加用心，因为这个主题的确是将来社会对建筑学的需求方向，将会越来越普及、越来越深入人心，会把我们的生活滋润得更好。”

王晓东
Wang Xiaodong

·深圳大学本原设计研究中心执行主任
·深圳大学建筑学院研究员

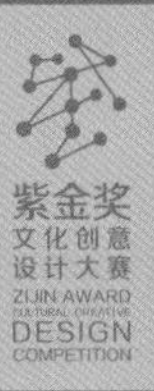

“这次大赛的题目选得特别好，非常接地气，它引导我们关注身边的事情，特别符合我们专业的特色。参赛作品有建筑设计、城市设计、景观设计，还有室内设计，非常的丰富多彩，反映出参赛选手们在日常的工作和生活中，非常关注我们周边的事。希望以后的大赛能够继续保持这样的特色，引导参赛选手们更加关注老百姓的生活，为美好的生活提供专业的设计。”

吉国华
Ji Guohua

·南京大学建筑与城市规划学院院长、教授

“从今年参赛作品的数量和品质来看，紫金奖·建筑及环境设计大赛成为一个越来越具有中国影响力的综合型赛事。今年大赛的主题是‘宜居家园·美好生活’，很多参赛作品更加关注老人、儿童、低收入人群等弱势群体，以及城市的消极空间等，使得大赛不仅具有传统的专业意义，还更多具有社会人文意义，所以希望紫金奖办得越来越好，将来一定会有更大的影响力。”

刘 剀
Liu Kai

· 华中科技大学建筑学院教授

“紫金奖·建筑及环境大赛已经举办了六届了，从参赛作品来看，项目数量越来越多，从参赛作品的内容来看，都特别关注社区生活。如何营造宜居社区？大部分作品的观察都比较细致入微，提出了一些可行的实施方案，对今后的社区更新建设非常有启示。这是我对这次大赛作品的总体感受。希望青年学生和设计师能持续踊跃参与紫金奖·建筑及环境设计大赛，在将来的学习和工作中拿出更好的作品，让大赛越办越好、越办越有生气。”

张玉坤
Zhang Yukun

· 天津大学建筑学院教授

“本届大赛引导人们关注身边的问题，这是一个非常好的开始，20世纪90年代以后，宏大的叙事、过于乌托邦式的设计思路已经行不通了。那么设计如何作用于每个人具体的生活的细节、微观的界面，是现在建筑设计、景观设计和城市设计所关注的内容。紫金奖·建筑及环境设计大赛已经在这方面引领潮流，希望能够持续地为改善未来的、全球范围内的人居环境，从能源环境到涉及我们生活尊严的每个细节来提供灵感。”

张 利
Zhang Li

· 清华大学建筑学院院长
· 清华大学建筑设计研究院有限公司副院长
· 《世界建筑》期刊主编

“紫金奖·建筑及环境设计大赛已经举办六届，已经形成了自我品牌。今年大赛提交的作品数量和质量有明显提高，评委阵容强大，影响力、吸引力也变得越来越大。作为江苏的建筑师，我们非常希望紫金奖越办越好，希望我们越来越多的建筑师，尤其是来自外省和国外的建筑师更多的参与，共同推进紫金奖的影响力和品牌效应提升，也希望能有更多作品落地实施，真正做到服务城市，服务人民。”

张应鹏
Zhang Yingpeng

- 江苏省设计大师
- 九城都市设计有限公司
  总建筑师

“在建筑已经进入老龄化和饱和状态的背景下，我们非常需要富有文化创意的设计来提升城市的幸福感，同时还需要赋予我们建筑和城市以深度和厚度，带给居民更多的温暖，这是我们追求的目标。今年的参赛作品很有创意，有些涉及未来的发展、科技的发展，有些涉及新能源的使用、生态，以及新科技的介入等等；同时，参赛者的关注点也比较广泛，有儿童、有老人、创业青年等，这些作品的主题对于整个城市来说是一个全方位的关注，值得提倡。”

李　青
Li Qing

- 江苏省设计大师
- 南京金宸建筑设计有限公司
  总建筑师

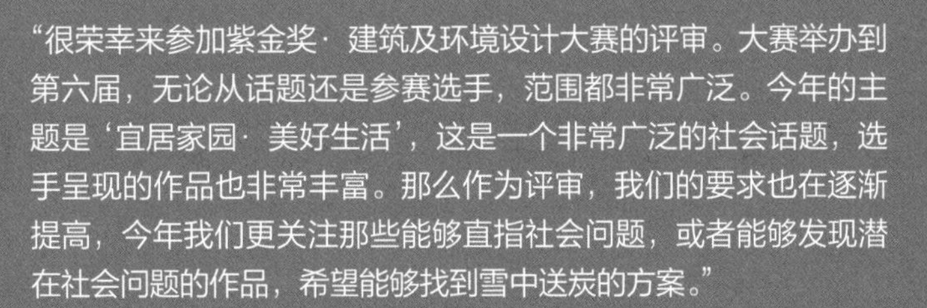
“很荣幸来参加紫金奖·建筑及环境设计大赛的评审。大赛举办到第六届，无论从话题还是参赛选手，范围都非常广泛。今年的主题是‘宜居家园·美好生活’，这是一个非常广泛的社会话题，选手呈现的作品也非常丰富。那么作为评审，我们的要求也在逐渐提高，今年我们更关注那些能够直指社会问题，或者能够发现潜在社会问题的作品，希望能够找到雪中送炭的方案。”

杨　明
Yang Ming

- 华东建筑设计研究总院有限公司
  总建筑师

“学生组的设计作品有两个特点：一是数量大，二是关注社会热点。从微空间到大的生态议题、老龄化社会等，议题非常广泛，当中有不少很有创意的好点子和很专业化的表达，整个来看印象深刻，一定能从中选出很好的作品来。祝愿紫金奖越办越好，成为一个有影响力的品牌。”

张　雷
Zhang Lei

· 江苏省设计大师
· 南京大学建筑与城市规划学院教授
· 张雷联合建筑事务所创始人

“我是第二次参加紫金奖建筑大赛比评选，这次我非常高兴看到了学生组的朝气蓬勃和充满创意的设计，他们富有聪明才智，关注社会问题，能够用自己的能力为更多的人创造宜居美好的生活环境，这是令人兴奋的一点。如果今后我们的在校学生、年轻人，能够积极参与到社会活动中来，跟着社会主旋律来关心社会的改造提升，关心最基层的百姓平民的生活，那这个社会就是温暖的、有温度的。只有这样，才能创造更美好的生活、更宜居的环境，真正实现大赛的主题！”

贺风春
He Fengchun

· 江苏省设计大师
· 苏州园林设计院有限公司院长

“今年的参赛作品水平较高、涵盖内容很丰富。从旧城改造到对未来生活的判断，创意性的作品非常多、范围非常广，还有一些真题实做的工程，这些是非常难得的。祝愿紫金奖一年更比一年好，形成在全国范围内都非常有影响力的大型赛事，也希望江苏以外的省份更加积极地参与，共同扩大紫金奖·建筑及环境设计大赛的影响力。”

郑　勇
Zheng Yong

· 四川省设计大师
· 中国建筑西南设计研究院有限公司总建筑师

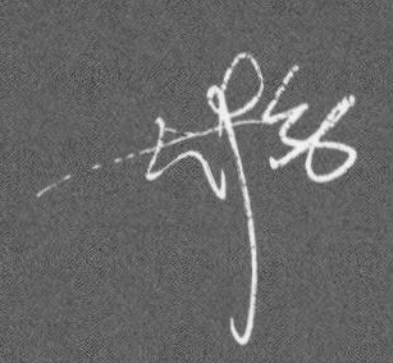

“大赛已经举办六届，从参赛作品来看，给人的总体印象是逐年提高。今年的作品量、参赛者的所在的地域覆盖范围都明显提升，更重要的是质量也有大幅度提升。今年有很多作品直接应对现实社会问题，例如养老问题、垃圾分类、步行公交体系、老旧小区加装电梯问题等，我特别欣慰。紫金奖· 建筑及环境设计大赛通过设计来启发大众和专业人士更加关心和解决社会问题，营造更好的社会氛围，已经完全超出江苏省地域范围，它的社会影响力是有目共睹的。”

赵 辰
Zhao Chen

· 南京大学建筑与城市规划学院
教授

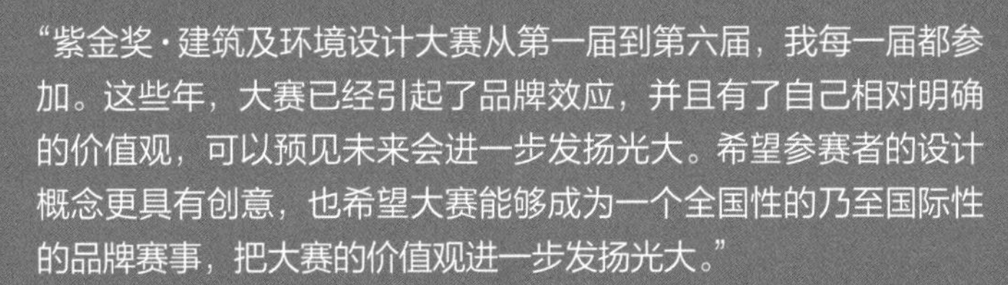

“紫金奖·建筑及环境设计大赛从第一届到第六届，我每一届都参加。这些年，大赛已经引起了品牌效应，并且有了自己相对明确的价值观，可以预见未来会进一步发扬光大。希望参赛者的设计概念更具有创意，也希望大赛能够成为一个全国性的乃至国际性的品牌赛事，把大赛的价值观进一步发扬光大。”

高 崧
Gao Song

· 东南大学建筑设计研究院有限公司
副院长、总建筑师

“今年我是第二年参加紫金奖设计大赛的评委工作，和去年相比，参赛的数量有了很大的变化，可见紫金奖设计大赛在全国范围内的影响和品牌力得到了很大提升。从参赛作品来看，今年出现了一些新的社会热点和关注的话题。比如进入 5G 社会以后，我们的城市空间如何去应对？比如垃圾分类这样的话题，在今年的设计作品当中都有所体现。从学生组来看，选手越来越关注我们的民生问题，关注我们的社会问题，尝试用我们建筑学知识，用我们的城市空间和建筑空间来应对和解决。我觉得这是非常可喜的一个变化。”

钱 强
Qian Qiang

· 东南大学建筑学院教授
· 联创设计集团股份有限公司
总建筑师

章　明
Zhang Ming

· 同济大学建筑与城市规划学院教授
· 同济大学建筑设计研究院（集团）有限公司原作设计工作室主持建筑师

“人民城市人民建，人民城市为人民。城市本身是为它的人民服务的。紫金奖·建筑及环境大赛这样的一个竞赛和活动，我觉得特别有价值的地方在于：它不仅仅是我们行业内或者专业类的一个竞赛，这种赛事的组织方式，实际打破了行业的界限，让更多的老百姓来关心我们的城市，关心我们身边环境的提升。建成环境的品质提升，跟老百姓的生活质量息息相关，老百姓的生活质量的提高实际上就是依托于我们周边环境的公共空间的品质提升。我觉得一个城市不仅仅有所谓的宏大叙事，有大量的大型工程，还有我们生活当中的点点滴滴，这些点点滴滴一方面需要我们设计师用我们专业的眼光去发现，但更多的是需要生活在其中的老百姓能够跟我们产生一些互动，能够提出一些甚至是可行性的建议。当设计师跟真正的使用者能够良好的沟通，能够产生一种互动的关系，这样子做出来的设计才能够真正接地气的。紫金奖今年已经是第六届了，任何一个赛事只要能够持续地产生价值和作用，就能够形成一个品牌。希望它能够延续下去，始终保持这样的特点，希望更多的人来关心我们的城市，关心我们的环境品质的提升，也希望紫金奖越办越好，影响力越来越大。”

曹　辉
Cao Hui

· 辽宁省建筑设计院有限公司总建筑师

“第一次来参加紫金奖·建筑及环境设计大赛，感到这个赛事非常成功，高水平的作品很多，我们在筛选的时候，很多作品的选择还是比较困难的。作品整体来看，题材丰富，聚焦的社会热点多元，提出的解决方案也非常有创造力，很多对于我们解决实际问题非常有帮助。这些创造性的作品应该说为过去和未来建立了一个非常紧密的联系。希望紫金奖越办越好，越办越有人气。”

韩冬青
Han Dongqing

· 江苏省设计大师
· 东南大学建筑学院教授
· 东南大学建筑设计研究院有限公司院长、首席总建筑师

“今年的主题‘宜居家园· 美好生活’，不仅体现了人类对美好生活一贯的追求，其实也是鼓励设计师探索在当代社会各种特殊的条件和背景下，我们当代的美好生活又会反映在哪些方面？ 非常高兴看到很多作品，通过自己独特的视角去发现生活的各种场景，并且致力于去推动这些场景的优化，过程中体现了对人的生活的细心关注，同时富有特殊的创意和才华。说到决赛，我觉得选手的表现还是非常精彩的，有些超出我的预期。首先，很多作品有两方面的特点很鲜明，一个是他们对现实生活的观察，我觉得对青年学生来讲，能够做到，是很不容易的。很多对生活的体验，是做好作品的很重要的一步，这方面做得很扎实。还有一个就是关于未来的畅想的创意能力，这个角度也比较多元，而且作品本身的独特性，确实就是抓特殊问题、特定人群，寻找特定的方法和解决路径，我觉得这些方面都是非常精彩的。这个设计为生活服务，今年的设计主题也非常鲜明，对于青年学生来讲，创意很重要，但是如何把创意放到社会现实的生活过程当中，使这些创意能够落实为具体的成果，能够真正地回到人民的生活当中。我觉得这是一个社会实践过程，期待大家能够更多的参与和投入。”

“通过六年的积累和推进，今年这一届，从作品规模数量和质量来讲，比往届确实有更大规模的增长。从作品关注的角度来看，大家比较关注社会特殊群体的生活保障。关于城市更新，很高兴看到一些作品的主题还是很深刻的，展现了宏大叙事，如果能够在生活的原真性和细节更加关注，在设计上融入空间体验式，从真实生活去寻找设计支点，就更能脱颖而出。这是我的一个关注点，所以我想对于学生组，我希望能够保持一个原真的心态，尽可能去除掉一些常态趋同的流行形式，更多地关注生活本身。”

魏春雨
Wei Chunyu

· 湖南大学建筑学院院长、教授

“第一次参加紫金奖评审，感受应该说是出乎意料的。首先，作品的质量比较高，参赛同学对生活的关注超乎我们对年轻人的判断。以往大多觉得年轻人尚且年轻，他们对生活当中的细节，一些底层的特殊群体的生活可能并不关注。但是从这一批作品当中，我们可以看出他们对于生活的理解，以及他们对于项目前期的调研工作做得非常细致，这一点是非常好的。其次，作为文化创意大赛中的建筑赛事，其实地域文化的研究背景是很重要的。从作品当中也可以看出，参赛者对城市更新，对于历史街区，对于一些少数人的居住模式，他们找到了很好的激发点，并且在这些点上形成自己的思路。美好生活还是从设计创意开始，这是一个时代的必然。”

陈卫新
Chen Weixin

· 南京筑内空间设计顾问有限公司总设计师
· 作家

“紫金奖·建筑及环境设计大赛的选题非常好。‘宜居家园’应该是把建筑设计和人文关怀放在一起，非常高兴看到很多年轻人的设计作品里面有‘关怀’这个词。也因为有了关怀，使我们的设计能够让人们的生活可以更好，特别是建立人和人之间的交往。在很多作品当中，希望更多体现的是人的生活空间的改造。在以后的设计过程当中，希望能更多地看到精神生活和城市特色的体现。希望设计让人和人之间的交往空间更美好。”

龚　良
Gong Liang

· 南京博物院院长

大赛历程

2014 第一届 历史空间的当代创新利用

大赛共吸引 **34** 所高校
195 个设计机构
2100 余人参加
共征集到设计方案 **522** 个
评选出紫金设计奖 **18** 名和其他各类奖项 **111** 项

第一届“紫金奖·建筑及环境设计大赛”围绕“寻找城市记忆、创新历史空间”的主题，以“历史空间的当代创新利用”为竞赛题目，旨在促进历史文化遗产的积极保护、提升江苏省城乡的文化竞争力、深化历史环境的认同感、提高历史环境的规划设计水平。大赛选取江苏省境内各个历史文化名城、历史地段、历史街区、历史街巷、传统村落、历史建筑、具有历史记忆的空间为设计对象，倡导传承传统文化、创造具有历史文化价值的现代空间、探索与历史环境相融合的科学设计理念、新颖的空间形态及合理的技术方法。

大赛鼓励历史建筑与环境再利用、历史环境中的新建筑创作、历史环境中的文化景观设计，注重提升历史空间品质、传承城乡文脉、强化历史环境的可识别性与可利用性，旨在通过多样化的创意设计，促进历史空间的积极保护和创新利用，将历史空间的保护和当代的生活紧密相连。

2015 第二届 我们的街道

大赛共吸引 **45** 所高校

238 个设计机构

4300 余人参加

共征集到设计方案 **674** 个

评选出紫金设计奖 **20** 名和其他各类奖项 **153** 项

第二届“紫金奖·建筑及环境设计大赛”把“我们的街道”作为主题，围绕传统街道文化的传承和保护、历史街道空间的创新和利用、街道空间界面的更新与改造、街道人性化设施的完善与改造、城市街道中消极空间的利用与改造、混合型城市街道中慢行系统和停车系统设计等方面，面向学生、从业者和社会公众征集流畅的、有记忆的、有人情味的、让人满足的、会呼吸的、有故事的、有归属的、会生长的、有风景的、有品位的、轻松的、聪明的街道设计方案。

大赛提倡对传统街道进行抢救性保护和更新利用，同时超越物质功能或形式，将“街道”这一概念纳入到更大的范畴，重新定义并创造符合当代生活需求和文化意义的街道模式。鼓励参赛者突破空间、形态界限，以人文关怀为本、社会责任为纲，积极思考经济转型、科技进步、社会变迁、文化发展等因素对街道的影响。旨在通过对街道空间的重新审视、分析和塑造，创造出充满人文魅力、符合当代生活及未来发展的街道模式。

种植棚架
果树采摘
交互式信息墙

围“街”记
——工地围墙再激活策略
suring the Street by One Meter Wall:
gies of reactivating the building site wall

2016 第三届 悦读 · 空间

大赛共吸引 **196** 所高校

183 个设计机构

3800 余人参加

共征集到设计方案 **886** 个

评选出紫金设计奖 **20** 名和其他各类奖项 **140** 项

第三届“紫金奖 · 建筑及环境设计大赛”将“悦读 · 空间”作为竞赛主题，聚焦于与“阅读”相关文化空间，倡导以“文化”为内核，以“阅读”为主线，以“空间”为载体，让阅读空间变得可读书，亦可谈书、写书、售书，并可兼有教育培训、娱乐休闲、议事座谈及互联网服务如电商收纳、即时通信、远程医疗等多种功能。大赛鼓励参赛者顺应时代的发展，从专业的角度出发，以全新的视角来审视“阅读”，应对阅读观念、阅读方式、阅读对象的改变，创造出适应当今人们的生活方式，具多样化、个性化、人性化的新型阅读空间。

为充分发挥大赛的示范作用和影响力，切实将设计理念转换为创意成果，大赛将部分优秀作品予以落地实施。为此，大赛引导参赛者在创新理念及策略的同时，注重方案的通适性及可推广的公共服务价值，强调对基地环境的认识与分析，鼓励积极运用绿色环保、生态节能、标准化、模块化等技术措施服务现实生活。

阅无『纸』境

2017 | 第四届 田园乡村

大赛共吸引 134 所高校
253 个设计机构
5000 余人参加
共征集到设计方案 820 个
评选出紫金设计奖 20 名和其他各类奖项 98 项

第四届“紫金奖 · 建筑及环境设计大赛”聚焦乡村，以“田园乡村”为主题，以“真题实做、实用创新”为原则，旨在引发社会对乡村的广泛关注，引导设计师和社会各界人士对乡村建设的探索与思考，形成一批有特色的优秀作品，并于赛事后期通过创意成果的实践落地，塑造一批具有地域特色、传承乡土文化、体现时代特征的乡村实例，推动未来乡村的科学建设与发展。

大赛提倡遵循乡村发展的客观规律，尊重与周边环境的关系，保持原有的空间肌理，合理运用绿色技术、乡土材料、新型建造方式，充分尊重乡村与城市的差异，重视乡村地域特质及乡土特征的挖掘与展现。大赛鼓励以点带面的“触媒式”示范效应，希望通过创意设计，梳理、优化和提升村庄的聚落形态、空间结构、环境品质等，促进现实改善。大赛选题既是对中央关于城乡建设和三农工作相关决策的落实，也是对江苏省委、省政府三农工作和《江苏省特色田园乡村建设行动计划》决策部署的具体贯彻，紧扣热点、贴近现实，得到了社会各界的广泛响应。

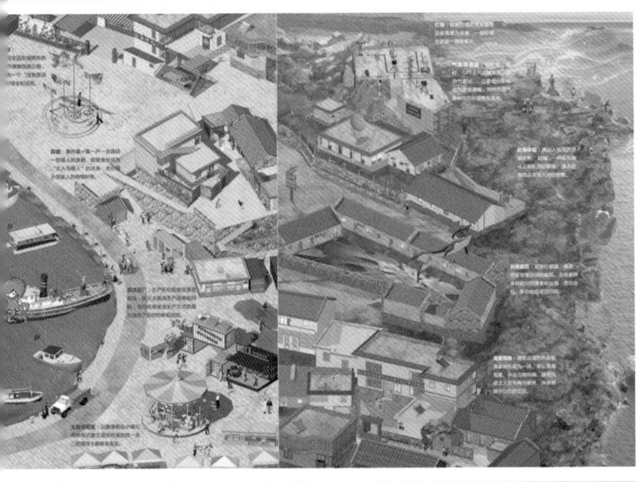

田园乡村——乡村“细胞核再生”
探索“田园乡村养老”新模式 | 溧水诸家村乡村改造设计

2018 | 第五届 宜居乡村 · 我们的家园

大赛共吸引 **182** 所高校

179 个设计机构

5269 余人参加

共征集到设计方案 **1018** 个

评选出紫金设计奖 **19** 名和其他各类奖项 **123** 项

第五届“紫金奖 · 建筑及环境设计大赛”以“宜居乡村 · 我们的家园”为主题，既是对乡村振兴战略的贯彻落实，也是对设计下乡的引导践行。大赛围绕“新时代、新乡村、新生活”，以现实村庄为题材，对农房、乡村公共建筑及村庄环境等进行创意设计，旨在推动营建立足乡土社会、富有地域特色、承载田园乡愁、体现现代文明的美丽宜居家园，希望通过设计为乡村注入文化元素、发挥创意力量、激活乡村价值，从而满足乡村居民对美好生活的向往。

大赛主张深入乡村，在分析村庄自然环境、文化特色和经济条件的基础上进行创作，尊重村民意愿和现实需求，强调村庄与环境的有机相融，重视乡土材料和地方树种的运用、传统文化和地域特色的表达、时代特征与绿色建设理念的融合，鼓励装配式等新型建造方式的应用，注重太阳能等设施与建筑的一体化设计，倡议针对现实乡村的现状问题，提出创意设计方案。

昔藍
惜藍

堂 & 老年食堂
老年食堂

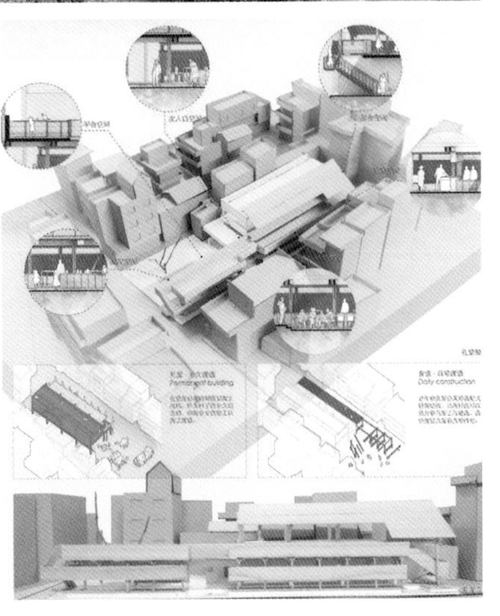

2019 第六届 宜居家园 · 美好生活

大赛共吸引 **204** 所高校
237 个设计机构
7694 余人参加
共征集到设计方案 **1475** 个
评选出紫金设计奖 **19** 名和其他各类奖项 **179** 项

第六届“紫金奖·建筑及环境设计大赛”赛以“宜居家园· 美好生活”为主题，立足设计服务生活，围绕现实生活的宜居性改善，以系统提升城市宜居性、顺应人民群众对美好生活的需求为目标，既是对习近平总书记提出的“努力把城市建设成为人与人、人与自然和谐共处的美丽家园”要求的贯彻，也是对李克强总理政府工作报告中“大力改造提升城镇老旧小区”部署的落实。

大赛聚焦城市美好生活，注重人本视角，倡导在深入生活的基础上，从身边入手、从现实生活入手，针对现实空间“不宜居”“不人性化”的问题与短板，以提升“家园宜居性”为切入点，通过创意设计，改善和提升空间的适用性、宜居性等空间品质。大赛鼓励对既有住区集成改善、小微空间改造、城市街区更新、公共空间品质提升或特色塑造等提出综合设计方案。通过“有温度”“场所感”的设计，提升人居环境品质，促进全龄友好、人文共享、绿色安全的美好家园建设与共治共享，推动设计服务生活、改变生活、提升生活，让城市更加宜居美好，更具包容性和文化性，增加老百姓的幸福感、归属感和对城市的热爱。

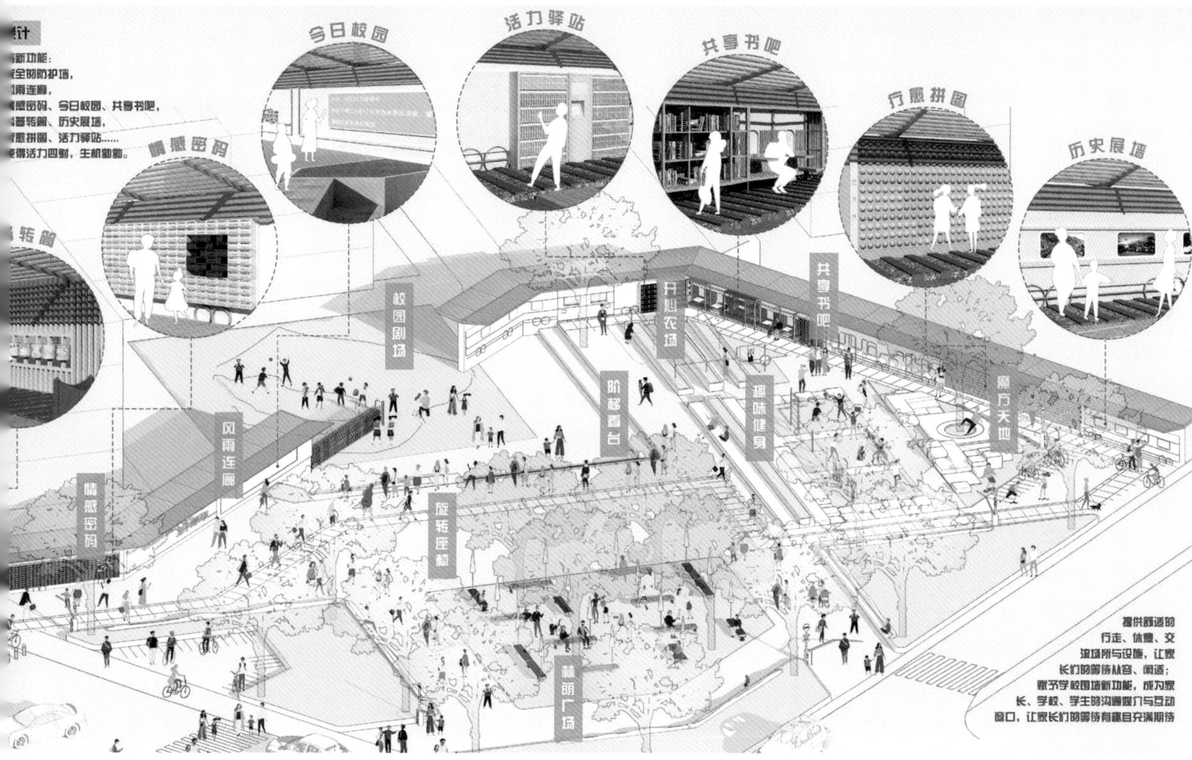
新功能：
全的防护墙，
雨连廊，
感密码、今日校园、共享书吧，
转角、历史展墙，
愈拼图、活力驿站……
得活力四射，生机勃勃。
今日校园
活力驿站
共享书吧
疗愈拼图
历史展墙
情感密码
校园剧场
开心农场
共享书吧
阶梯看台
球场健身
魔方天地
风雨连廊
旋转座椅
情感密码
提供舒适的
行走、休憩、交
流场所与设施，让家
长们的等待从容、闲适；
赋予学校围墙新功能，成为家
长、学校、学生的沟通媒介与互动
窗口，让家长们的等待有趣且充满期待

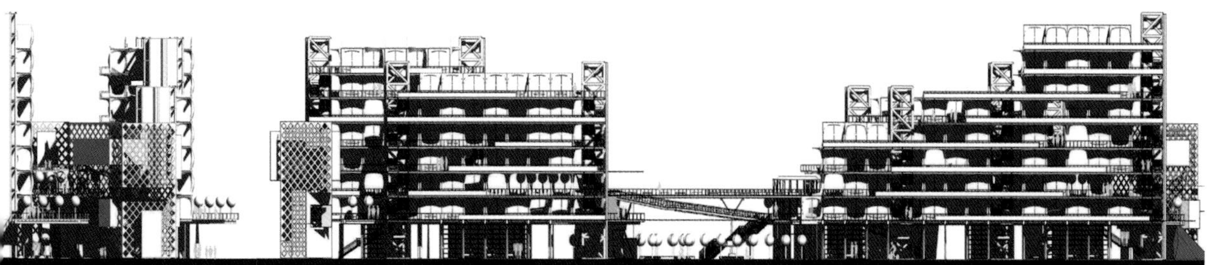

紫金奖
文化创意
设计大赛
ZIJIN AWARD
DESIGN
COMPETITION

历届评委

中国工程院、科学院院士

钟训正

- 中国工程院院士
- 东南大学教授

程泰宁

- 中国工程院院士
- 筑境设计主持人

崔 愷

- 中国工程院院士
- 中国建筑设计研究院有限公司总建筑师

孟建民

- 中国工程院院士
- 深圳市建筑设计研究总院有限公司总建筑师

王建国

- 中国工程院院士
- 东南大学建筑学院教授

段 进

- 中国科学院院士
- 东南大学建筑学院教授

全国工程勘察设计大师

时 匡

- 苏州科技大学建筑与城市规划学院教授

李兴刚

- 中国建筑设计研究院有限公司副总建筑师

陈 雄

- 广东省建筑设计研究院有限公司副院长、总建筑师

赵元超

- 中国建筑西北设计研究院有限公司总建筑师

孙一民

- 华南理工大学建筑学院院长

冯正功

- 中衡设计集团股份有限公司董事长、首席总建筑师

张鹏举

- 内蒙古工业大学建筑设计有限责任公司董事长、总建筑师

部分评委（排名不分先后，按姓氏笔画排序）
丁沃沃
张雷
韩冬青
马晓东
朱光亚
李青
张彤
张应鹏
贺风春
王向荣
文文军
孔宇航
卢庚戌
冯金龙
赵本夫
胡振宇
查金荣
郦波
段德罡
毕飞宇
吕成
刘剀
祁智
孙安军
修龙
夏铸九
晁岱健
钱强
徐平
孙晓云
李雄
杨明
何兼
冷红
徐雷
徐延峰
徐煜辉
高崧
傅筱
冷嘉伟
张利
张玉坤
张俊杰
陆琦
王子牛
吴长福
李存东
郑勇
章明
曹辉
魏春雨
陈卫新
周京新
徐小跃
赵辰
龚良

部分落地作品

苏州浒墅关大桥 / 2014 年紫金奖·金奖

南京溧水李巷村 / 2018 年紫金奖·金奖

苏州冯梦龙村 / 2018 年紫金奖·银奖

南京江宁东山街道佘村 / 2018 年紫金奖·铜奖

常州溧阳塘马村 / 2018 年紫金奖·铜奖

评审花絮

ome and Better Life

2019 第六届 紫金奖·建筑及环境设计大赛 决赛
6th "Zijin Award" of Architectural Design & Environmental Art Contests
主评委（职业组）
LI QING
李青
WANG JIANGUO
王建国

“第六届紫金奖·建筑及环境设计大赛（2019）”评审会

选手风采

DESIGN
COMPETITION
紫金奖
文化创意
设计大赛
ZIJIN AWARD
CULTURAL CREATIVE
DESIGN
COMPETITION
Livable Home and Better Life
宜居家园·美好生活

选手风采

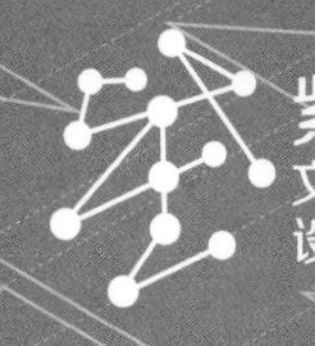

紫金奖 ZIJIN AWARD
文化创意 CULTURAL CREATIVE
设计大赛 DESIGN COMPETITION

2019

第六届 紫金奖·

建筑及环境设计大赛

The 6th Architectural and Environmental Design Competition of Zijin Award Cultural Creative Design Competition

优秀作品集

附录

获奖名录

职业组获奖名单（90 项）（按作品编号排序）

一等奖（10 项）

序号	作品名称	主创人员	单位 / 学校
01	第三幼儿园 —— 住宅架空层遐想	周晓阳 潘俊花 甘永年	江苏筑原建筑设计有限公司
02	菜市不打烊	葛松筠 王雅淏	中衡设计集团股份有限公司
03	等待的一万种可能	梅耀林 汤 蕾 姚秀利	江苏省城市规划设计研究院
04	蔬菜、邻居和好天气	张毅杉 薛涵之 张子昊	苏州园林设计院有限公司
05	围墙“网”事	谷申申 张宇涛 孙友波	东南大学建筑设计研究院有限公司
06	未来 +，人才公寓的新七十二房客	王 畅 裴小明 张效嘉	南京长江都市建筑设计股份有限公司
07	“时间”的城市化	林雄声 张哲林 王 轲	江苏筑森建筑设计有限公司上海分公司
08	“垂直街道”—— 空中坊巷	刘志军 袁 雷 徐义飞	江苏省建筑设计研究院有限公司
09	垃圾分类视角下的老旧小区改造	孔佩璇 秦 正 马 驰	南京市建筑设计研究院有限责任公司
10	居在金陵 遇见桥上	王笑天 刘佩鑫 于 昕	东南大学建筑设计研究院有限公司

二等奖（30 项）

序号	作品名称	主创人员	单位 / 学校
11	断桥新演绎 —— 废弃铁路桥更新设计	程 浩	中蓝连海设计研究院有限公司
12	走马灯 · 那时景	曹 越 刘 芳	南京市市政设计研究院有限责任公司
13	自生长共运营	王加伟 陶凌霄 徐文怡	启迪设计集团股份有限公司
14	阳泉三弄	集永辉 潘 龙 陈文霞	江苏龙腾工程设计股份有限公司
15	猫“舍”—— 舍者归其舍	林隆葵 张 妍 朱思渊	江苏筑原建筑设计有限公司
16	院院见塔，世世家传	李少锋 刘一帆 陈树楠	启迪设计集团股份有限公司
17	青岛邮轮母港筒仓设计	惠无央	上海加禾建筑设计有限公司
18	大桥 · 小桥 —— 打破高架的隐形壁垒	蔡天然 王 胜 刘 刚	江苏省城市规划设计研究院
19	百姓礼堂	戚 威 王 亮 杨泽宇	南京张雷建筑设计事务所有限公司
20	梦里桃源 · 黔南山水中的理想家园	薛宏伟 肖 佳 李文菁	苏州园林设计院有限公司
21	前街上巷	倪韻倩 朱君韬	中衡设计集团股份有限公司
22	“新移民”的老集市	李 竹 殷 玥 王嘉峻	东南大学建筑设计研究院有限公司
23	舌尖上的 N 次方	张 斌 陈 君 许 迎	启迪设计集团股份有限公司
24	百变板房 —— 建筑工人的宜居家园	胡旭明	启迪设计集团股份有限公司
25	九扇门 + 七件事	查金荣 张筠之 刘 阳	启迪设计集团股份有限公司
26	蜕变	王 森	中核华纬工程设计研究有限公司

27	宅间空间的再生	张建新 殷加华 刘璐璐	扬州大学 / 扬州大学工程设计研究院
28	下个路口	闾 海 葛大永 宁天阳	江苏省城镇与乡村规划设计院
29	雨中“莲”	梁泽渊	江苏筑森建筑设计有限公司上海分公司
30	现象东街 —— 安顺古城中华东路改造	马骏华 黄玲玲 刘 卉	东南大学建筑设计研究院有限公司
31	网巢居 —— 2020 创客孵化园	谢 麒	扬州大学
32	“返老还童”的街巷	马 强 窦永佳 张建平	南京兴华建筑设计研究院股份有限公司
33	崖生广厦 —— 重庆青年公寓设计	邹立扬 赵 敏 徐俊涛	江苏筑森建筑设计有限公司
34	老有所“e”—— 5G 时代智慧社区	段忠诚 姚 刚 李国利	中国矿业大学
35	快装置 • 慢生活	周 宁 汪 衡	东南大学建筑设计研究院有限公司
36	[蜕变] 苏州地铁临顿路站的更新	周 卫	苏州零点营造设计有限公司
37	“社区净水器”—— 净慧雨水花园	张 田 陈秋婧 张兵洪	苏州园科生态建设集团有限公司
38	激活第壹区 —— 筑梦青年圈	王超进 张 成 侯志翔	江苏省建筑设计研究院有限公司
39	运河窑 • 运盒谣	吴 烨 沈 洋 沈 琪	无锡市规划设计研究院
40	江南近现代制造业遗存公园设计	刘 谯 张 菲	南京艺术学院设计学院 / 南京多义文化传播有限公司 南京交通职业技术学院 / 南京拾意空间设计有限公司

三等奖（50 项）

序号	作品名称	主创人员	单位 / 学校
41	市井 — 串 — 街巷	陈 萍 顾 炜 康锦润	淮阴工学院建筑工程学院
42	模块化设计对院落式住宅的破局	谭人殊 邹 洲	云南艺术学院
43	教场 • 市井文化的复兴	庄天时 许 可	扬州市建筑设计研究院有限公司
44	爱之旅 —— 庐山西海女神岛景观规划	陈虹宇 陈子昱 吴铃燕	浙江工业大学之江学院 / 杭州大拙亦美建筑设计工作室 / 杭州北斗星色彩研究有限公司
45	苏州相城区阳澄湖镇大闸蟹文化园	王 凡 王苏嘉 黄志强	苏州九城都市建筑设计有限公司
46	溯源 —— 柳堡村旧址综合改造设计	陈福阳 王建立	盐城工学院 / 盐城市建筑设计研究院有限公司
47	童行石城 —— 住区儿童交往空间设计	曹心培 孙 正 虞昊晟	江苏省城市规划设计研究院
48	旧城新时	陈钶玮 王紫涵 张润宇	江苏筑森建筑设计有限公司
49	第二地平线	王科旻 祖丰楠 祝 靓	启迪设计集团股份有限公司
50	爱“上”这条街 —— 南湖生活真滋味	曹 隽 陈步金 李 宁	江苏省城市规划设计研究院
51	天台若比邻 ——“破冰”社区计划	彭晓梦 孙 欣 李邑喆	江苏省城市规划设计研究院
52	径 • 廊 • 轨 —— 畅想老小区血脉再生	许圣奇	江苏博森建筑设计有限公司
53	归巢 • 归潮	潘 静 杨 明 朱 敏	苏州园林设计院有限公司
54	传承 • 更新 —— 青果巷历史街区改造	邵 翔	中衡设计集团股份有限公司
55	工业 4.0 城市 4.0 宜居 4.0	刘 铨 王新宇 袁 真	南京大学建筑与城市规划学院 / 南京大学建筑规划设计研究院有限公司
56	流转 • 生辉 —— 共建社区改造计划	何 朋	东南大学建筑设计研究院有限公司

57	旧貌换新颜 —— 三畏堂之传承与突破	李　康　周苏宁　吴子夜	水石设计传统建筑研究院 / 南京米思建筑设计有限公司
58	很高兴认识你	王　畅　汪愫璟　季　婷	南京长江都市建筑设计股份有限公司
59	宜居大院 —— 停车景观一体化策略	李晓蕾　李仁民　林　凌	中通服咨询设计研究院有限公司
60	H 舱	丁作舟　夏　天　黄　琳	中衡设计集团股份有限公司
61	工业起“舶”器	仝晓晓	中国矿业大学建筑与设计学院建筑与环境设计工作室
62	社区魔盒	汤淑星　王　磊　秦　娅	江苏省城市规划设计研究院
63	大桥小事・桥工新村更新与提升	刘瑞义　胡大愚　樊云龙	中通服咨询设计研究院有限公司
64	寺面八坊 —— 南通寺街提升计划	徐　进　孙　湉　黄　清	南通市建筑设计研究院有限公司
65	“轨迹”	仝晓晓	中国矿业大学建筑与设计学院建筑与环境设计工作室
66	巷邻中心	平家华　陆蔚婷	中衡设计集团股份有限公司
67	驿站	平家华	中衡设计集团股份有限公司
68	上星其社区服务中心	解永任　晏　子	苏州致朗建筑景观设计有限公司
69	耕海牧渔　向海而生	郝家顺　吴凯罗　黄稚文	连云港市建筑设计研究院有限责任公司
70	平江府・半时辰	顾苗龙　潘　磊　周逸然	启迪设计集团股份有限公司
71	里院漫步	李　旭　张德利	青岛腾远设计事务所有限公司
72	点亮“灰”空间 —— 小区共享 HUB	袁锦富　刘志超　李琳琳	江苏省城市规划设计研究院
73	每个人的异托邦	潘鹏程　王玥晗　刘思勇	江苏省城市规划设计研究院
74	保利工业文化创意产业园	刘　欣　唐金波　王文略	青岛腾远设计事务所有限公司
75	“订制”的美好生活	仝晓晓　马意晨　陈　颖	中国矿业大学建筑与设计学院建筑与环境设计工作室
76	巷由“新”生	房　硕　张媛明　陈　昭	南京大学城市规划设计研究院有限公司
77	“荣”光 —— 荣巷菜场的前世今“生”	郭登银　谢新星　李星逸	无锡市天宇民防建筑设计研究院有限公司
78	从医到宜 —— 老公共配套的原地新生	陈　超　李春晓　何　姝	江苏省城镇与乡村规划设计院
79	蜀道“难” —— 教育遗址活化	罗萍嘉	中国矿业大学建筑与设计学院
80	都市有点“田”生活有点“甜”	叶　凡　郁正锴　李　冰	启迪设计集团股份有限公司
81	济城 in 巷	黄若愚　戴秀男　严晓洁	苏州园林设计院有限公司
82	康养魔方 —— 城中村的设计改造	仝晓晓　孙　悦　袁洋洋	中国矿业大学建筑与设计学院建筑与环境设计工作室
83	零・聚 —— 飞桥下的空间重塑	房鑫鑫　陈礼纲　晏小飞	江苏筑森建筑设计有限公司苏州分公司
84	“随叫随到”的空间	赵　军　嵇　岚　纪　越	江苏省建筑设计研究院有限公司
85	窑・想当年	周　祺　严玮辰　童　刚	江苏天奇工程设计研究院有限公司
86	社区心愿廊 +	刘　嵘　艾尚宏　何永乐	东南大学建筑设计研究院有限公司
87	“家门口”的那点事儿	张　洁　徐功庆　谈　歆	江苏博森建筑设计有限公司
88	城市烟火 —— 东箭道农贸市场改造	苗成年　张　磊　陈　璐	南京美丽乡村建筑规划研究有限公司
89	梦境之中　想象之外 —— 儿童新社区	许　洋	江苏合筑建筑设计股份有限公司
90	绿轴生“花”	彭　伟　卞光华	江苏省建筑设计研究院有限公司

学生组获奖名单（89 项）（按作品编号排序）

一等奖（9 项）

序号	作品名称	主创人员	单位 / 学校
01	巷世界 —— 书院门巷景观更新设计	沈　悦	西安美术学院
02	关怀：积木 + 群租房	梁　爽	江南大学
03	小观园 —— 老城南微空间园林再现	张　琼	安徽工业大学
04	落脚・墙尾巷戏	蒋晓涵　吴伊曼	苏州大学
05	面向未来社区振兴起搏器设计探索	李泓葳　姚健琛	江南大学
06	船底之歌 —— 船底人聚落空间重塑	郭梦迪	华侨大学
07	舟车不劳顿 —— 装配式服务区构想	郭斯琦	苏州大学
08	“酒”忆古镇体验改造设计	姚康康	湖州师范学院
09	HOME2029 —— 智能的理想家	陈嘉耕　唐　萌	哈尔滨工业大学 / 南京大学

二等奖（30 项）

序号	作品名称	主创人员	单位 / 学校
10	社区激活 —— 菜场及街区重构	邢兆连	江南大学
11	西安市明城区城市空间活力营造	张　轩　王瑞琪	西安理工大学
12	智慧街区下“庙市综合体”再塑造	贺　晶	郑州大学
13	月亮湾・游子家・未来城市青年聚	赵萍萍　郭开慧	苏州大学
14	废墟上的云端	雷　震	东南大学
15	石梁河水库采砂场域更新复育设计	黄路遥	武汉大学
16	椅子上的文明路	谢振东　李　薇　陈桂玲	广州美术学院
17	都市园林 —— 概念商业广场	陈胜蓝	英国谢菲尔德大学
18	锁金菜场见闻录	陈一家　徐倩倩	同济大学 / 南京林业大学
19	聚居共享：青年与老龄住宅设计	冯潇逸　刘　阳	意大利米兰理工大学 / 青岛理工大学
20	微城 —— 单位社区更新设计	秦晓丹　唐　敏	华东交通大学
21	林夕音乐盒子 —— 青年共享社区设计	黎浩彦	南京艺术学院
22	盛巷十二时辰	黄兆旭　郑玲珺	武汉科技大学城市学院
23	数适承新，乐活京口	凌子涵　何远艳	苏州科技大学
24	院隙共生 —— 当代会馆更新改造设计	龙云飞　王　晴　胡正元	天津大学
25	重塑姑苏繁华图	桑　甜	东南大学

26	聆居·邻居	房欣怡 鲁 遥	南京林业大学
27	步·叠·院	吴长荣 王 安 贺 川	南京工业大学
28	这“碗儿”大	方佑诚 李一波 周 韵	南京工业大学
29	社区养老空间住宅改造设计	潘 妍 孙 浩	苏州大学
30	基于两种居住肌理的可变性探索	邹雨薇	郑州大学
31	竖巷街区 —— 城市住区微空间改造	丁倩文 陈 艳	西安建筑科技大学
32	种子计划	陆 垠 田 壮 邹闻婷	东南大学
33	盒间乐享 —— 单位社区活力重塑	王筱璇 王一初 刘艾娜	西南交通大学
34	一里阳光 —— 城市阴影下的别样童年	鲁青青	西安建筑科技大学
35	门之停也 —— 老龄社区门卫室改造	李晓楠 吴慧敏	南京大学
36	菜·园	张淑欣 蒋晗霓 周美艳	南通大学
37	桥下巴适	刘燕宁 罗振鸿 赵釜剑	华中科技大学
38	欣欣巷荣	廖一舟 戴 聪 唐 言	安徽工程大学
39	回家的路 — 小区室外楼梯改造	李家祥 孙 其	南京大学

三等奖（50项）

序号	作品名称	主创人员	单位/学校
40	渐微智筑 —— 武昌古城广福坊社区更新	陈步可 赵 金	华中科技大学
41	承古织今，乐活江城	刘晨阳 万 舸	华中科技大学
42	沙洲腾格里沙漠生态景区规划设计	甘小宁	西北农林科技大学
43	院家·家愿	许博文 刘 策 刘 莹	天津美术学院
44	梭之言	张婧悦	天津大学
45	治愈街道 —— 上海市河间路微更新	袁美伦	同济大学
46	晤域晋里 —— 小河村村落更新与改造	李宇璇 张春雷	大连工业大学
47	负熵·再生 —— 少数民族社区微更新	丁彦竹 李 娜	苏州科技大学
48	家的延伸	邓思莹	苏州科技大学
49	居住区河道生态整治新模式探索	赵晓晴	南京林业大学
50	天桥往事	刘淳淳 董明岳 赵 浩	北京建筑大学
51	重生 —— 历史层叠中的新秩序	赵 浩	西安建筑科技大学
52	巷由新生——镇江新河街更新设计	吴若禹 孙海烨	苏州科技大学
53	深山微光	何萱贝	西安建筑科技大学
54	破壁·享园·颐人	田 壮	东南大学
55	全媒体时代大运河乡村宜居家园	张云柯	天津大学仁爱学院

56	THE DESERT BOAT	孙 韬	中国地质大学 / 北京林业大学 / 西安建筑科技大学
57	智能时代——垃圾分类引擎重构	沈天辰 樊逸飞	东北大学
58	曲水流熵——历史街区更新设计	朱玥珊 王沛颖	苏州科技大学
59	菜市·敞	胡亚辉 刘 可 李 琪	东南大学
60	村口生活市集	夏士斐 任 珂 华茜茜	中国矿业大学
61	编织碑林·多维重构	胡震宇 程俊杰 于梦涵	东南大学 / 同济大学 / 东京工业大学
62	走出家门·走在路上	熊卓成 唐 楷	华中科技大学
63	桃花源里小乐惠	张 涵	江南大学
64	高架之下，城市之上	成 凯 吕 进 张尚琪	西安建筑科技大学
65	城市催化剂——活力居住区	张馨元 江慧敏	苏州大学
66	宜居·颐养——盐南新村居家养老改造	花 晨 王俞君 张玉珏	盐城工学院
67	收拾旧山河	曹羽佳	南京工业大学
68	青山不老	刘 洋	南京大学
69	“小社会”的欢聚	韩四稳 裴 龙 陈昶岑	合肥工业大学
70	城南新事	沈 洁 沈 祎	东南大学
71	新社区之家！	毛继梅 吴家妮	苏州大学
72	云上集——锁金东路的弹性景观搭建	孙弘毅 梁 英 贾宇智	南京林业大学
73	水调歌——扬州段运河遗产更新设计	杨雨辰	江南大学
74	榀——医养结合多样宜居的养老社区	胡峻语 沈梦帆	苏州大学
75	街院再生·人际重塑	刘淳淳	北京建筑大学
76	无锡旧船厂城市复兴工业乐园	朱懿璇	苏州大学
77	活力社区的连续“有机质”	林逸风 邹闻婷 邹立君	东南大学
78	船闸公园——基础设施的活化利用	刘倩茹 宋梦梅 王国庆	东南大学
79	活力少城 居游共栖	宋楷楠 徐一菲	西南交通大学
80	毛细系统——慢行系统的理性回归	许浩远 李凯旭	南京工业大学
81	智慧农野——互联网＋公园模式探索	张寒韵 张 祥 陈丽丽	南京林业大学
82	共生寓	唐 萌	南京大学
83	艺享天开——青阳港核心区城市设计	徐杜江南	南京工业大学
84	3D-METRO	刘 婧 南雅卿	苏州大学
85	生活的礼赞——道口古镇社区营造	刘 贺 张擎天	南京大学
86	事空间·时空间	张擎天 刘 贺	南京大学
87	串联社区——社区公共空间改造	辛萌萌 韩奕晨 王世达	重庆大学
88	红砖游园——园林式校史馆设计	汝文欣 陈 剑 袁晨曦	合肥工业大学
89	为当地居民创建——个回归的渔村（韩）	Lee Gong Myeong	/

参赛作品名录

归属之“箱”——“乡”
流——以书店为载体的多元文化场所
彝人居——高楼寨村创新规划设计
院家·家愿
忆·秦淮河畔
“里外”建筑空间设计
深城落青
“新村民”城市共享计划
生长吧！森林之家
别有洞天
“合”——校园旧建筑改造
曲 & 折
空间纽带·社区复合体
无界校园——光谷二小校园改造
月亮湾·游子家·未来城市青年聚
乡镇多功能集聚改造
家的延伸
天桥往事
“革新”里
盐续——富康社区美食街活化更新
化工厂——运输货运站改造
折——美术馆设计
合坊家园——坊式空间重塑
无界——老镇复兴中的人文关怀
海草居
共享式学生公寓设计
菁楼茶茗
废墟上的云端
思源——空间情感的场景营造
书香雅苑
浮岛——银发养老社区改造
巷院
追“巡”地下文化展厅——碎碎胡同
城南之行
爻·筑
汤河两岸宜居性改造
舍·文化创意空间设计
锦里·蚕市
茧·源之舟银发老人疗养中心
一隅邂逅
安徽黟县老屋改造
四方井边石刻馆
“祠”旧迎新
瀑缘谷
循环——现代化中小型生态住宅
窑望民宿空间建筑设计
别具一格
烽火记忆·红色主题展馆
龍城印迹——青果巷建筑改造设计
廊息——长廊曼舞，动息有情
花事·故事建筑——沉浸式体验设计
烽火记忆 & 红色主题展馆
城中东篱——减速机厂旧厂房改造
产业升级目标下的唐庄改造设计
游廊兴里——青岛里院的住区更新
夕享庭居
育英街的两出戏
聚居共享：青年与老龄住宅设计
白墺
刘师傅的快乐工作日
乐居长屋
子五路核心地段——城市综合体设计
复合活力·社区“服务器”
LOHAS 的盒子
社区垃圾分类管理中心
苏北盐河老街伊山镇阅读中心设计
邂湖漫步
殖民官邸中重生的市民新秩序
滨海——留筑时间
城市纽扣——激活失落空间
青岛里院区复合型文化建筑设计
基于区域功能完善·公共活动中心
萦回
南京湖南路狮子桥建筑外立面改造
古村新居——深澳村宜居住宅设计
宜居·家·校——旧印刷厂的使命
老城不老——城市老区示范改造
重生与继承——老齿轮厂改造
一座旧厂房的共享
文园
拼贴生活
相遇——街区围墙综合改造
鱼菜市上家户起，叫卖声声唤人归
江岸文化之家
战争的记忆
乐活市集
盛巷十二时辰
武汉市武钢厂区旧址改造设计
淮安市蔬菜组更新改造计划
泮水而生——余杭南渠宜居建造
摩登庆典——城市生活的极致想象
苏州大学独墅湖校区南区
“立体村落”城市酒店
黄发垂髫——代际服务中心设计
姑苏魔方
诗意建构——长漾里村落更新设计
浮园市居——老城住区悬空公园设计
大隐·中观
旧堂新院

巷染
城市催化剂 —— 活力居住区
院隙共生 —— 当代会馆更新改造设计
方圆之间
云 YUN
秩序社区 —— 甪直镇住区改建设计
左邻右里
甪直三百米
宜居 · 颐养 —— 盐南新村居家养老改造
家的博物馆
质感咖啡
三月江南 · 校园后街
收拾旧山河
静享园宅
巷“生”
雾岩居 —— 新中式民宿设计
高速之眼
雾霭听风 —— 殡葬建筑空间设计
青山不老
“无边界”体育馆
宜居家园 · 美好生活
创造工坊 —— 废旧锅炉房的华丽变身
“小社会”的欢聚
溯流 —— 护城河到“城护河”的蜕变
体育馆建筑设计 —— 韵律 · 律动
请回答，东来巷
睦邻巷
老舍新花 —— 城市更新下的代谢建筑
寒灰重暖生阳春
消解的边界
城南新事
新社区之家
如意里

旧城复苏 —— 雍熙寺弄城市更新
裂石
结庐人境 —— 居住区景观设计
呼吸过渡
OWN 同居共生 —— 概念性建筑设计
十个院子
守望田野
翼 —— 民主湖和平文化沙龙
伊甸园 —— 建筑景观 一 体化民宿设计
万物生长
社区养老空间住宅改造设计
基于两种居住肌理的可变性探索
养老微农场
宜居交流空间别墅设计
threeA 愉工作，美好生活
一方舍
分裂与聚合 —— 模块化农贸市场
榀 —— 医养结合多样宜居的养老社区
传统院落重生 —— 苏博新馆设计
空中院“集”
TWILIGHT HOME
联“结”驿站 —— 社区融合共享装置
里院文化中心 —— 平仄仄平
梧桐树 · 曦和居民宿大堂
街院再生 · 人际重塑
《与海共生》可持续集装箱设计
湘 · 艺
盒间邻里，互荣共生
童趣 —— 以儿童连接的社区空间
馨院
胜利巷社区活动中心
无尽循环线 —— 体验型建筑空间设计
公园里 +

水驿漫舍 · 甪直新住区畅想
竖巷街区 —— 城市住区微空间改造
My micro family
艺海拾温
居住区规划设计 —— 城市走廊
三联宅
缝“河”
禅 · 沿
桑榆 · 晚
风景建筑 —— 西湖美术馆的增建
清平乐
与古维新 —— 翁同龢纪念馆环境改造
孝顺 —— 邯郸市社区顺从式改造
《复 · 魅》
穿峦
有无相生
市呈乡识 —— 廟呈空间再活化
与古“维”新
匠造楼
江南老年社区模数与交融空间运用
山城共享故事
南青荡的养老社区更新
光的书院
观湖上 —— 滨水坡地酒店建筑设计
诗意的栖居
迹 · 忆
化旧为新 —— 滩涂市场活化设计
未来多层高速公路服务区设计
景至住宅
始源 · 方寸之间
枫亭苑
家居于民宿 —— 送春滋味
B-House

生长，凝聚。—— 枣子巷社区中心设计
红妆 —— 朱砂特色展示馆
此心安處是吾鄉
大屋檐下的小世界
乡舍
不置可否 —— 集装箱装配式住宅设计
光介 —— 西冯村民宿设计
多感空间 —— 感知创造世界
言尽 · 简室
腾空的日子
妙莲麓
淮安都天庙街区文体活动中心设计
旧式民居重塑 —— 社区活动中心
漫步空间
何以為家
门之停也 —— 老龄社区门卫室改造
Gym in campus
随意春芳歇
共生寓
菜 · 园
凤凰古镇 —— 中式餐饮空间设计
全生活链条的超混合未来社区
绿色新朝阳 —— 城市枢纽综合体
行途归宿 —— 香港高密城市垂直墓地
闲庭 · 游 —— 楚秀园文化服务中心
欣欣巷荣
体育馆设计
SUN · F 创业园
回家的路 —— 小区室外楼梯改造
菜篮里 —— 拾取城市需要的温暖
拾阶画廊 —— 桥下城市新客厅
For white
万花筒社区城市微更新小区改造

七梦戏
仓 · 市 —— 储藏空间有机再生
無想 · 山南 诸家村景观建筑设计
“负”空间 —— 十字路口交通更新
菏泽市青年路城市综合体设计
众创“激活器”
穿梭西南营
故苑今绎
无羡 · 新舍 —— 校内旧宿舍改造
在野 —— 基于创业人群的住区设计
“无声导购” —— 模块化售点陈列空间
南京中国人家住宅空间改造
“雾”失金陵
紫金山下
场所的演变 —— 里院激活计划
HOME2029 —— 智能的理想家
巷桥
串联社区 —— 社区公共空间改造
丰窖 · 谷醉 —— 丰谷酒厂改造设计
红砖游园 —— 园林式校史馆设计
疏影 · 横斜
丁角村民宿文化休闲度假建筑设计
“老小”养老院室外概念设计
秘 · 迹 —— 自然体验式山体公园
再生
漂浮的绿道
边界共享 · 城市老旧社区的微更新
雁里休闲农庄生态旅游规划设计
化作千风——新型公园化墓园设计
雨水流过的社区
26° C-W-Home
象山湖园居空间改造
沙洲腾格里沙漠生态景区规划设计

去锈
“景情交互”理念下长江路再设计
巷世界 —— 书院门巷景观更新设计
伴随城市更新下的公共空间新秩序
米兰社区广场改造
保留老南京的记忆
东园遗珠 · 三色城说
HI 社区 —— 海南新村港渔排更新设计
治愈街道 —— 上海市河间路微更新
相水而生，适水而居
田市共融 —— 龙山二街再生计划
南京尧化健康主题公园总体规划设
穿江引流 · 折叠古镇
礼乐长兴 —— 国际文化交流中心
间隙营造 —— 盖州街老旧社区更新改造
居住区河道生态整治新模式探索
园林城市背景下的芒稻河景观设计
巴扎十二时辰
记忆重塑 —— 庐山水泥厂更新设计
遥望 · 山水色
大清河沿岸“适地化”景观设计
张家口市阳光嘉园小区景观设计
空间再生 —— 城市屋顶绿化景观设计
平仄 —— 大学校园景观改造
浔苏 · 宜悦 —— 苏州吴中区公园改造
大清河沿岸景观修复与提升设计
归去来兮
离离
饮水曲肱 —— 徐清社区公园微改造
邻居 · 零距
田意流传录
淳享生活 · 高淳老街公共空间改造
森林计划

未来——东杨家庄子村
重见·仓山——弄巷里的文化
基于对矿坑代谢与生长的再思考
构建精神家园——新奥尔良第二防线
深山微光
印象中国
宜居公园
珍馐后园
竹喧归浣女，莲动下渔舟
改造 —— 长春文化广场
山居秋暝
红色主题教育与展示空间设计
九衢三市
垃圾复活博物馆，建造美好家园
萃取精华·重塑光明
新建文化广场
清平乐居 —— 废弃小区改造
米兰风情
百里花广场
春风又绿江南岸
生活 —— 休闲
旧城·林居
一米阳光
碧海雲天 —— 颐园
山水之间 —— 手作工坊
消隐
宜居家园 —— 汉华
天涯海府
梦之家园
城市公交地面空间重构景观设计
全媒体时代大运河乡村宜居家园
长春明德小学校园改进与未来规划

三个园子
THE DESERT BOAT
隰则有泮 —— 明城沧江滨水景观设
守望 —— 长城聚落景观的更新设计
慢步山林，徐行文殊
留守儿童学校的“家”
阳光家园
树风校园
马天尼小镇
山麓闾巷人
街与家——休闲商业步行街
运河拾“憩”
小观园——老城南微空间园林再现
姑苏下——旧城集市的优化与更新
《活力·再现》
穹顶之下——从块到组合
城市氧气公园设计
芦水之湄 —— 湿地公园修复设计
编织生活 —— 徐行草编文化主题园
西塘漾舟
乡愁·归途
轨迹 —— 苏州古周巷乡村改造设计
我居乐园
多价空间 —— 扬州地理性乡村设计
城乡之间 —— 游乐性点亮城市边缘人
梦迷芳草格 —— 芳草园校口空间改造
让城市动起来 —— 动力厂
咫尺 —— 基于传统聚落的新型居住区
金航不夜街
水乡泽国，御河怀古
春江渡归梦 —— 船厂的空间重构
健康社区营造
茶悟人生 —— 茶博园景观空间改造

竹韵清幽 —— 竹产业园景观空间改造
芦趣湿地公园环境与视觉形象设计
重启·新生
悠
塬趣 —— 黄土塬上的生态休闲农庄
“隐”主题民宿
构 & 解 —— 社区绿色设施放置计划
交融·共生
山乡田园 —— 东村古村景观规划与设计
艺术馆建筑景观设计
闲步秦淮
叠水拟山　乐学春华
VB —— 城市的云端菜篮
大油坊，你变了
井市 —— 老街区综合体景观再造
山水间·街头绿地
绿荫公园
智行绿城·人人共营
莫愁 365 线性花园
The Connection
乡约这里
山水云间
无界·社区活动中心 —— 旧厂房改造
白莲社区社区花园改造设计
时代霓虹——光化门广场设计
溯游
“云”芸众生、大境浮城
旧忆新生 —— 社区街道综合体改造
滨水公园景观设计
江宁新天地湿地公园景观更新设计
缝合·重生 —— 城湖共生、水浒绿香
拾·昔日美好
从前慢 —— 南京老城南改造

丛——侵华日军遇难同胞丛葬地设计
历史车辙——主题广场设计
斯人山水·驻进街巷
软化景观理论下的宜居公园设计
谜城
聆居·邻居
住宅交叉空间的互动性景观研究
南京孝顺里历史街区更新设计
山水共长天一色
家寻——上海虹镇社区更新方式探寻
漯河市双汇广场景观设计
依线生机——文化创意园改造设计
夕拾旧境——城市棕地的景观重构
重燃 —— 推动公园活力研究
引·居
“酒”忆古镇体验改造设计
織鄰毓秀京盛苑景观环境改造设计
长江祭
叠园——常熟绣衣服装厂改造设计
苏州太湖贡山岛景观规划设计
溯源 —— 西津渡厂房用地改建工程
城市“中央艺术公园”设计
云上集——锁金东路的弹性景观搭建
置换空间——老旧社区乐活空间设计
校园创意园
邻·格 —— 凤凰古城街道微更新设计
境以重圆——翠湖水域的救赎之旅
迭代弥合
五光拾社——丹徒陈丰村景观设计
上海虹镇老街城中村——隐世桃源
风雅颂——常熟市居住区景观设计
古水利，今陂塘
汇林润百生，舍下塑新境

穗华园 —— 绿色文化公共空间设计
粤萃园——2019 世园会广州园
金螳螂建筑学院雨水管理设计
镜上琳琅
无锡旧船厂城市复兴工业乐园
体育 + 模式下常州南河沿景观更新
梦之巢
以声入画——开慧镇公园景观设计
校园红色育英园景观规划方案设计
城中之城，生生不息
苏州艺圃西侧公共空间改造
透光之城
苏醒的巷井
“植引”大阳山慢行系统设计
回归绿色
天下第一泉文化长廊
寻脉栖山　激活当下
复兴·被抑制的旧城历史
几何之境
短亭短·叹风熏英暖民俗展馆景观
方寸之间——社区滨水空间改建
山水田园　诗意栖居
瑶族古镇集贸市场的自我修复
“第三空间”
时令生活，四季姑苏
月下廊桥——乡村民宿设计
农耕记忆——农机装备馆外部改造
灰绿交响——南京新庄立交景观改造
基于儿童友好理念的街区更新设计
共享的花园——苏州康复景观设计
一方·煮沸城乡时代变迁的老街市
苏州大阳山慢行系统规划
之间——山城巷社区景观设计

智慧农野——互联网 + 公园模式探索
桃花源——传统文化之社区体验
草山与名族——草原居住景观设计
自然共营——校园边界景观激活设计
破壁——科研附属绿地共享设计
点线——秦淮区沿河街步道更新设计
火种源
芥子纳须弥——小区绿地改造设计
近乡情怯不问来人——民宿景观设计
贵州布依族镇山村生态博物馆更新
三亚生态酒店设计
农旅共生　宜居平和
梧桐树下，小池塘边
水积晚塘春龚冲村景观规划设计
广元鹭岛湿地公园
游氧部落 —— 社区微空间更新
不期·而遇东湖滨水景观空间设计
从前慢
“虫”生
时移物换
南京河西奥体北河景观规划设计
故梨原乡，云深归处
合巷催化计
简，而未减
栖凤山绿色生态休闲区景观设计
号——城南事件聚焦
C to O
破垒重构·“盒”谐共生
迷址·白局南京非遗艺术装置设计
香草湾 —— 薰衣草园
泰州国亮生态餐厅造园
羃蘼阁屋顶花园设计
渡园

新生 · 周新镇周边建筑景观设计
新 —— 归园田居
社区激活——菜场及街区重构
城市边缘区社区规划设计
牧马 · 客栈——游牧文化主题酒店
苏州古周巷活力重塑
"在乡"与"下乡" · 田园新村居
1921 文化艺术中心
淮盐文化生态体验馆
海窝子古镇文化体验馆
梭之言
木构 · 重构 —— 观山禅院模件化设计
非洲 Uganda 医疗健康中心改
宜居 · 萎聚
瓦铺村小学保护与更新综合设计
晤域晋里——小河村村落更新与改造
一带多路——独山县健康步道设计
百老汇爵士乐
宜室宜家——小户型学区房改造
启明——共享城市
大连棚户区改造
乐居 · 十二时辰
乐江计划
家的温暖 · 爱心厨房改造计划
浮世纪水上漂浮空间概念构想
凹乐"圆" · 空间激活设计
老年社区活动中心
谁的地盘——口袋公园改造计划
江苏大学附属幼儿园改造——云朵之上
幼儿园空间改造优化环境设计
山衍 —— 校园消极空间改造
古街风情——大西路历史风貌区更新

童颜养老院——大西路的岁月变迁
当代视角下的老街之路
关怀；积木 + 群租房
基于上海老街旧住区的有机更新
+ ∞ · 至——外"骨骼"
锁金菜场见闻录
姚坊"+"园——交往与空间
衔缝链城——新城缝隙中的老街区
偏安一隅，不失茶榆
3+2 共享社区——废墟上的重构
雍容颐和 · 走向新生
田苑——现代语境下的地域建筑探究
记忆与新生——历史文脉的传承
海边客厅
无锡市水秀新村适老化改造
活动区 & 车库一体化长廊
微城——单位社区更新设计
智能时代——垃圾分类引擎重构
DUN
北马镇——美丽乡村改造方案
方舟——贵州黎平县黄冈村规划设计
林夕音乐盒子——青年共享社区设计
彭城十二时辰
地面之上
村口生活市集
八角社区微更新改造设计
商脉 · 文脉 · 绿脉
走出家门 · 走在路上
船底之歌——船底人聚落空间重塑
桃花源里小乐惠
生于斯长于斯
"洄酌彼行潦"

高架之下，城市之上
"新陈代谢"——四合院建筑设计
"面"向未来
叙江村往事，创青春宜居
青青子衿——养老社区改造
沉睡与唤醒——春秋粮仓的自我更新
生活街 LIVING KNOTS
老家寨游客接待中心概念设计
重生 · 延续
黄花塘新四军文化园
桃溪 · 花解笑
食品盒 FOODBOX
唐甸村——美丽乡村改造
寓旧于新——蔡鸿生旧宅建筑更新
茶山三弄 —— 常州茶山街道适应性设计
山有扶苏——社区书店室内设计
舟车不劳顿——装配式服务区构想
巽坎 · 大连南山健身公园部分改造
弥合边界——重归市民的遗产公园
院内街上
蜕变——太平村综合规划设计
水调歌 扬州段运河遗产更新设计
乐动空间 艺术创作营空间设计
新青旅
古街新语 —— 古镇周边社区商业设计
律动的生命
"臆"
无想而为
优化共享
以"丑"为美
颐年相伴——社区养老优化
从"公所"到公园

城市公园文化街区设计
姑苏人家尽枕河
三阳新生——乡村产业结构规划
青山远黛
渤海方舟 —— 沿海服务型建筑设计
大家的小行——菊花里社区再生
湘西凤凰民俗展馆导视系统设计
老地？新象！
一湖一意境，一处一生活
凹凸陌市井，穿旧引新邻
归去来兮——老宅改造方案设计
城乡共生——寺街的保护与开发
南洋之埠
物我同悲
一里阳光——城市阴影下的别样童年
老有所“养”，老无所虑
杂乱中的树洞及迷宫
烟雨江南，古城寻梦
活化乡村留住乡愁——美学馆设计
“凤还巢”——凤凰古镇民宿设计
根脉相承，文化旷野
曲韵古吴丰泽新苏（地铁空间）
点·线·面——元岗村激活与改造
绿野仙踪 —— 共享生态融合模式探索
“锦绣江南”地铁空间设计
以高校为中心的城市社区营造计划
桥下巴适
口袋母婴室
驿道下街更新规划与建筑设计
3D-METRO
谷往今来 —— 嶂山老街活动中心设计
生活的礼赞——道口古镇社区营造

重构·工业记忆
老城七十年代住宅宅间地优化
高刘镇社区服务中心改造设计
绿·健——桥下健身步道
渐微智筑——武昌古城广福坊社区更新
智享生活 · 链聚活力
西安市明城区城市空间活力营造
承古织今，乐活江城
绿海沉浮——未来城市立交公园
自下而上理念下“胡同文化”衍生
智慧街区下“庙市综合体”再塑造
织·忆——南通三厂镇技忆再现
慢巷·生长
危机进行时——滨水文创空间设计
负熵·再生——少数民族社区微更新
老商埠区可持续更新设计
城市更新视角下的上屋社区规划
明日车站——浦口火车站保护与更新
石梁河水库采砂场域更新复育设计
湖与城的前世今生
重生——历史层叠中的新秩序
巷由新生——镇江新河街更新设计
时空之链——西直门地区城市更新
椅子上的文明路
特色更新设计
金尧花园垃圾分类提升计划
破壁·享园·颐人
寻述温暖·城市中的情感空间设计
都市园林——概念商业广场
织街补巷
淮闸村美丽乡村生态活化与保护
源水为城——麒麟科创园核心区设计
微渗透·唤醒城市边缘的活力

上海市沈阳路周边地块（微）更新
曲水流熵——历史街区更新设计
疍民的“新生”
火车站片区城市更新
空间复愈·生态复育·城市复新
落脚·墙尾巷戏
菜市·敞
电话亭的新生
地缘内生·文化介入
雅俗共赏——苏州吴文化住区更新
城市上空的“市中市”美好生活
山城织脉——立体街市宜居环境设计
数适承新，乐活京口
律动的“城市纤维”
编织碑林·多维重构
转负为正——枕轨负健康空间激活
面向未来社区振兴起搏器设计探索
SPACE COOKING
久在樊笼里，复得返自然
拓街焕巷 水院河生
一点儿城市
乐创 CPU —— 哈尔滨量具厂更新
城市淘宝——堂子街消费空间更新
古市融新——碎片化历史空间微更新
重塑姑苏繁华图
传感街道·智行其间
白首卧松云——老旧小区适老改造
律动城市
破界 · 共生
步·叠·院
街道为何
钢厂记忆——锡兴钢厂遗址转型振兴
市间·营中·巷子里

工板房社区居住环境提升设计
桥城动，水岸生
溶解孤岛
花街——唤醒失落的空间
梦回定埠，载歌载舞
寻轨融生・依河重塑
宽窄巷道，里院弄堂
COLOUR —— 共享校园
筑梦云端
韶华——城市居住空间设计
重构・活力街区
连・海・平
种子计划
活力社区的连续“有机质”
旧城突“维”——湘西凤凰老城区
水业传城，活力宜居
他的国：共享与共生
老人・未来
船闸公园——基础设施的活化利用
古渡触媒——西津渡历史街区微更新
活力少城　居游共栖
拾“遗”识“忆”
绿色策略下的校园锅炉房更新设计
毛细系统——慢行系统的理性回归
废墟再生
盒间乐享——单位社区活力重塑
城春草木生
水城印象
当菜市场遇见停车场
利益相关者下安庆大南门城市更新
渊声载道——生活性街道更新计划
尧和中路街道宜居提升设计
宜居“健身圈”

共构・焕新——郑州西工房更新设计
山川・繁衍・创新 —— 城市街区更新
戏绕屯堡
文・脉
艺享天开——青阳港核心区城市设计
苏醒——老龄化社区的交互再改造
Belts——工业遗产城市设计
麻磡再生
事空间・时空间
精明更新——狮山创新区城市设计
旧城新织
书香之路
基于弱势群体视角下的片区更新
慢社区领导模式下的片区更新
叠石园屋
营造记——共建明日乡村
雪色森林
徐寨村公共卫生间设计
映射与舞动——实验性环境装置设计
实验性建筑附着装置与空间设计
“非遗・共生”研学中心设计
“瓢虫”休闲设施
广州公交站改造——以岑村桥为例
城市蜂穴——休闲放松空间
微改造下的城中村——空中花园
这“碗儿”大
遗・韵——运河常州段空间艺术表达
教学楼中庭改造设计
甚蕃
湘西民宿设计—— “竹蕴”
云裳初念——书吧
明前茶灯

激活社区的弹性装置设计
万物互联・应时而生
旖旎——概念性酒店设计
溯洄之鱼
湘见
湘・云
湘西凤凰县老家寨村活动中心
湘・味 —— 民宿餐厅设计
青砖伴艺漆
North Face・巅
生态装配式公共卫生间设计
「彩虹糖」设施设计
树之舍
连云港新区规划
断桥新演绎 —— 废弃铁路桥更新设计
靖东陈宅
青果巷文化记忆馆展陈设计方案
共青团路四村小区整治出新工程
上海虹旭小区微更新
复苏 —— 街区重组
重生——江苏减速机厂旧区改造设计
城市彩带——高架废弃空间的置换
一个图书漂流计划六个露天书架
锅炉厂房设计改造
留白
临池砖瓦窑厂空间改造与规划设计
旧时今日——梅岭生态民宿度假村
花果山孔雀沟特色民宿
教场・市井文化的复兴
叶落归根——郴州小埠生态住宅设计
故乡的声音——石塘澜山园建筑设计
苏州相城区阳澄湖镇大闸蟹文化园
惜缘・夕园

资源再利用——废弃仓库改造设计
镇江干休所综合整治工程改造设计
新生·活——大英烟厂更新改造
隐新于旧 传而不统
先锋 —— 回归书店本质
多彩生活，幸福甜甜圈
建湖县老旧小区整治实施方案
拾旧织新·张家村旧纺织厂改造
“百年街市”的秩序重构
僧与客——南通海门绍隆寺的改造
院院见塔，世世家传
临湖·小筑——湖岸边的游客中心
童行石城 —— 住区儿童交往空间设计
WE · Life
WE SHARE 微巢
家·园
青岛邮轮母港筒仓设计
翠竹含新粉，红莲落故衣
暮城悠居——南通寺街规划改造
流动的红十字
风 光 景
场地重塑
百姓礼堂
移动方舟——南京美好生活图鉴
舍
第二地平线
宏村黟县丁宅
震泽民宿
创业餐吧 —— 东大院·创业广场改造
散 | 聚 —— 项家花苑旧小区改造
拼巢
漂浮乌托邦
乐“活”社区墙可活动的社区家具

南河下 @“5G”——老屋新生
杏林此村中，巷深亦知处
尧歌栖
城市梦工厂
建筑的价值再生·养老城改建设计
前街上巷
径·廊·轨——畅想老小区血脉再生
“新移民”的老集市
别有“洞”天——宁马危房改造
夹缝重生
叙事体——街道改造提升构想
去芜存菁——老北门老小区改造
荷花塘里又一轩
长者家园——世园会老人康养中心
城市模方——苏州阊门民居空间改造
南门坛上——重塑里弄街区复兴
城市田园
宜·和·院
隐市而居·西郊市场上的绿色家园
诗意栖居——歇马桥村商住建筑更新
舌尖上的 N 次方
一隅四季
致知书房——社区垃圾站改造设计
知味书屋
边、变、便——小微公共空间改造
桂林雁山小镇建筑方案设计
垃圾“乌托邦”
旧貌换新颜——三畏堂之传承与突破
林院
时光穿梭——正仪火车站保护与利用
碧水良田，宜居鹅湖
社区 - 院落 - 邻里生活
皇塘安置小区规划设计

日照东湖宾馆项目
日照上卜落崮村概念方案设计
随形制器·图书馆适应性改造
很高兴认识你
守护者·接力“BOX”
青岛东方影都规划方案
桥下“心”结
城市的记忆——“小红楼”重生记
老旧小区按需升级计划
城市的味道——板桥菜场改造设计
精神堡垒——新时代文明实践所
喀拉卡尔
青岛海云曦岸旅游度假项目
百变板房 —— 建筑工人的宜居家园
苏州浒墅关老镇织补型街区更新
繁华之下——城市中的分类舞台
木落归本
围墙“网”事
青岛山东头整村改造项目
四季花海酒店设计
未来 +，人才公寓的新七十二房客
山东理工大学旧建筑群十二时辰
宜居大院——停车景观一体化策略
昆山锦溪五保湖步行桥
老王家的完美一天
老街印象——背街小巷改造设计
大同小异——新旧共存的美好家园
德州东海太阳城家园建筑方案设计
H 舱
竹芥 —— 镜苔市民度假中心园区
巷又新升
东莞国学院建筑概念方案设计
公益性码头游客集散中心方案设计

朝夕见乡中——红梅社区中心设计
宿迁儿童福利院装饰工程设计方案
大桥小事·桥工新村更新与提升
回艺新生——青石街更新设计
天骄观澜国际社区
“时间”的城市化
盒外生和
镶嵌
用光井激发街区活力
宅间空间的再生
河南·滑县道口义兴张综合楼
新农村住宅
幽鸟共歌春意好（苏州）
光阴流动记忆身影——报亭重塑
萌——归径幼儿园概念方案
淄博姚家峪颐养小镇首开区
盐城薇满楼
“心”改造，“新”幸福
聚盒——微型邻里中心
化“涌”成蝶
银桥星梦——老旧小区高架停车方案
日照奎山体育中心
山东黄金数据及运营分析中心
“垂直街道”——空中坊巷
哈工大青岛科技园项目
红星爱琴海购物公园方案设计
垃圾分类视角下的老旧小区改造
挣脱“孤岛”，融入城市的灯火
西漳·新象
旧界新事
从前慢（无锡别墅案例）
北开蔻皮肤管理中心
巷邻中心

简 灰 白
月亮河新村改造设计
筑梦空间
驿站
一隅之成——城隅·拾遗·智造
我们共享的家：10 ㎡ +N
廊中漫步，与邻同行
快·乐·骑·行
烟台阳光壹百城市广场二期
武汉汉阳区玫瑰街项目
“警点”· 城市益百分
乡村生活能更有趣吗?
泰安华新时代广场
纽带因子·城市裂隙的愈合
绿意红韵 · 安居乐业
上星其社区服务中心
市井味道——传统菜市场改造
临沂一方中心
姑苏塔 - 老广电塔改造
华新·滨河新城
上汽体验中心
山东青岛易通路社区服务综合体
山大青岛校区教职工生活区二期
莲花山城市综合体项目
耕海牧渔 向海而生
日照海韵广场智慧物贸综合体
为了三小时阳光 —— 屋顶社区的探索
现象东街——安顺古城中华东路改造
青岛 1903 二厂坊
禹洲朗廷府
无界限街区
文化体验馆
长岛港综合交通枢纽

工地魔方
活 “坡”
平江府·半时辰
里院漫步
泰州城东公交首末站更新改造
淮安市黄河东路学校方案设计
居在金陵　遇见桥上
云南丽江天域十合项目
游园寻梦——园林式邻里空间
适老新墅
日照海天新城规划及单体方案设计
青岛西海岸职业中专项目
邹城 —— 中创意文化园改造方案设计
日照总部基地项目
保利工业文化创意产业园
新疆·阿勒泰华林西用地建筑设计
天泰·烟台学府壹号
书“箱”世家
日照龙门崮展示中心
我家·阳光上城规划建筑设计
“返老还童”的街巷
老小区宜居要素的构建 —— 迷你电梯
架空的绿洲
“荣”光——荣巷菜场的前世今“生”
宜居乡村——田园东方
一步三“窑”
京大学国家治理研究院（日照）
宜居乡村——依田而居
日照市体育运动学校
草桥服务中心
航空科技城——云城
潍坊高创工业园
青岛市珠江路公交商务综合体

缘溪行，寻向桂花城
宁淮中小学校
青岛国际创新园二期建筑设计
梦回少年时 —— 师专路联通重演再生
文化复“新”
潍坊市高新区银通学校建筑设计
中铁城学校
崖生广厦——重庆青年公寓设计
苏州影像文化中心
转角 · 重逢——重塑空间，延续记忆
老街巷，新课堂
冠县档案馆建筑设计
西宁 · 万科城方案设计
济南新知外国语学校方案设计
日照海天新城项目
竹质材料在建筑中的应用
老有所“e”——5G 时代智慧社区
食 · 先——餐饮空间设计
海通 · 碧仙湖畔方案设计
城上城 —— 宜居型历史文脉社区营造
影响东五环
南昌艺术高堤 · 江西船厂改造工程
日照市总部基地概念方案设计
有邻则馨 —— 恢复邻里关系的社区
廊 + 场
靖西市棚改项目迎福安置点
快装置 · 慢生活 ·
VR 让你我共享设计
漫步江南——无锡老窑头再激活
积木盒子
江苏俊延云链科技有限公司
美容皮肤管理中心
申通快递服务中心建筑设计方案

窑 · 想当年
社区心愿廊 +
威海新材料科技产业园方案设计
“家门口”的那点事儿
新能源汽车总部大厅
上海华阳 396 老年宜居社区项目
杭州祥符桥南地块改造项目
休闲有“蔽庐”
中华国医坛世界养生城康养小镇
赛珍珠广场公共卫生间改造设计
威海市消防支队训练基地方案设计
大湾民宿
自在回归——健康路全民健身中心
旧建筑再利用——镇江近代史馆
生命的环
凭江临风揽盛景
海尔 · 青岛即墨翡翠公园项目
激活第壹区——筑梦青年圈
凤凰创意园改造
连云港市赣榆区二道街文化街区
天铂之家 / 日有叁时 · 天铂有叁刻
摄引 —— 镜界
时光之旅
苏北农村集中居住点形态改造设想
广场公厕 · 城市生活新空间
宜居乡村——我的家乡
我爱我家——我爱老宅
新家园 · 苏北村庄综合整治新理念
“百变模盒”——我的社区我做主
随渔而安
云尚 · 山顶美术馆
荡 · 湾——鹅湖谈更上美丽乡村设计
原力数字科技创新产业基地

城市“融”器
浮城——老城区社区中心设计
从缝合到愈合
棚顶狂欢 —— 车棚 & 景观一体化设计
明瓦非瓦
江南境秀小区架空层设计
知音 · 水岸文创艺术区建筑设计
月光宝盒
“晒”出来的幸福感
桃源居旅游民宿区改造设计方案
桥梁效应
都挺好——娄门游园记
星语新院
柔性口袋公园
东生九和府小区景观设计
镇江地质大队乔家门基地景观设计
锦绣花园 116 幢装饰设计方案二
自生长共运营
宁波高新区南区共享慢行系统设计
北回归线上的滇南明珠 —— 长桥海
水乡“林盘”
苏州横山山体公园设计
江阴大桥公园桥荫空间景观改造
种子计划——闲置绿地精细化设计
融合新生——江北市民中心景观设计
东宏五金制品厂的前世今生
环 · 聚——绿都万和城骑行车道设计
半园 · 苏南小镇的街角
向阳变电所工程三维鸟瞰效果图
云水间——高淳濑渚洲公园桥设计
无锡锡东新城慢行系统改造一期
共创美好家园倒夜社交 · 共创空间
高淳春天里广场景观改造设计

织造——梅花谷江宁展园设计
江城夕拾·社区舞台
一折山水
唤醒小森林 —— 巨量立交绿地微更新
梦里桃源·黔南山水中的理想家园
外秦淮河“都市田园”景观设计
爱“上”这条街——南湖生活真滋味
追月 moonlight
微更新，大幸福
皇家码头传承与复兴
木卡姆之歌——唤醒哈密水绿记忆
天台若比邻——“破冰”社区计划
文韵墨香——校园平台景观设计
乐居昌坊 留住美好乡愁
归巢·归潮
响水工业经济区公园景观设计
“三遇升华”——与生活的再次相遇
吴江震泽丝绸风情大道更新改造
瓮安县飞练湖湿地公园景观设计
+ 开放空间体系：生长的城市涟漪
幸福小镇，醉美四团
地库上的生态宜居空间景观设计
四川九寨云上花海景观设计
亭林路和人民路沿线公共空间提升
翡翠云台 —— 归家即度假
新氧街头游园
蔬菜、邻居和好天气
天空之城
盐城灌东盐民创业园景观绿化工程
分秽场——社区垃圾站宜居化设计
S+ 共享街区——上海交大宿舍更新
社区微更新 —— 晴空万里

五点半公园 —— 城市三角空间的更新
无锡运河西路滨河景观改造
三生三市，一城一味
CCRC 养老模式下共享街景设计
共享城市——政府庭院改造实践
R3 线灵山卫综合楼西区体育公园
戏中游·栖于陇
魔方蜂巢 —— 有机共生的绿色宅间
一个家居建材市场的蝶变
“森林公园里”的家
黄岛泰成喜来登酒店及公寓景观
宜春矿疗山水温泉疗养院
留快递
一场车祸引发的社区重生
内蒙古赤峰清河路带状公园景观
沔阳小镇首开区景观设计方案
南通文化创意产业园二期景观设计
昆山长江路前进路景观提升设计
有尊严的社区构建
公园生机唤醒城市生活
南昌青岚水系及公园景观规划设计
千灯生态运动公园景观方案设计
苏州卫校石湖校区景观改造设计
旧城·新语
淮安人家酒店园林景观设计方案二
巷愁——南京糯米巷更新设计
建筑的第五立面·对城市的意义
秣陵新韵，古镇新居
蜕变
“乡”往生活
地秀路商业街改造
山东黄金自然博物馆景观规划设计

兰翔记忆——兰翔社区一隅之颜变
祝阿文化小镇
南水北调源头公园景观概念设计
轨迹——车辙丈量的美慢时光
寻梦——探寻记忆深处的盐淮风情
美好家园的生命节奏
办公楼职工休闲屋顶花园设计
丹阳市东风村居民广场景观工程
中桥中学景观设计
灰色基础设施的空间友好性设计
可以“吃”的社区公园
屋顶花园——“半山”园囿
宜居家园——前世今生的对望
李白故居风景区提升改造工程
细胞新生——激活城市灰色空间
西安大唐不夜城街区提升改造工程
城市文化灵魂再现
古城脉络 巷弄生机
融乡魂续乡愁——仓场精神家园实践
青岛琅琊镇美丽乡村景观设计
年轮广场——一起“趣”公园
长旺社区办公楼及文化广场
睢梁河景观提升工程设计方案
南京中华门公共文化场地提升改造
老旧小区改造中的微空间更新
再生花园
渔里来 娱里去
一步三“窑”
盐渎之魂、焕活之城
航空科技城——云城
宁波文化广场
都市有点“田” 生活有点“甜”

济城 in 巷
吴中养苑
金融街的品质提升
淮北烈山卧牛山城市伤疤修复
淮安古街改造
不忘稻香——泗阳县养老院景观设计
飘动在雪域高原的蓝色哈达
梁弄红色文化旅游探索
梦里简村　难舍南库
青岛西海岸凤凰山公园
育雨——共生
潍坊使命·担当主题展馆
云街锦巷
流动的血脉——南港工业区环境治理
改旧焕新——大庆西路变形计
私家庭院设计
飞檐走壁·探索城墙未来的模样
逸享天铂艺术生活空间景观营造
“哈尔滨记忆”江畔景观规划设计
范堤烟柳——海盐湿地公园改造设计
一院一品，亲民空间
“社区净水器”——净慧雨水花园
市井之间·律动生活
千年运河　繁华姑苏
九连山涧轻奢民宿
红石崖截取建筑立面改造工程
盐城嘉业上郡
山谷叠翠映百年，和谐共融满芳菲
济南海尔十里河地块住宅景观设计
理想家——盐城麒麟府入口空间设计
洪蓝街道旧坊甸美丽乡村规划
景庭华苑住宅区规划设计
方寸＋陆家小区活力提升改造设计

回到香村——三株浜田园乡村建设
稻径——北联洋溢港宜居家园建设
白色折叠——城市 N 空间
西涌滨海休闲带规划研究
筑梦——橄榄树国际学校景观设计
大鹏新区屋顶花园景观设计
我和宰相爷爷的约定
江南近现代制造业遗存公园设计
循迹　自然质序
南大附中校园文化景观设计
梦境之中　想象之外——儿童新社区
薄醉东林渡
水韵西桥、宜居家园
关怀——国泰的宜居共享生活
城市线性空间，高架桥下亦出彩
让城市深呼吸——棕地公园的再生
上海南奉公路街区提升设计
合肥唐桥公园
三国荟——弥牟古镇体验更新设计
仁丰雅集 —— 扬州仁丰里小剧场设计
一城远接江水，记忆淌进生活
梅园新村精致文化街道规划
场所嬗变：“1 公顷”空间的再生
新北区盘龙东苑小区提升改造工程
新北区玲珑花园小区提升改造工程
无锡市胡埭镇中湾村改造规划
走马灯·那时景
模块化设计对院落式住宅的破局
街巷与园林融合——歇马桥村口更新
阳泉三弄
溯源——柳堡村旧址综合改造设计
猫“舍”——舍者归其舍
森·苑

社区彩绘——以一个街边广场为例
古镇新生——周新古镇周边更新设计
老人·家——故园里适老化改造设计
城市“忆述”·小品大韵
老宅新生·共情水乡
旧城新时
岩层博物馆设计——山体诊疗计划
科技改变生活
大桥·小桥——打破高架的隐形壁垒
鱼跃世界
城市工业遗产空间激活
社区文艺微中心设计
燕归巢 —— 袁家村旧址重建
从破败到新生
老城“焕”新
菜市不打烊
单车未来 · 共享单车系统规划设计
设计院的乐活空间
漫步空间，“街”有所为
“熵减”——九龙街区改造设计
幸福邻里——徐庄社区空间设计
城市“公社”潮汕文化与乡村振兴
街道单车收纳盒
“圾”缘，应运而生 —— 自救型住区
等待的一万种可能
溧水城隍庙历史文化街区亮化设计
禅心·道眼——兴福寺法界讲堂改造
流转·生辉——共建社区改造计划
真假“雷音寺”
穿越围墙——多元共建，社区共享
复愈记——近郊安置区复愈更新计划
莫愁湖公园整体环境提升设计
日照市潮石路沿线发展规划

半山康城 —— 攀枝花仁和街社区更新
安庆古城历史文化街区城市再生
九龙雅苑居住区改造项目
归属——动迁渔民进城新居设计研究
九扇门 + 七件事
新家园，心幸福
老城的新故事——淮安博古社区改造
涤旧印新 · 一块布的重生
工业起“舶”器
社区魔盒
G 智畅享 · 5 问西东
编灯织城——大油坊巷适老化更新
有界之外——预制模块激活停车空间
生活的轨迹 – 铁路住区环境改造
珑湾花园 19-103 装饰设计方案二
壹山壹水 · 民宿 · 庭院
城市水景
日照马陵水库生态旅游区总体规划
我家温度记
涛雒镇渔业田园综合体概念规划
产城升级 —— 城中村新业态
南通银河老年公寓社区改造设计
里弄更新
南京和记洋行起重机改造概念设计
脉 · 动
模数空间 · MAGICSPACE
方圆之间 · 别有洞天
下个路口
美好的一天
窑变——窑址的过去 · 现在 · 未来
寺面八坊——南通寺街提升计划
未来“科”期，“巷”往生活

健入佳境——社区健身场地改造提
家门口的田园牧歌
点线面 · 你我他
两全“骑”美
一港陈水焕新城
爷爷“看”我跳格子
社区共生
“轨迹”
竹“我”共成长——城中村复兴计划
链接生活 · 重塑社区邻里空间
偶遇小时候的你
童享家——1 米高度下的社区重构
焕活新生 · 活力岛再生记
黎乡情　黎家亲
璞舍——甫南村乡村有机更新的实践
市井烟火——湾子街街区宜居改造
激活——唤醒被遗忘的城市公共空间
焕新颜 · 趣满院
守 · 国 · 家 —— 开山岛宜居改造计划
云市——一角山水，三云闹市
点亮“灰”空间——小区共享 HUB
旧郭新事
网巢居 —— 2020 创客孵化园
暖 · 潮——工人第一新村改造
叠城记 · 来凤小区出行宜居性策略
104 国道的故事
越光“宝盒”
“订制”的美好生活
巷由“新”生
民宿设计
从医到宜——老公共配套的原地新生
蜀道“难”——教育遗址活化
唐家三叠

无锡市西漳天一老街综合改造策划
康养魔方——城中村的设计改造
零 · 聚——飞桥下的空间重塑
融 · 器
“D 大调”的畅想
还居姑苏巷里——三元一村改造升级
“随叫随到”的空间
刘志洲山宕口修补与新生
有凤来仪——观山村建设规划与设计
束缚下的舞蹈——水木秦淮环境整治
结网而获——网络上的渔村
循环经济　生态能源 —— 汤庄村改造
仁丰里历史文化街区保护与更新
红房子里的奇妙生活
城市烟火 —— 东箭道农贸市场改造
伯先路历史街区宜居性改造
书声巷影 · 花驳岸二十四小时
城市缝合，老旧小区的线性回归
老街新戏——黄埭大街社区微更新
泉州百年老街金鱼巷空间微改造
小空间大世界——社区儿童树屋设计
围空间 · 微更新 · 薇世界
滨海县双舍村宜居家园规划设计
故里新生 · 乐活亭林
坝光国际生物谷门户景观节点设计
大鹏新区西涌防风林景观改造设计
济宁动物园规划设计方案
卧龍老来乐
共融　共荣 —— 嶂青康居社区改造
南京市宁海中学景观设计
南京市芳草园小学文化景观设计
高压线、减压带、宜居区设计美好生活的温度

市井一串一街巷
丹徒区长山、谷阳片区城市设计
开放 · 共享 · 共生
丹金溧漕河城区段沿线改造规划
舟游——城市交通重组
溧水“三河六岸”城市设计
老旧小区的新空间
传承 · 更新 —— 青果巷历史街区改造
寻找绿城 · 绿城印象唤醒城市记忆
工业 4 · 0 城市 4 · 0 宜居 4 · 0
城焕心生 | 社区脉动
日照迎宾路两侧城市设计
日照空港开发区航空小镇规划设计
潍坊市滨海区中央城区城市设计
我家在古城
街道“阳台”
相期常作客　寄意好还乡
连环计——漂移停车场概念方案
边界蔓延
城市天际线 —— 高架旁的宜居生活
马群十二时辰——土著与宁漂的共乐
记忆走廊
北京小关奥林匹克广场更新改造
关言关语——公众参与下的微更新
更新——老旧小区宜居更新路径
海浮熏冶　水脉游园
航天智谷　宜居椰乡
共生之环，共同生长
运河 LINK
拆迁补偿
主人计划——回归本原的未来住区

[蜕变] 苏州地铁临顿路站的更新
运河窑 · 运盒谣
绿轴生“花”
设计美好生活的温度
山云台——园博园休憩驿站设计
空气净化广告一体机
爱之旅——庐山西海女神岛景观规划
松健堂
第三幼儿园——住宅架空层遐想
A Happy Place
三亚消防支队队史馆设计方案一
三亚消防支队队史馆设计方案二
雨中“莲”
交通驿站——智慧公交站台
每个人的异托邦
公共自行车的幸福生活
儿童主题空间设计
镇江中学浸润式校园文化再生
城市客厅——功能的复合利用
洋口村法治文化主题小区空间艺术
共鸣
生态星图
森林里的绿海螺
寻迹 —— 古城与自然
宜居 & 家园
都喜 · 悦云庄酒店
大红灯笼高高挂
赛珍珠主题展馆建筑与陈列设计
赛珍珠文化展馆空间与景观设计
城市净处，悠然生活
味 · 感——海盐文化体验馆
口袋公园 · 融绿于城

[还源] 恢复姑苏水道还城市本源
倚水居雲——天辰府景观设计
老旧小区的新生——新桥村改造
城子三寨傣族民居保护性设计改造
村落设计图
晶 · 界

后记 · Postscript

自 2014 年起，中共江苏省委宣传部与江苏省住房和城乡建设厅共同主办“紫金奖·建筑及环境设计大赛”，旨在推动设计创新，繁荣建筑文化。从第四届始，新增建筑、规划、设计、园林等国家学会、协会作为联合主办单位，大赛专业性和社会影响力不断提升，为推动建筑文化社会普及、提升建设领域创意设计水平、促进行业进步和技术交流发挥了积极作用。

作为“紫金奖·文化创意设计大赛”的专项赛事之一，建筑及环境设计大赛历时六年迭代更新，形成了专业性与社会性充分融合的定位和特色，累计参赛两万六千余人次，提交作品五千四百余项，成为具有全国影响力的建筑设计赛事品牌。

第六届“紫金奖·建筑及环境设计大赛”以“宜居家园·美好生活”为主题，通过设计引导助力宜居家园的共建共享。本书以第六届大赛紫金奖获奖作品为主体，以图文并茂的形式呈现和分享优秀作品的创意方案和创作历程。书中收录了所有获奖作品和参赛作品名录。一个个参赛作品汇聚了设计师对现实空间宜居性改善的创意策略，展现了未来宜居家园建设发展的无限可能，折射出参赛者用创意点亮生活的美好愿景，以及“让理想走近现实，让创意落地开花”的大赛宗旨。将优秀作品汇集成册，希望能为未来美丽宜居城市建设和精品建筑设计的传承、发展与创新提供借鉴，也希望能够进一步引发社会对人居环境改善的关注和思考。

本书由刘大威、于春负责内容策划并拟定结构，于春、申一蕾、叶精明负责全书的文字梳理、编撰和统稿，黄鹤娟、刘锴负责与参赛选手对接作品的图文内容，许景、肖冰参与了内容校订，全书由杜承刚排版。大赛评选工作得到了中国工程院院士孟建民、王建国，以及全国工程勘察设计大师赵元超、冯正功、孙一民、张鹏举，江苏省设计大师韩冬青、马晓东、张雷、李青、张应鹏、贺风春等专家的大力指导和支持。本书编纂工作中，得到了南京筑内空间设计顾问有限公司总设计师陈卫新的指导，参赛选手和相关单位也给予了积极支持与配合，在此一并表示感谢。限于时间和能力，难免挂一漏万，敬请读者批评指正。

紫金奖
文化创意
设计大赛
ZIJIN AWARD
CULTURAL CREATIVE
DESIGN
COMPETITION